氧化物陶瓷刀具与仿真切削
Oxide Ceramic Tools and Simulative Cutting

马伟民　著

北　京
冶　金　工　业　出　版　社
2014

内容简介

先进陶瓷刀具在国内外数控加工及机械制造领域被誉为21世纪绿色环保加工的首选刀具。本书针对陶瓷刀具的发展历史与现状，较全面地总结和评述了陶瓷刀具的应用背景；结合作者多年研究，重点介绍了氧化物陶瓷刀具材料的烧结与致密化、组织性能与相变行为、切削性能与耐用度诊断；构建切削模型，基于仿真切削优选陶瓷刀具最佳切削条件（切削速度 v_c、进给量 f、切削深度 a_p）；提出用仿真技术建立陶瓷刀具数据库。本书内容体现了陶瓷材料、机械加工、模拟仿真等多学科领域的融通和互补，是一部极具参考价值的专业著作。

本书内容涉及材料科学、机械加工、计算机仿真等学科交叉领域，可供材料、机械、计算机领域研究人员及科技人员阅读，也可作为相关专业研究生和高校师生的教学参考书。

图书在版编目（CIP）数据

氧化物陶瓷刀具与仿真切削/马伟民著．—北京：冶金工业出版社，2014.10

ISBN 978-7-5024-6705-0

Ⅰ．①氧…　Ⅱ．①马…　Ⅲ．①陶瓷刀具—金属切削　Ⅳ．①TG711

中国版本图书馆 CIP 数据核字(2014)第236713号

出版人　谭学余

地　址　北京市东城区嵩祝院北巷39号　邮编　100009　电话　(010)64027926

网　址　www.cnmip.com.cn　电子信箱　yjcbs@cnmip.com.cn

责任编辑　刘小峰　美术编辑　杨　帆　版式设计　孙跃红

责任校对　禹　蕊　责任印制　李玉山

ISBN 978-7-5024-6705-0

冶金工业出版社出版发行；各地新华书店经销；北京百善印刷厂印刷

2014年10月第1版，2014年10月第1次印刷

169mm×239mm；16印张；309千字；240页

69.00元

冶金工业出版社　投稿电话　(010)64027932　投稿信箱　tougao@cnmip.com.cn

冶金工业出版社营销中心　电话　(010)64044283　传真　(010)64027893

冶金书店　地址　北京市东四西大街46号(100010)　电话　(010)65289081(兼传真)

冶金工业出版社天猫旗舰店　yjgy.tmall.com

（本书如有印装质量问题，本社营销中心负责退换）

前　言

陶瓷刀具是21世纪先进制造技术最重要的刀具材料之一。陶瓷刀具具有很高的强度、韧性、耐磨性、抗疲劳性、热容性以及低固溶度和优异的抗氧化性等特点，在1200℃的高温下仍能进行切削，其硬度与200～600℃的硬质合金刀具相当，在1100℃的抗压强度相当于钢在室温的抗压强度，同时还有优良的抗粘结性能、较低的摩擦系数等特性。基体中添加各种碳化物、氮化物、硼化物等制造的各类陶瓷刀具，在高速切削某些难加工材料，特别是加热切削方面，包括涂层刀具在内的高速钢、硬质合金刀具都无法与之相比。陶瓷刀具可代替硬质合金刀具进行粗加工、精加工，切削淬硬钢及铸铁的耐用度是后者的3倍以上，切削速度能提高5倍之多，而价格却与硬质合金相当。在数控加工及机械制造领域用于高速、高效、低成本的无冷却液干式切削加工，被誉为21世纪绿色环保加工的首选刀具。

发达国家机械加工大都属高速、高精度加工，对高性能刀具的需求量极大。如日本在1970年陶瓷刀具年需求量占刀具总量的1%，1983年上升到5%，最近几年已占到18%～35%。据美国加工领域专家估计，进入21世纪，陶瓷刀片销售量以每年16%的增长率上升。世界各国陶瓷刀片生产数量占可转位刀具的比例约为：美国15%～25%，俄罗斯10%～20%，日本18%～35%，德国23%～38%，其中白色陶瓷刀片在国外用量较大，特别是在日本和德国，广泛用于数控机床及CNC加工中心。在世界范围年产陶瓷刀片总值约300亿美元，而中国占0.5%，仅有20多个品种。据中国机械工业协会国家刀具研究所统计数据表明，目前我国拥有各种金属切削、铣削机床及加工中心约400万台，陶瓷刀具生产厂家主要有北京紫光高技术陶瓷有限公司、成都工具研究所、株洲钻石公司等，仅北京紫光公司生产陶瓷刀具约13个品种，年产20万片，远不能满足市场需求。现在国内汽车加工生产线上基本全部使用陶瓷刀具，国内需年进口陶瓷刀具约计1500万片，可见先进陶瓷刀具有广泛的市场前景。

在现代化机械加工过程中，提高加工效率和工件表面质量的最有效的方法是提高切削速度。在欧、美、日等国家和地区，加工低碳合金钢的切削速度已达8~10m/s，加工铸铁的速度已达10~16m/s。据预测，在不久的将来，加工低碳合金钢的切削速度将提高到10~13m/s，加工铸铁的速度将达到16~25m/s。在如此高的切削速度下，切削温度将会相当高，部分加工领域用高速钢、硬质合金刀具已不能满足工艺要求，因此陶瓷刀具成为令人瞩目的焦点。

一般而言，陶瓷刀具材料相对其他种类刀具的韧性和强度较低、制造成本较高、使用不当易造成耐用度及可靠性差等问题，受限于使用陶瓷刀具的发展。尽管我国陶瓷刀具材料开发已经取得了大量的研究成果，并已实现向生产力的转化，但是距离国外的先进水平还有一定距离。

本书针对一种陶瓷刀具材料的制备、性能、应用及切削条件的仿真进行了较全面的阐述，内容涉及材料、机械及计算机领域的学科交叉，并对陶瓷刀具材料制备技术、性能理论、加工工艺及仿真切削进行及时总结，为工程领域研发陶瓷刀具新材料提供了理论与实践的借鉴，对促进先进陶瓷材料的科技进步具有重大意义。国内近二十年里关于陶瓷刀具方面的书籍较少，作者结合沈阳市科技攻关计划项目成果以及对氧化物陶瓷刀具的研究与教学实践，参考大量国内外有价值的文献，对氧化物陶瓷刀具与仿真切削的研究进行了全面系统的总结，撰写成本书，希望本书能为相关领域科研人员、教学人员提供参考和借鉴。

本书共分12章，第1章概述陶瓷刀具发展，第2章介绍氧化物陶瓷刀具材料类型及性能，第3章介绍氧化物陶瓷刀具材料研究方法，第4~6章分别介绍Al_2O_3/ZrO_2（Y_2O_3）刀具材料烧结致密化与显微组织、力学性能及强韧化和抗热震性能，第7章阐述切削加工中的仿真技术基础理论及应用，第8章构建Al_2O_3/ZrO_2（Y_2O_3）刀具与加工材料的切削模型，第9、10章基于1045淬火钢进行粗、半精、精加工仿真，第11章基于H13模具钢进行粗、半精、精加工仿真切削，第12章对氧化物陶瓷刀具仿真切削的应用进行展望。附录中对陶瓷刀具仿真切削中的常用材料进行了汇总，中英文词汇对照将便于读者做进一步研究时查阅外文文献。

英国赫瑞瓦特大学（Heriot - Watt University）马澜硕士、博士生马雷及硕士生陈响参加了部分章节的编写。在此，向提供文献支持的专家学者以及沈阳市科技局给予研究内容的连续资助（项目编号：F10 - 053 - 2 - 00；项目编号：1053090 - 2 - 05），表示衷心感谢！

陶瓷刀具与仿真切削是一门新兴的交叉学科技术，本书权且作为阶段性研究成果奉献给读者，以便与学术界同仁和工程应用领域的技术人员开展进一步的研究和探讨。由于作者水平所限，本书不妥之处，敬请读者批评指正。

马伟民

2014年7月于沈阳化工大学

[illegible]

本书共分[illegible]章。[illegible]第2章[illegible]（4-[illegible]）[illegible]NiO–ZrO[illegible][illegible]NiO–ZrO[illegible]（Y[illegible]O[illegible]）[illegible]第10章[illegible]10%[illegible]第1[illegible]第12[illegible]

[illegible]（Henan [illegible] University）[illegible]

[illegible]

编 者

[illegible]

目 录

1 陶瓷刀具材料发展概况

先进陶瓷刀具材料的出现，是人类首次通过运用先进陶瓷材料改革机械切削加工的一场技术革命的成果。20 世纪初，德国和英国就已开始寻求陶瓷刀具取代传统碳素工具钢刀具。先进陶瓷刀具材料以其高的耐磨性能、耐热性能、化学稳定性，为高速切削领域提高加工生产率起着重要的作用。目前各种高强度、高硬度、耐腐蚀、耐磨损和耐高温的难切削新材料已占国际上加工总数的 50% 以上，传统的硬质合金刀具对大多新材料的加工难以胜任，最重要的是，构成高速钢与硬质合金刀具的主要成分 W、Co 等在全球范围内日益枯竭，从而导致价格上涨，在很大程度上促进了陶瓷刀具的研制与推广。而陶瓷刀具的主要原料 Al、Si 是地壳中最丰富的成分，因此进入 21 世纪在高速切削加工领域先进陶瓷刀具的应用前景十分广泛。

1.1 陶瓷刀具的种类及发展状况

早在 1905 年德国人就开始了 Al_2O_3 陶瓷作为切削刀具的研究，1912 年英国首获 Al_2O_3陶瓷刀具专利，是第一代陶瓷刀具。这类陶瓷刀具材料中的 Al_2O_3 的含量占 99% 以上，通过添加微量助烧剂（如 MgO、NiO、Cr_2O_3、TiO_2 等），经热压烧结而成（俗称白陶瓷）。纯 Al_2O_3 陶瓷抗弯强度较低，抗冲击能力差，切削过程中容易产生微崩刀，但高温性能很好，适用于小进给量半精加工铸铁和钢材。我国生产的这类陶瓷牌号有 P1，成分为 99% 的 Al_2O_3，1% 的 MgO；日本的 W80 等都属于这类陶瓷。但由于其抗弯强度低，使用日益减少。

1.1.1 Al_2O_3 -碳化物陶瓷刀具

Al_2O_3 -碳化物陶瓷刀具是在 Al_2O_3 中添加一定的碳化物（如 TiC、WC、TaC、NbC、Mo_2C、Cr_3C_2）可以提高陶瓷的强度和抗冲击性；其中以添加 TiC 的 Al_2O_3 - TiC 陶瓷应用最多，其添加 TiC 的比例为 30% ~60% （有的为 5% ~10%），通过热压烧结而成。目前，热压陶瓷刀具的平均硬度可达 HRA93.5 ~94.5，抗弯强度可达 0.9 ~1GPa，适用于高速粗、精加工耐磨铸铁、淬硬钢及高强度钢等难加工材料，可以实现淬硬钢的以车代磨或以铣代磨[2]。我国生产的 M16、SG3、SG4、SG5 属这类陶瓷刀具。其中，后两种还加入了 WC 成分；M16 陶瓷含 60% ~70% 的 Al_2O_3，30% ~40% 的 TiC，外加 0.5% 的 MgO，采用热压工艺制成。

1.1.2 Al_2O_3－碳化物－金属陶瓷刀具

Al_2O_3－碳化物－金属陶瓷刀具在 Al_2O_3 中除添加碳化物外，还添加少量粘结金属（Ni、Mo、Co、W 等），热压烧结而成（又称金属陶瓷）。由于加了金属，提高了 Al_2O_3 与碳化物的联结强度，改善了使用性能，适用于加工淬火钢、合金钢、锰钢、冷硬铸铁、镍基和钴基合金以及非金属材料（如纤维玻璃、塑料夹层材料等），是目前精加工冷硬铸铁轧辊的最佳材料。由于其抗热震性能的改善，可用于间断切削及使用切削液的场合。我国生产的 M4、M5、M6、M8－1、LT35、LT55、AG2 和 AT6 等，都属于这类陶瓷刀具。

1.1.3 添加氮化物、硼化物的 Al_2O_3 陶瓷刀具

在 Al_2O_3 中添加氮化物的 Al_2O_3－氮化物组合陶瓷刀具，具有较好的抗热震性，其基本性能和加工范围与 Al_2O_3－碳化物－金属陶瓷刀具相当，更适于间断切削。但其抗弯强度和硬度比 Al_2O_3－TiC 金属陶瓷刀具低，有待进一步研究改善。在 Al_2O_3 中添加 TiB_2 作为粘结剂制成的陶瓷刀具，由于其组织成分为细晶粒的 Al_2O_3 及连续的 TiB_2 粘结相，保持了硼化物的“三维连续性”，因此具有极好的耐冲击性和耐磨性。

1.1.4 增韧的 Al_2O_3 陶瓷刀具

增韧的 Al_2O_3 陶瓷是指在 Al_2O_3 基体中添加增韧或增强材料。目前常用的增韧方法主要有 ZrO_2 相变增韧、晶须增韧及第二相颗粒弥散增韧等。

ZrO_2 相变增韧是利用 ZrO_2 在 1150℃左右发生相变的体积变化中，在基体中诱导出许多裂纹，从而吸收其主裂纹尖端的大部分能量，达到增韧目的。

晶须增韧是利用晶须的加强棒作用，常用的晶须有 SiC 晶须和 Si_3N_4 晶须[3]。SiC 晶须有一定的纤维结构，具有强度高、硬度高、导热性好及抗热震性好等许多优点，SiC 晶须在加强 Al_2O_3 基体的同时，还可使应力在基体内分散。因此，非常适合加工镍基耐热合金和低速加工铸铁及非金属脆性材料。Si_3N_4 晶须加入到 Al_2O_3 基体中，可以提高陶瓷的抗热冲击性，适合切削硬度为 HRC45 的镍铬铁耐热合金材料。这类陶瓷刀具使用较多的国产牌号有：湖南冷水江陶瓷工具厂的 AW9、山东工业大学的 JX－1 等。

第二相颗粒弥散增韧是利用弥散第二相颗粒来阻碍位错的滑移和攀移，阻止裂纹扩展，达到增韧目的。由于第二相颗粒周围会产生残余，引起裂纹偏转或裂纹被钉扎，提高材料抗断裂性，从而使 Al_2O_3 陶瓷的韧性明显提高[4]。

1.1.5 添加锰钛的 ZrO_2 增韧 Al_2O_3 陶瓷刀具

在 $Al_2O_3-MnO-TiO_2$ 系中加入一定量的 ZrO_2 可以起到增韧效果。随着 ZrO_2 的含量增加，韧性提高越明显，且没有峰值出现。但 MnO 与 TiO_2 的总量不能超过4.5%。添加锰钛的 ZrO_2 增韧 Al_2O_3 陶瓷刀具有较高的韧性和一定的耐磨性，有很高的应用价值。

1.1.6 Al_2O_3－金属－氮化物陶瓷刀具

Al_2O_3－金属－氮化物陶瓷刀具由于含有氮化物，且有金属粘结补强，因而有优良的耐磨性（摩擦系数很低）与导热性，高的强度、韧性与红硬性，切削性能优异。最适合切削加工高硬度淬火钢、高强度优质钢、不锈钢以及各种合金钢与碳钢，还适合切削加工普通铸铁、高硬度的各种合金及铸铁。这种陶瓷刀具的抗弯强度为1200～1300MPa，硬度为HV1800～1900，断裂韧性 K_{IC} 为5～6MPa·$m^{1/2}$，故可用于上述材料的连续精、粗车削和精铣，也可断续精、粗车削与铣削。

1.1.7 Si_3N_4 系陶瓷刀具

Si_3N_4 系复合陶瓷刀具材料以高纯度的 Si_3N_4 粉末为原料，添加 Y_2O_3、MgO、ZrO_2 和 HfO_2 等烧结剂或强化相 SiCw、SiCp 烧结而成，具有高的硬度、耐磨性、耐热性、化学稳定性和良好的耐热冲击性能。其韧性、热稳定性和抗热裂性比 Al_2O_3 基陶瓷刀具好，更适合加工铸铁和铸铁合金，还能适用于淬硬钢、冷硬铸铁等高硬度材料的精加工和半精加工。近几年在强化相 SiCw、SiCp 及其他碳化物增韧 Si_3N_4 基陶瓷刀具的研究应用上比较成功，$Si_3N_4-TiC-Co$ 复合陶瓷的韧性和抗弯强度高于 Al_2O_3 基陶瓷，硬度却不降低，具有较好的耐热冲击性能，切削性能优于硬质合金及一些陶瓷刀具，适合切削冷硬铸铁、合金冷硬铸铁及淬硬钢等材料。

1.1.8 Sialon 陶瓷刀具

目前许多国家竞相开发一种新型 Si_3N_4 基陶瓷刀具——赛隆（Sialon）刀具[5]。赛隆刀具是英国 Lucas Ayalon 公司研制成功的一种单相陶瓷刀具，以 Si_3N_4 为硬质相，Al_2O_3 为耐磨相，并添加少量的助烧剂 Y_2O_3 经热压烧结而成，有很高的强度和韧性（抗弯强度可达1200MPa，硬度达HV1800），其冲击强度接近于涂层硬质合金刀具，已成功应用于铸铁和高温合金等难加工材料的加工。目前国际上 Sialon 陶瓷材料的研究非常活跃，在改进制备工艺以及进行复相、超细颗粒、自增韧刀具材料等的研制方面已有较好的成果。α - Sialon 为等轴晶，具有较高的硬度和耐磨性能；β - Sialon 为柱状晶，断裂韧性和热传导能力相对较好；（α + β）- Sialon 复相陶瓷刀具综合了两相的优点，切削性能更优异，重载条件下其耐磨性能要优于单相陶瓷刀具。

1.1.9 梯度复相陶瓷刀具

功能梯度材料应用于刀具的情况近几年才有所发展。将功能梯度的设计思想引入到陶瓷刀具材料的制造过程，为提高刀具的性能尤其是抗热冲击性能提供了一个新的方法。

层状分布压制的陶瓷刀具，通过控制成分组成使得材料的表层和内层具有不同的热膨胀系数和导热系数，在烧结冷却过程中外层内的残余应力为压应力，可有效抵消作业过程中刀面所受的拉应力，从而提高刀具的切削能力[6]。单向热压成型的功能梯度刀具 FG - 1（Al_2O_3 - TiC）、FG - 2（Al_2O_3 - （W，Ti）C），均比匀质材料的抗热冲击性能要好，使用寿命有较大程度的提高。

通过表面氮化处理可制备 Ti（C，N）基功能梯度刀具材料。金属陶瓷在表面氮化处理时，表面 N 的活度较高，促使富 W、Mo 的环形相的不断溶解，W、Mo 原子向材料内部扩散，Ti 原子向材料表面扩散，形成成分梯度，且由于环形相的溶解，聚积长大的大颗粒分解为小颗粒，使得晶粒细化，提高了材料表面的硬度，降低了材料表面与金属之间的摩擦系数。瑞典的研究者首先研究了金属陶瓷的表面氮化处理技术，研究发现，在高速轴向干车削钢时，刀具的表面抗塑性变形力相对于表面有涂层的同样材料提高了大约 50%，韧性也有所提高。氮化处理可充分提高前刀面的扩散磨损和后刀面的磨蚀磨损能力。

1.1.10 有机改性陶瓷刀具

有机改性陶瓷[7]是一个全新的概念，它又称为聚合陶瓷或有机改性硅酸盐，是由无机盐和聚合物以分子或原子尺度混合而得的复合材料，因而它也是一种纳米复合材料。它与传统的复合材料不同：一是复合尺度很小，达到纳米水平；二是复合材料中相之间以化学键结合。所以，其性能也是传统材料所不具备的。由于有机改性陶瓷刀具的制备温度低，最终产物均匀性好，性能优良，已普遍受到人们的关注，其优良的性能和潜在的用途尚有待于进一步开发。

1.1.11 CBN - TiN 复合陶瓷刀具

Hara 和 Yazu 研制的新型 CBN - TiN 复合刀具材料，被证明是一种极好的用来加工模具钢和弹簧钢的刀具材料[8]。Xiao Zhengrong 等在 CBN - TiN 系刀具材料中加入少量 Al，热压烧结 CBN - TiN - Al 复合刀具材料的硬度最高可达

30.7GPa，切削加工淬硬模具钢时，其切削性能比 CBN－Al 刀具更优异。

1.1.12 Fe_3Al（FeAl）/Al_2O_3 陶瓷基复合刀具

Fe_3Al 金属间化合物具有特殊的物理、化学和力学性能、独特的形变特征和室温脆性，被称为半陶瓷材料，是介于高温合金与陶瓷之间的一种新型高温材料。Fe_3Al 与 Al_2O_3 具有较好的适配性能，其复合材料界面不产生化学反应，没有界面相生成，具有较好的界面结合力。此刀具材料在切削铸铁和中碳钢时显示出优良的特性，且成本低、功效高，具有广阔的应用前景[9]。

1.1.13 TiB_2 复合陶瓷刀具材料

美国佐治亚州理工学院利用自扩散高温合成工艺研制的一种新型 TiB_2 复合陶瓷刀具材料[10]。TiB_2 具有高硬度、较高的强度、断裂韧性，极好的化学稳定性以及优良的导热、导电、耐磨等性能，较强的抗月牙洼磨损和抗黏着的能力。具有单相 Fe－Cr－Ni 粘结剂或两相 Fe_2B－Fe－Cr－Ni 粘结剂的 TiB_2 基复合陶瓷刀具材料具有较好的硬度与断裂韧性组合，如 TiB_2－γ（Fe－Cr－Ni）的断裂韧性达 9.0MPa · $m^{1/2}$，硬度为 HV 1800，日本研制的 TiB_2＋Ti（C，N）＋Mo_2SiB_2 复合陶瓷材料，其抗弯强度为 1300MPa，硬度高达 HV2300，比超细硬质合金的硬度更高，是一类极具发展前途的刀具材料。

1.1.14 涂层刀具材料

近十年来，刀具涂层技术发展迅速，刀具材料与涂层技术相结合为高速切削、硬切削和干切削的实现创造了条件，涂层陶瓷刀具材料在涂层材料中占大多数。常用的涂层为 TiC/TiN/Ti（C，N）/TiAlN 系列，此类涂层与基体有着较高的结合强度，高硬度、高的耐磨性和切削速度[11]。随着 PVD、CVD 技术的发展，TiC、TiN、Ti（C，N）、TiB_2、TiAlN 由单层发展到多元多层复合涂层。例如，TiCN＋TiN 硬度为 HV3100～3400，膜层综合了 TiN 的耐冲击和 TiCN 的高硬度、耐磨性的特点；TiAlN 硬度为 HV3400～3600，耐磨性仅低于类金刚石膜，是目前国际工具行业最为推崇的超硬涂层。Al_2O_3 涂层常作为抗氧化保护膜使用，且常与 TiC、TiN、Ti（C，N）联合作为多层复合涂层使用，如广泛应用的 TiC/TiN/Al_2O_3 三涂层、TiC/T（C，N）/TiN/Al_2O_3 四涂层，充分利用了 TiC 的高耐磨性、Al_2O_3 的化学稳定性和抗氧化特性、TiN 的耐冲击性和高硬度、TiCN 的高硬度、高耐磨性的各自特点。

纳米涂层的发展非常活跃，已有的研究结果显示细颗粒、超细颗粒涂层的性能有很大提高。M. Birkholz 等用 GFS 技术成功的沉积了以 TiO_2 和 Al_2O_3 为陶瓷相、Cu 和 W 为金属相的纳米 TiO_2、Al_2O_3 涂层，颗粒尺寸不超过 10nm，其硬度分别达到了 24.1GPa、14.8GPa，并表现出良好的切削性能[12]。G. S. Fox – Rahinovich 等研制的 FADTiAlNPVD 纳米涂层刀具，颗粒尺寸大约为 60 ~ 80nm，涂层硬度达 35GPa，高速切削状态下，其耐磨性能和切削性能较传统的 TiAlN 涂层刀具更优异，使用寿命提高约 4 倍，如图 1 – 1 所示[13]。

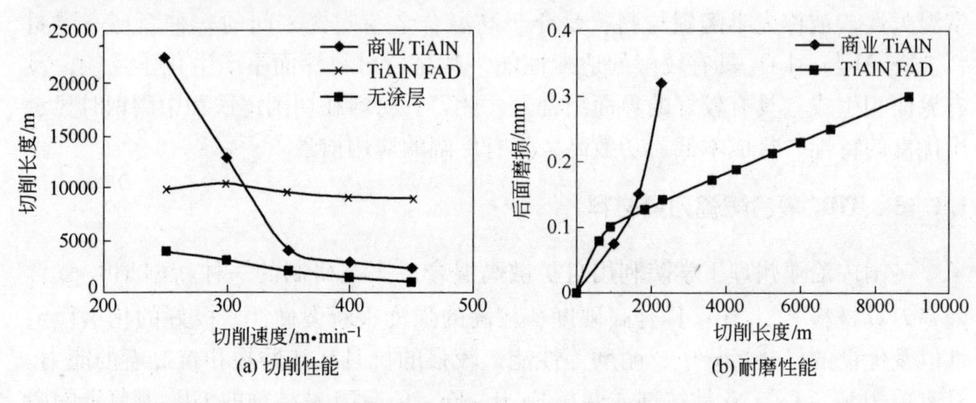

图 1 – 1 传统 TiAlN 涂层刀具与 FADTiAlN 涂层刀具性能比较

1.2 陶瓷刀具材料的增韧机理

1.2.1 颗粒弥散增韧补强机理

通过弥散第二相颗粒来阻碍位错的滑移和攀移，从而阻止裂纹扩展，以达到增韧的目的，是增韧补强复相陶瓷的一种重要的方法，也是各种复合增韧方法的基础。其实现增韧补强的机制有多种，主要有残余应力场、微裂纹、裂纹偏转、裂纹弯曲、裂纹分岔、裂纹桥联、裂纹钉扎等形式。文献把上述各种机制归纳为以下四类[14]：

（1）应力诱导微裂纹增韧；

（2）非平面断裂增韧，包括裂纹偏转和分岔两种形式；

（3）颗粒直接强化增韧，包括裂纹桥联、裂纹弯曲和裂纹钉；

（4）残余应力增韧。

实际应用中，由于颗粒种类、结晶形状和尺寸等的不同以及颗粒与基体之间的性能差异，不同种类颗粒弥散在不同基体中时，起主导作用的机制也不尽相同[15]。对于延性相弥散增强基体（高弹性模量、高强度）的复合体系，通过第二相颗粒的加入，在外力作用下产生一定的塑性变形或沿晶界面滑移产生蠕变来缓解应力集中，达到增韧补强的效果。对于刚性颗粒弥散的复相陶瓷，主要利用第二相颗粒与基体晶粒之间弹性模量和膨胀系数上的差异，冷却过程中在粒子和基体周围形成残余应力场，这种应力场与扩散裂纹尖端应力交互作用，从而产生裂纹偏转、分岔、桥联和钉扎等效应，对基体起增韧作用。其中，后者较前者应用广泛。另外，有研究者还认为[16]，弥散颗粒的增韧只来源于那些较大尺寸的弥散颗粒，当颗粒粒径与基体粒径相近时，残余应力场引起的裂纹偏转很小，起不到明显的增韧作用，而对于小于基体粒径的颗粒则无增韧效果。

颗粒增强复相陶瓷具有工艺简单、颗粒尺寸和分布较易控制、性能稳定等特点，而且增韧不受温度影响，可作为一种高温增韧机制，因此在实际中得到广泛应用。目前研究较多的颗粒弥散复相陶瓷材料有[17~20]：ZrO_2/Al_2O_3、ZrO_2p/Si_3N_4、$SiCp/Al_2O_3$、$TiCp/Al_2O_3$、$(ZrO_2p+SiCp)/Al_2O_3$ 等。颗粒增强复相陶瓷制备的关键问题是粒子的分散问题，一般采用超声分散等办法及添加表面活性分散剂等避免粒子发生团聚，使粒子均匀分布于基体中。

1.2.2 纤维增韧机理

陶瓷基体中含有一定长径比的纤维或晶须状不连续弹性增韧相时，断裂过程中晶须或纤维的拔出、桥联作用使裂纹扩展的耗散能量增加，从而提高了复相陶瓷的断裂韧性。该类陶瓷在外来应力作用下，基体首先开裂而纤维或晶须并不断裂，它们在裂纹尾区形成连接裂纹两表面的桥梁，起到承载作用并限制裂纹继续扩展；另外，纤维或晶须在载荷的作用下从基体中连续拔出也消耗能量，这样，利用纤维桥联及纤维拔出改善了基体的韧性。

用来增强复合材料的纤维有长纤维和晶须两种。长纤维增韧复合材料由于纤维定向排布而具有明显的各向异性，纤维排列纵向上的某些性能显著高于横向，往往根据使用要求来确定纤维的排列方向。晶须增韧复合材料既有颗粒增韧复合材料那样简单的制备工艺，又在一定程度上保留了长纤维复合材料性能上的特点，因而近年来发展很快。研究结果表明[21]，晶须的加入可使陶瓷的韧性提高30%～100%，而且晶须增韧还可将某组合机床与自动化加工技术。

1.2.3 应力诱导相变增韧

如图1－2所示的含有亚稳 $t-ZrO_2$ 的陶瓷中，当裂纹扩展进入含有t相晶粒的区域时，裂纹尖端周围的部分t相将在裂纹尖端应力场的作用下，发生 $t\rightarrow m$ 相变，形成一个相变过程区[22]。在过程区内，一方面，由于裂纹扩展而产生新的裂纹表面，需要吸收一部分能量；另一方面，相变引起的体积膨胀效应也要消耗能量；同时相变的晶粒由于体积膨胀而对裂纹产生压应力，阻碍裂纹扩展[23]。由此可见，应力诱导的这种组织转变消耗了外加应力，降低了裂纹尖端的应力强度因子，使得本可以继续扩展的裂纹因能量消耗造成驱动力减弱而终止扩展，从而提高了材料的断裂韧性。相变发生后，若要使裂纹继续扩展，必须提高外加应力水平。这样随应力水平的不断提高，裂纹会继续向前扩展。值得注意的是，在相变作用下，裂纹扩展的阻力会越来越大，扩展越来越困难。

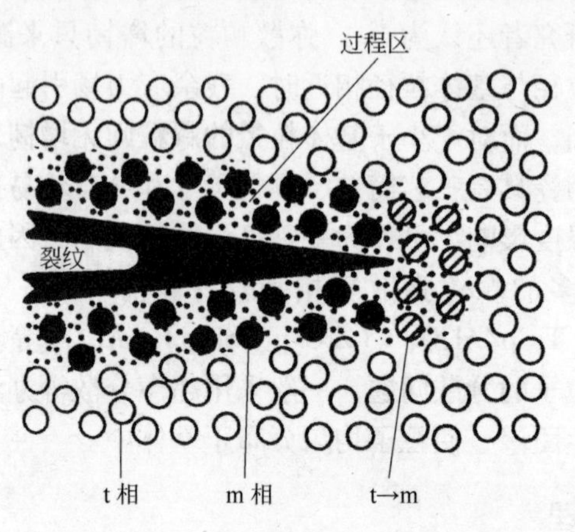

图 1－2 应力诱导相变增韧示意图

1.2.4 显微裂纹增韧

晶粒粒径 $d > d_m$（m 相晶粒的临界粒径）的晶粒在冷却过程中会发生 t→m 相变，由于体积效应较明显而诱发显微裂纹。这种尺寸很小的裂纹会使材料局部弹性模量下降，有利于降低裂纹尖端应力强度因子；同时当扩展主裂纹进入微裂纹区时，会发生分叉而形成多个次裂纹，产生的新表面会大大消耗应变能，从而降低了裂纹扩展驱动力，提高了材料韧性，这就是显微裂纹韧化[21～23]。图 1－3 所示为 ZYA20（3Y－PSZ/Al_2O_3）抛光表面的一个主裂纹进入微裂纹区时的扩展情况，从中可以看出，该主裂纹在微裂纹区发生分叉而停止继续扩展。

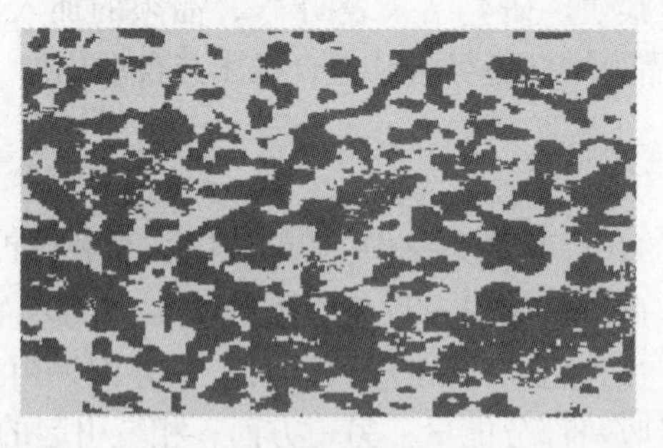

图 1－3 ZYA20 抛光表面的压痕裂纹扩展

1.2.5 残余应力增韧

当晶粒粒径 $d_c < d < d_m$（d_c 为 t→m 相变临界粒径）范围时，陶瓷材料冷却

过程中虽发生了 t→m 相变，却不能诱发显微裂纹，只在相变后 m 相晶粒周围存在残余应力[23]。当主裂纹扩展进入残余应力区时，一方面残余应力的释放要消耗能量，而且有闭合并阻碍裂纹扩展的作用；另一方面内应力的存在会使材料结构出现不均匀性，从而影响裂纹扩展形态，使裂纹出现扭曲偏转，产生裂纹偏转增韧效果。在 ZrO_2 陶瓷中，由于 m 和 t 两相共存，上述三种机制综合作用增韧陶瓷。但是由于 m 相的力学性能略低于 t 相，所以过多的 m 相虽能在一定程度上增韧陶瓷，却会减弱其他性能，因此为了获得综合力学性能较好的 PSZ，必须适当控制 m 相的含量。

1.2.6 相变增韧机理

从韧化陶瓷的显微组织形成方式上看，相变增韧陶瓷实质上是一种自增韧陶瓷，它是通过控制烧结工艺使其微观组织内部产生增韧相而实现增韧作用的，应用最多的是 ZrO_2 相变增韧陶瓷[24~26]。ZrO_2 存在三种晶型：温度在 2370℃ 以上为 c 相（$\rho=6.09g/cm^3$）；当温度低 1170℃ 时为 m 相（$\rho=5.83g/cm^3$）；当温度介于 1170 ~ 2370℃之间时为 t 相（$\rho=5.83g/cm^3$）。当 ZrO_2 发生从高温 t 相到低温 m 相的相变时，伴有 3% ~5% 的体积膨胀和 16% 的剪切应变。通过一定的手段（如添加 Y_2O_3、CeO 等稳定剂）可使 t - ZrO_2 以亚稳态存在下来，其亚稳状态在裂纹尖端应力的作用下易于发生 t→m 相变，这一过程中除产生新的断裂表面而吸收能量外，还因相变时的体积膨胀而吸收能量；同时相变粒子的体积膨胀又给裂纹以压应力，从而部分抵消裂纹尖端的张应力，降低了裂纹尖端应力强度因子，提高了陶瓷的断裂韧性。

另外，由于相变作用在单斜 ZrO_2 相粒子周围形成残余应力场，裂纹扩展到应力场时容易发生偏转、弯曲或分岔，也会产生增韧效果。目前相变增韧机理主要用于两类陶瓷材料：一类是利用 ZrO_2 相变增韧其他基体的陶瓷，研究较多的是 ZTA、ZTM（ZrO_2 增韧莫来石）以及 ZrO_2 增韧 Si_3N_4 等；另一类是以氧化锆为基体的陶瓷，如 3Y - TZP、Mg - PSZ、Ce - PSZ 等。

1.2.7 协同增韧机理

利用多种强韧化机制的交互作用所引起的协同效应来设计高性能复相陶瓷，是近年来备受重视的前沿课题之一。研究表明[27]，各种增韧机理之间是可以相互作用的，然而并非任意的几个增韧机理的叠加都会产生协同效应，而且协同增韧效果也并非几种增韧机理的简单叠加。近年来，许多研究者对有不同增韧机制的协同作用提出了一些新的见解，并且在强韧化理论和材料研制上做了大量的探索工作和可行性分析。到目前为止，协同增韧中研究较多的有相变增韧与晶须补强、相变增韧与颗粒弥散、晶须补强与颗粒弥散、颗粒与颗粒弥散等几种。

1.3　先进陶瓷刀具的应用

由于难加工材料的增加，以及对加工过程提高效率、降低成本的要求，新型陶瓷刀具的发展已是必然趋势，目前发达国家陶瓷刀具已发展到占刀具构成比的5% ~10%。据摩根和其他公司最近的统计，美国的年市场规模约1亿美元(700~1000万片/年)，欧洲约7000万美元，日本约6000万美元。德国Ceramtec公司是欧洲生产新型陶瓷的主要厂家，其陶瓷刀具是他们最有效的一种产品，价格非常昂贵，均在十几美元以上，年销售额达几千万美元。先进陶瓷刀具已在机械、冶金、汽车、交通、矿山设备、精密仪器、水泵等20多个行业推广应用，为用户节约了大量电力、动力工时和刀具的费用。

1.3.1　复合 Si_3N_4 陶瓷刀具的应用

从刀具的发展来说，以往的高速钢刀具、硬质合金刀具和氧化铝刀具，我国比发达国家迟很多年，但在开拓新一代刀具氮化硅陶瓷刀具方面，推动了国内外氮化硅刀具研究与应用的发展。近年来，随着汽车及其他行业先进的加工生产线的引进，陶瓷刀具已占了相当大的比重，据估计约有十几万片，这也使得许多企业认识到陶瓷刀具的优越性，同时为了降低成本，也希望有国内产品代替进口，争取消耗性的刀具能逐步国产化。国产陶瓷刀具与进口陶瓷刀具寿命、价格比较见表1-1。

表1-1　国产陶瓷刀具与进口陶瓷刀具寿命、价格比较

加工对象	指标	进口刀具德国（SPK）	国产刀具（FD-05）
粗镗发动机缸孔（上海大众）	寿命	加工100件	加工100件
	价格	150元	58元
刹车毂切槽（天津夏利）	寿命	加工100件	加工98件
	价格	380元	50元

从表1-2可见，我国生产的氮化硅陶瓷刀具具有非常高的性能价格比，因此具有很强的竞争力。20世纪70年代中后期清华大学苗赫濯教授研究的热压复合 Si_3N_4 陶瓷刀具引起国内外学术及工业界的关注和兴趣。在冶金行业用来切削冷硬铸铁轧辊，现在全国冷硬铸铁轧辊大都采用了复合 Si_3N_4 陶瓷刀具进行加工，获得平均提高效率2~6倍、节约加工工时、电力50% ~80%的显著经济效益[28]。如图1-4所示[2]，80年代初石家庄水泵厂开始采用 Si_3N_4 陶瓷刀具，顺利地解决了一次硬化加工难题，免去了退火工艺，不仅节省了5~6天的退火时间，而且机加工工时也从过去的48小时减少到8小时。

表 1－2 我国与国际陶瓷刀具产品性能价格比较

公司	牌号	材料	售价	性能（寿命对比指数）
美国肯纳公司	Kyon2000	$Si_3N_4+Al_2O_3$	13 美元	1
美国绿叶公司	GSN	Si_3N_4	12 美元	3
	WG300	SiC 晶须 + Al_2O_3	25 美元	4
德国	NC1	Si_3N_4	8.8 英镑	3
日本	HC1	Si_3N_4	12 美元	3
中国	FD－05	Si_3N_4	5 美元	3
	FD－01	Si_3N_4 + TiC	6 美元	3.5

图 1－4 复合 Si_3N_4 陶瓷刀具对 HRC60 的 Cr27 高硬铸铁护板的加强肋进行断续粗加工

1.3.2 复合 TiCN 金属陶瓷刀具的应用

Si_3N_4 陶瓷刀具在加工各类铸铁工件时表现出优异的性能，但在加工钢件时，存在一定的化学磨损。近年来发展起来的 TiCN 金属陶瓷刀具比较适合于普通钢铁材料加工。

宝钢过去加工 86CrMoV7 淬硬钢轧辊，由于硬度高达 HRC58～63，只好采用进口紧密磨床磨加工，成本高，效率低。后来采用复合金属陶瓷刀具顺利地解决了难题，单根轧辊的加工时间由以前的 7 小时减少为现在车削的 2.5 小时，综合加工成本减少了 75%[2]。轴承、滚珠丝杠行业也是大量采用淬硬钢的行业，现在瓦轴、洛轴、哈轴等轴承企业都采用复合金属陶瓷刀具对轴承内外进行加工，取得了十分显著的效果。我国台湾某滚珠丝杠公司多年来一直采用这种新刀具，对淬硬滚珠丝杠滚道进行“以车削代粗磨”，取得了良好的效果。

1.4 国外陶瓷刀具的应用

目前新一代陶瓷刀具材料的研究面向复相陶瓷为基础，采用高纯、超细的氧化物、氮化物、碳化物、硼化物等一次粉料，以不同添加剂作为增韧、增强相，并根据不同的增韧补强机理来研究设计材料的性能结构，通过优化烧结工艺生产各种具有优良综合性能的陶瓷刀具材料。据文献统计，国外应用最广泛为三大类：Al_2O_3 系、Si_3N_4 系和 Sailon 陶瓷刀具。

1.4.1 氧化物陶瓷类

国内清华紫光方大陶瓷公司生产的 Al_2O_3/Ti（CN）陶瓷刀具，硬度为 HRC 94.5，抗弯强度 850MPa。具有优异的耐磨性，可实现淬硬钢的以车削、铣削代替磨削，适合精加工 HRC65 的淬硬钢或合金铸铁。

1.4.2 混合陶瓷类

纯 Al_2O_3 陶瓷刀具的主要缺点是它具有很小的热传导率，这就使得它对热震动非常敏感，在加工速度比较高时热效应变得更明显，它也会由加工周期短以及变化的切削深度引起。加入碳化钛会改善氧化铝对热震动的抵抗，这种的材料就变成了黑色，而且不像氧化铝本身烧结那么简单，它通常用热压或气氛保护下烧结，而且局限简单的形状。当引进了以氮化钛为主要添加物的材料，这样就可以更进一步地改善抗热震性，这种材料是深褐色或巧克力色，因此用术语“黑陶瓷”和“热压陶瓷”对于这一类不再合适，最好用“混合陶瓷”来描述。混合陶瓷具有比纯氧化物陶瓷更好的抗热震性，而且硬度更强，并且可以在高温下保持这种硬度。混合陶瓷刀具主要用于加工铸铁及淬硬钢材料。

新的氧化铝—氮化钛混合陶瓷（瑞典 Sandvik 公司标准 CC650）比已确定的氧化物级（CC620）的硬度高，这个在加工铁石墨球中具有重要的意义，例如，每秒钟成千的石墨球经过切削边缘，在边缘要求极微小的硬度使纯氧化物陶瓷成为更好的材料。混合陶瓷刀具主要用于加工铸铁及淬硬钢材料。

1.4.3 赛隆陶瓷类

氮化硅（Si_3N_4）具有很低的热膨胀系数，这样就可以减少冷热夹杂物间的应力，所以它的抗热震性很好，但是氮化硅不能很容易烧结得十分致密。但是用铝和氧离子代替氮化硅中的部分硅和氮，这样赛隆陶瓷就形成了，它同样具有很好的抗热震性，并且可以冷压后烧结。金属氧化物，典型的如氧化钇 Y_2O_3，通常加入以帮助烧结，在烧结过程中氮化硅颗粒表面的氧化硅 SiO_2 与氧化铝 Al_2O_3 和氧化钇反应形成低熔点的液体。氮化硅与这种液体反应形成赛隆陶瓷中，经过冷却就形成玻璃，根据反应物的附加比例；这样形成的赛隆陶瓷中会含有 β－氮化硅或 α－氮化硅的原子排列，并且也可以同时含有 β－赛隆陶瓷和 α－赛隆陶瓷，β－赛隆陶瓷是 $Si_{6-z}Al_zO_zN_{8-z}$ 组成中的，其中“z”代表铝和氧代替硅和氮的程度，α－赛隆陶瓷由 M_x（Si，Al）$_{12}$（O，N）$_{16}$所表示，其中 M 是金属原子，例如钇。

赛隆陶瓷的微观结构包括类玻璃的或部分细化的母体中的氮化物晶体相的颗粒，晶体颗粒可以全是β－赛隆陶瓷，或α和β的混合物，一般来说赛隆陶瓷硬度随α相含量的增加而增加，这种增长在高温下可以保持，实际上赛隆陶瓷在此温度下保持强度比氧化铝好是它的一个显著特性，另外它的硬度和陶瓷一样，但是它没有同样硬度渗碳物的强度高。

良好的抗热震性和抗机械振动性使得氮化物陶瓷对于铸铁的粗糙或间歇式加工很理想。氮化物陶瓷不适合加工钢，钢的加工标准的一个重要要求是具有抗在工件中扩散的性质，引起弹抗磨损，在钢加工中用赛隆的实际经验证实了这种推论。很可能是在铸铁的加工过程中也发生溶解磨损，这就解释了与纯氧化陶瓷和混合陶瓷相比赛隆陶瓷具有更高的侧面磨损率，尽管赛隆陶瓷在高于700℃时具有更高的硬度。赛隆陶瓷刀具主要用于加工耐热钢、镍钛合金材料。

表1－3为三种陶瓷刀具的性能比较。

表1－3 国外陶瓷刀具材料性能

Sandvik 标准	氧化物陶瓷 CC620	混合陶瓷 CC650	赛隆陶瓷 CC680
材料组元	$Al_2O_3+ZrO_2$	Al_2O_3+TiN；$TiC+ZrO_2$	$Si_3N_4+Al_2O_3+Y_2O_3$
颜色	白色	巧克力色	灰色
室温下硬度（10kg）	HV 1650	HV 1750	HV 1700
1000℃硬度（10kg）	HV 650	HV 800	HV 1100
侧面耐磨性	高	非常高	中等
耐溶解磨损	非常高	高	低
刀体强度	高	中等	中等
抗刀刃断裂性	中等	中等	中等
抗热震性	低	中等	中等

1.5 先进陶瓷刀具发展趋势

陶瓷刀具是现代结构陶瓷的一个重要应用领域，陶瓷刀具不仅具有高硬度、高耐磨性，同时在高温下仍保持优良的力学性能，但和其他刀具一样，陶瓷刀具也不是万能的，目前陶瓷刀具材料的增韧补强机理的研究仍然集中在颗粒弥散增韧补强、纤维（或晶须）增韧及多种机理的协同增韧等机制，各有一定的适用范围，针对不同的工件材料和加工状况，研制出系列化的刀具材料。可以预计，随着各种新型陶瓷刀具的使用，必将促进高效机床及高速切削技术的发展，而高效机床及高速切削技术的推广与应用，又将进一步推动新型陶瓷刀具的使用。纳米改性、纳米复合及超细晶粒陶瓷刀具材料发展趋势如图 1 - 5 所示。文献报道[1]，21 世纪陶瓷材料的研究有三大趋势，即由单相高纯向多相复合陶瓷发展、由微米级向纳米级陶瓷材料发展和陶瓷材料的计算机辅助设计。这些趋势将成为先进陶瓷材料在今后的发展方向。

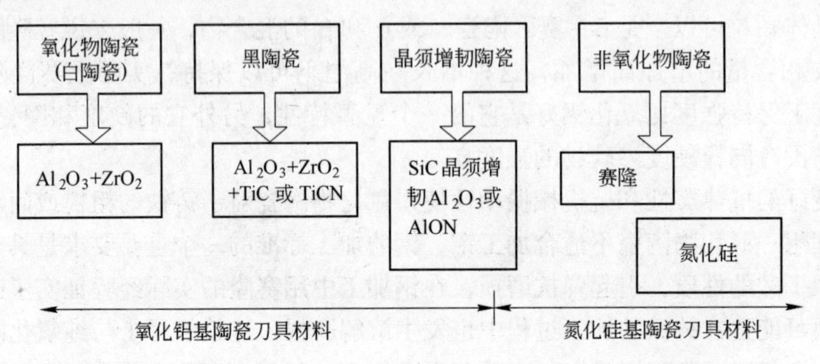

图 1 - 5　纳米改性、纳米复合及超细晶粒陶瓷刀具材料发展趋势

2 氧化物陶瓷刀具材料类型及性能

2.1 氧化铝和氧化锆材料特性

氧化铝陶瓷是目前是世界上产量最大、应用用途最广的陶瓷材料之一，它在自然界中储量丰富，最常见的是以不纯的氢氧化物形式存在，并由此构成铝矾土矿。氧化铝只有一种热力学稳定的相，即 $\alpha-Al_2O_3$，属刚玉结构。晶体结构表述为：O^{2-} 阴离子近似于六方密堆排列，Al^{3+} 阳离子占据了 2/3 的八面体孔隙位置。它是唯一以单晶形式广泛使用的氧化物陶瓷。利用它的结构性能和光学性能，单晶氧化铝可用在人造宝石和激光晶体领域。而多晶氧化铝由于价格低廉、综合性能（力学、光学和电学性能）优良一直是商业应用广泛的非金属材料。

氧化锆陶瓷具有十分优异的物理、化学性能，不仅是耐火材料、高温结构材料和电子材料的重要原料，而且在各种金属氧化物陶瓷材料中，ZrO_2 的高温热稳定性，隔热性能最好。ZrO_2 的热导率在常见的陶瓷材料中最低，而热膨胀系数又与金属材料较为接近，成为重要的结构陶瓷材料，特殊的晶体结构使之成为重要的电子材料；ZrO_2 的相变增韧等特征，已经成为提高复合材料性能的增韧相。

高纯的 ZrO_2 呈白色，较纯的 ZrO_2 呈黄色或灰色。ZrO_2 化学性能稳定，除硫酸和氢氟酸外，对酸、碱及碱熔体、玻璃熔体和熔融金属都具有很好的稳定性。热导率低、热稳定性好及高温蠕变小，是 ZrO_2 的最主要特征。纯 ZrO_2 致密烧结体变形温度高达 2400 ~ 2500℃，所以 ZrO_2 是高温隔热及结构陶瓷的理想材料。ZrO_2 陶瓷还具有极好的耐磨性，与 Al_2O_3 陶瓷相比，其磨损率为 0 : 15（ZrO_2 : Al_2O_3）[29]。此外，ZrO_2 陶瓷化学性能稳定，还与多数熔融金属不湿润。目前在各种金属氧化物陶瓷中，ZrO_2 的重要作用仅次于 Al_2O_3。

近年来，随着高性能复合材料的不断研究和应用，氧化锆加入到其他氧化物基体中，如莫来石、尖晶石、堇青石、锆英石和氧化镁，可改善这些氧化物的韧性。而氧化锆增韧 Al_2O_3 陶瓷在过去十几年里取得了快速的发展，并形成多种增韧机理。各种烧结工艺制备的耐高温、抗腐蚀、耐磨损的 Al_2O_3/ZrO_2 复合材料制品在取代金属及合金等方面已取得了显著效果。研究和发展该复合材料的显微结构 - 制备工艺 - 性能特性关系，将对今后拓展应用领域起到重要的作用。

2.2 氧化锆增韧陶瓷的性能及结构

2.2.1 ZrO_2 的晶体结构特征

一般在常压下 ZrO_2 有三种晶体结构：在室温时为单斜晶（monoclinic）相，1170℃时由单斜晶相变化成正方晶（tetragonal）相，于 2370℃由正方晶相变成立方晶（cubic）相，而立方晶相在2680℃溶解成液相。晶体结构示意图如图2－1 所示。高温立方晶相（c－ZrO_2）呈 CaF_2 结构，其中 Zr^{4+} 离子位于立方心部，O^{2-} 离子位于角上，8 个阳离子与锆离子之间的距离相等，Zr 的配位数是 8，形成 Zr—O 四面体[30]。

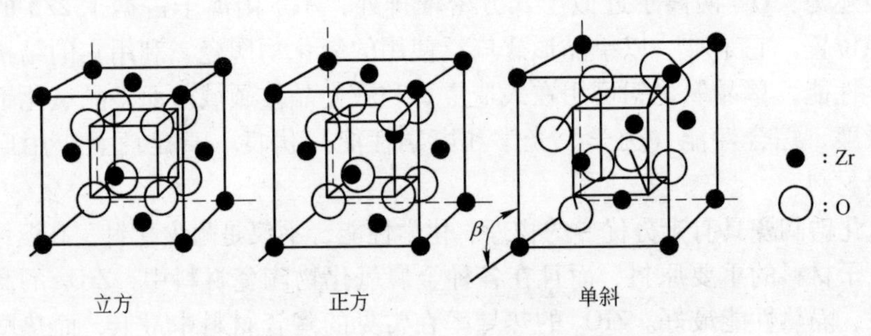

图 2－1 ZrO_2 晶体结构示意图

四方晶相（t－ZrO_2）和单斜晶相（m－ZrO_2）呈畸变的氟化物结构，其单胞如图 2－2 所示[31]，其黑球表示的 O^{2-} 在立方体中略位向上位移，白球所示的 O^{2-} 则向下位移，畸变成四方结构。在 t－ZrO_2 锆氧离子的配位数仍为 8，但 Zr^{4+} 与 O^{2-} 之间的距离有两套：0.2455nm 和 0.2065nm（在 1523K）[31,32]。m－ZrO_2 中 Zr 的配位数是 7，由锆氧的三角配位和锆氧的畸变四面体配位组成，并呈层状结构[33,34]。

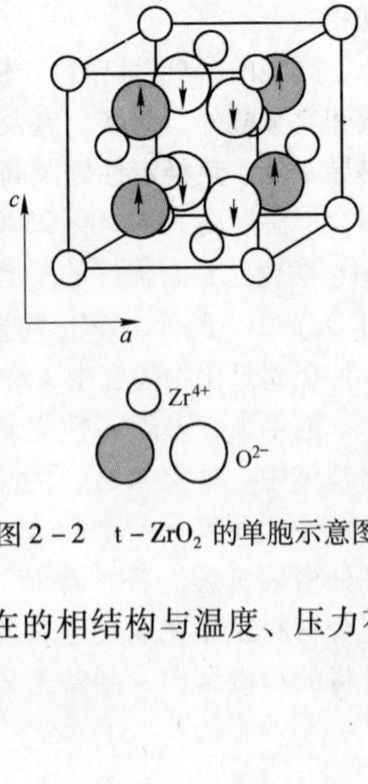

图 2－2 t－ZrO_2 的单胞示意图

氧化锆的结晶学参数详见表 2－1[35]。在不同温度下，ZrO_2 有三个同质异构体（polymorph）存在，即立方相（cubic）、四方相（tetragonal）、单斜相（monoclinic）。它们的化学组成基本相同，存在的相结构与温度、压力有关，在常压下，三种形态之间的关系可表示为[36]：

$$m-ZrO_2 \underset{850\sim1000℃}{\overset{1170℃}{\rightleftharpoons}} t-ZrO_2 \overset{2370℃}{\rightleftharpoons} c-ZrO_2 \overset{2715℃}{\rightleftharpoons} 液相$$

表 2-1　氧化锆的晶体结构

表达式	相	晶格常数				原子位置			
		a/nm	b/nm	c/nm	β/(°)	原子	x	y	z
$m-ZrO_2$	单斜相(monoclinic)	0.51507	0.52028	0.53156	99.2	Zr	0.2754	0.0395	0.2083
						O Ⅰ	0.0700	0.3317	0.3477
						O Ⅱ	0.4416	0.7569	0.4792
$t-ZrO_2$	四方相(tetragonal)	0.5074	0.5074	0.5188	90	Zr	0	0	0
						O	0.25	0.25	0.2044
$c-ZrO_2$	立方相(cubic)	0.5117	0.5117	0.5117	90	Zr	0	0	0
						O	0.25	0.25	0.25

在常温常压下纯 ZrO_2 存在形式为单斜相。但是由于单斜（monoclinic）ZrO_2 热膨胀系数的异向性（anisotrpic），在单斜晶变成正方晶相的变化时，b 轴几乎不变，主要的热膨胀发生在 a 轴和 c 轴，造成晶格常数很大的变化，如图 2-3 所示[37]。

在单斜晶正方晶转变时，陶瓷体本身发生急剧的膨胀或收缩。由 X 射线衍射测定晶格常数的各向异性如图 2-3 所示。ZrO_2 整个相变过程是可逆的，即使升温和冷却速度很快，也无法阻止。纯 ZrO_2 烧结冷却时发生 t→m 相变为无扩散相变，具有典型的马氏体相变特征，并伴随产生约 5% 的体积膨胀和相当大的剪

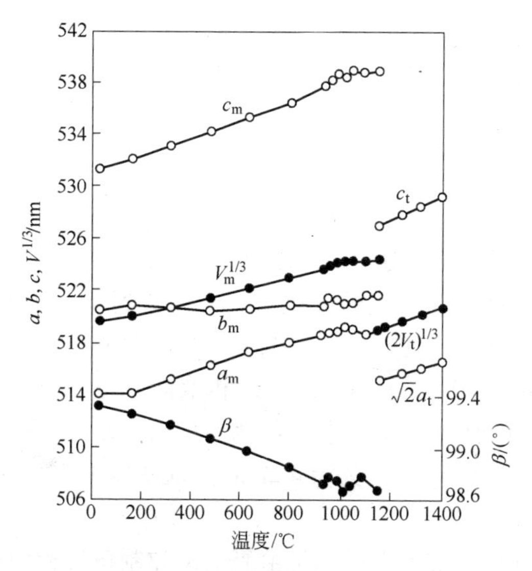

图 2-3　ZrO_2 单斜晶相和正方晶相晶格常数与温度的变化关系

切应变约7%；相反在加热时，由 m→t 相变，体积收缩。纯 ZrO_2 制品在加热、冷却过程中要发生晶型转变，引起体积效应（热缩、冷胀），易使制品开裂，其力学性质和抗热震能力都很差，不能作为结构材料，所以要采取稳定晶型的措施。

2.2.2　ZrO_2 的稳定化及二元相平衡

氧化锆的相组成与氧含量、温度的关系如图 2－4 所示[38]。在 2377～2710℃的温度范围内，对等计量点附近纯的 c－ZrO_2 是稳定存在，c－ZrO_2 中氧含量的范围很大。含有非等计量氧的 c－ZrO_2 可保留到 1525℃，远低于含等计量氧的 c－ZrO_2 的稳定温度 2370℃。Kountourous 报道[39]认为这是由于 ZrO_2 结构中出现的氧空位所致。因为低温下热力学稳定的 m－ZrO_2 是 7 配位，而 c－ZrO_2 配位数是 8，结构中出现大量的氧空位可使高温相的 Zr 原子少于 8 而在较低温度仍稳定存在。

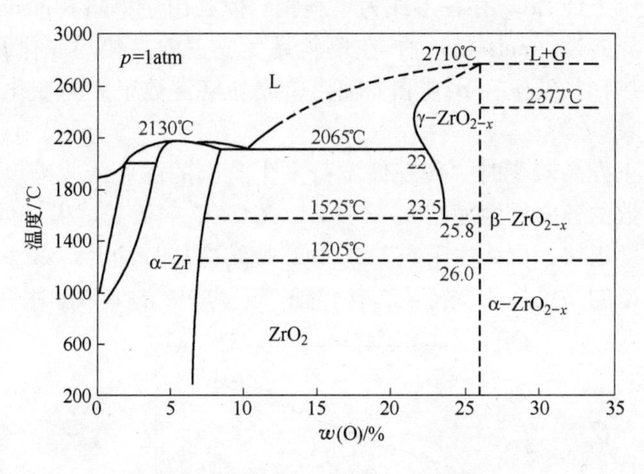

图 2－4　常压下的锆－氧相图

但对纯 t－ZrO_2 仅存在于等计量点附近，即使形成氧空位，在低于 1170℃时四方相仍无法稳定存在，四方相的氧化锆一般保留到室温的方法有两种[40]：减小 ZrO_2 的晶粒尺寸或固溶一些金属氧化物。当 c－ZrO_2 的晶粒尺寸小于临界尺寸 r_c 时，四方相存在于 t－ZrO_2→m－ZrO_2 相变温度以下。Garvie[41,42]计算了室温下非约束 t－ZrO_2 的临界晶粒尺寸 r_c 约为 30nm，1994 年 Aita 又发现在薄膜涂层中 t－ZrO_2 的临界晶粒尺寸 r_c 约为 4.5nm，Baily 等人[43]在实验中证实了临界晶粒尺寸的存在。

所以，临界尺寸效应实际上可能是由氧空位和制备过程中残余的 OH^- 造成。由于氧化锆的临界尺寸太小，实际应用中一般采用添加金属氧化物与 ZrO_2 形成固溶体，增大阳离子平均半径，使阴阳离子的半径比更接近稳定的八配位要求，将 ZrO_2 的四方相和立方相保留到室温。其添加稳定剂必须具备如下两个条件：固溶的阳离子大小要与 Zr^{4+} 相类似，离子半径相差不超过40%（Mg^{2+} 离子半径0.078nm，Ca^{2+} 和 Y^{3+} 的离子半径0.106nm，Zr^{4+} 离子半径0.087nm）；固溶的氧化物需是立方晶系。所以，金属氧化物用作稳定剂的多为MgO、CaO、CeO_2 和 Y_2O_3 等[44~47]。如果在 Y_2O_3 稳定的四方相氧化锆中添加 Nb^{5+} 或 Ta^{5+}，Nb^{5+} 或 Ta^{5+} 有平衡 Y^{3+} 的作用，使氧化锆结构中的氧空位减少，t－ZrO_2 将失稳而转变成为 m－ZrO_2。

氧化锆的二元相平衡，由于MgO、CaO、CeO_2 和 Y_2O_3 等金属氧化物与 ZrO_2 能起到固溶稳定的作用，但稳定过程的确切机理仍然不清楚。Grain的实验结果于1967年发表 ZrO_2－MgO富氧化锆端的相图，Scott在1975年的实验结果完成了富氧化锆的 ZrO_2－Y_2O_3 相图，而Hellman和Stubican于1983年完成了 ZrO_2－CaO的相图。众多研究表明[48]，当掺入 Y_2O_3 后，ZrO_2 表现出许多非常优越的性能。适当的 Y_2O_3 可以抑制晶态转化时的微裂纹效应，并保持立方晶和四方晶高温相在室温下是亚稳状态。在 ZrO_2－Y_2O_3 系统中增韧后的显微结构晶粒尺寸小于氧化锆的其他二元相系统，并且能在相对低的温度下进行烧结（1400～1550℃），这对今后该材料在工程中的应用将起到重要的指导作用。

图2－5为 ZrO_2－Y_2O_3 系统的相图。可以看出 Y_2O_3 在极限四方相固溶体中

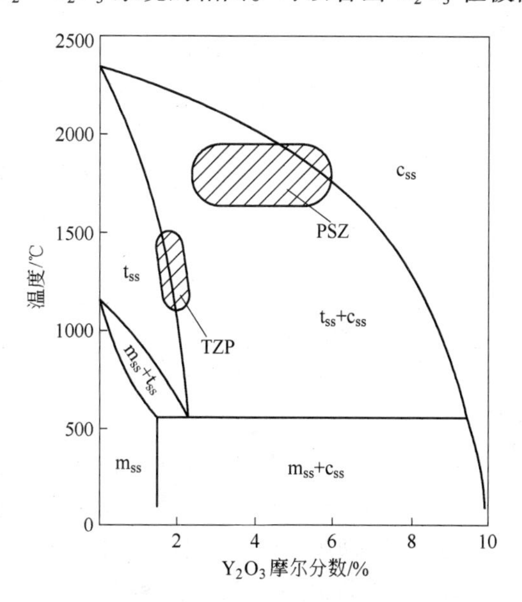

图2－5　富氧化锆 ZrO_2－Y_2O_3 系统的相图[49]

（商用PSZ和TZP的成分和制备温度如阴影区所示）

有很大的溶解度，直到摩尔分数为2.5%的 Y_2O_3 溶解到与低共析温度线相交的固溶体中，可获得全部四方相的陶瓷。其中，阴影区部分表示商业生产的部分稳定 ZrO_2（PSZ）和四方相氧化锆多晶体（TZP）的组成和制备温度。Ruh[50]通过对 ZrO_2-Y_2O_3 相图的研究，得到如下结论：

（1）当 Y_2O_3 含量（摩尔分数）大于7.5%，即氧空位浓度大于7.5%时，Zr－O 关系为：$Zr_{0.85}Y_{0.15}O_{1.85}\square_{0.15}$，它在室温下可以完全形成立方相。

（2）当 Y_2O_3 含量为1.5%～7.5%，即氧空位浓度为1.5%～7.5%时，Zr－O 关系为：$Zr_{0.97}Y_{0.03}O_{1.97}\square_{0.03}$－$Zr_{0.85}Y_{0.15}O_{1.85}\square_{0.15}$，此时四方相结构可保留至室温。

（3）当 Y_2O_3 含量小于1.5%，即氧空位浓度小于1.5%时，Zr－O 关系为：$Zr_{0.97}Y_{0.03}O_{1.97}\square_{0.03}$，此时，室温下仅能得到单斜相。因此，提高氧空位浓度可以使氧化锆的高温相在低温下保留下来，还可使相变点降低，从而拓宽高温相区。ZrO_2－Y_2O_3 系统，四方氧化锆（TZP）陶瓷又称增韧陶瓷，它是以三价阳离子氧化物，尤其是稀土氧化物作为稳定剂来制备四方氧化锆多晶体。以 Y_2O_3 为稳定剂的四方氧化锆多晶陶瓷（Y－TZP）是重要的一种 ZrO_2 增韧陶瓷。而部分稳定氧化锆（PSZ）由于它具有相变增韧所引起的高韧性，PSZ 发展成为一类工程陶瓷。

2.2.3 四方(t)－ZrO_2 到单斜(m)－ZrO_2 的相变特征

氧化锆中四方相向单斜相的相变为马氏体相变，其主要特征为[51]：

（1）无热相变（athermal），即相变的量只与温度有关，与时间无关。受温度影响具有相变的可逆性。

（2）热滞现象（thermal－hysteresis），即相变发生在一定温度范围内，单斜相转变成四方相温度是1170℃，而四方（t）相转变成单斜（m）相时温度在850～1000℃范围内，相变温度滞后约200℃，这与相变相关的表面能与应变能密切相关。

（3）相变伴随3%～5%的体积效应及1%～7%的剪切形变。由 t－ZrO_2 相变成 m－ZrO_2 体积膨胀，呈表面浮突，反之发生体积收缩。

（4）相变无扩散反应发生，相变速度可达固体中声速，快于裂纹扩展的速度。这一特征使利用相变阻止裂纹扩展提高陶瓷材料的韧性成为可能。另外，这个速度更快于材料急冷急热时温度和热应力变化的速度，有可能将其特有的体积的应用来缓解热应力，从而可以改善材料的抗热震性能。

（5）具有颗粒尺寸效应。当颗粒小于某一临界尺寸时，t－ZrO_2 可保留至室温而不发生相变。

（6）添加稳定剂可以抑制相变。在 ZrO_2 中加入 MgO、CaO、Y_2O_3 等可以使

ZrO_2 以 t－ZrO_2 或 m－ZrO_2 形式稳定存在。

（7）相变受力学约束状态影响。处于压应力状态时，t→m 相变将受到抑制；反之，则有利于相变的发生。

2.3 ZrO_2 增韧陶瓷的种类及增韧原理

氧化锆陶瓷首次由 Wolten 在 1963 年报道 t→m 这种相变为马氏体相变[52]，以马氏体相变为增韧基础。Claussen[53]根据陶瓷材料的显微结构特征，将氧化锆增韧陶瓷进行了细致分类。根据亚稳四方相在应力诱导下的相变增韧作用，氧化锆相变增韧陶瓷有三种主要类型：完全由四方相氧化锆细晶组成的四方多晶氧化锆（TZP）增韧陶瓷，如 Y－TZP；立方相基体里弥散分布着四方相氧化锆的双相组织，称为部分稳定氧化锆（PSZ）增韧陶瓷，如 Mg－PSZ、Y－PSZ；四方相氧化锆弥散分布到其他陶瓷基体中，即弥散四方相氧化锆（ZTC）增韧陶瓷，如四方相氧化锆增韧氧化铝（ZTA）。

2.3.1 四方多晶氧化锆增韧陶瓷（TZP）

四方多晶 ZrO_2 增韧陶瓷，通常在四方相单相区内烧结，显微组织特征由四方相氧化锆细晶组成。烧结体中四方相氧化锆的含量依赖烧结体的晶粒尺寸和烧结体的密度，即受到烧结温度和保温时间控制。研究表明[54~57]，烧结温度过高使晶粒尺寸长大，冷却过程中超过临界尺寸的大晶粒 ZrO_2 相变成为单斜相。烧结温度过低烧结体的相对密度低，造成基体对氧化锆的约束力降低而形成一些单斜相。因此室温下 t 相含量的多少对提高韧性有直接影响，但 TZP 制备的实际晶粒尺寸并非均匀，而是有各尺寸分布范围。就力学性能而言，在 TZP 中存在一个最佳晶粒尺寸范围，起到 t 相在承载时而发生相变增韧的作用。商业化的 TZP 陶瓷有 Ce－TZP、Y－TZP 等。

2.3.2 部分稳定氧化锆增韧陶瓷（PSZ）

部分稳定氧化锆（PSZ）的显微组织特征是 c－ZrO_2 相基体上弥散分布着 c＋t、t＋m 的双相或 c＋t＋m 三相组织。通常在立方相单相区烧结，形成均匀的立方相基体，经快速冷却到室温。经过立方相区和四方相区时，细小的四方相晶粒在立方相晶粒内均匀地析出。析出的 t－ZrO_2 相晶粒尺寸和形貌对烧结体的力学性能的影响很大。如果析出的 t－ZrO_2 相晶粒尺寸过小，那么即使在裂纹尖端到达时，它仍然保持四方相；如果析出的 t－ZrO_2 相晶粒尺寸过大，在冷却过程中，它将自发相变为单斜相。这些都会使可相变的四方相减少，降低了材料的力学性能。只有当析出的四方相处于临界尺寸时，相变增韧才能有最佳效果。由于 PSZ 中的 t－ZrO_2 是制备工艺中从母相中析出的，所以热处理时间和温度对材料的力学性能有显著影响。已经商业化的PSZ陶瓷有Mg－PSZ、Ca－PSZ、Y－PSZ等。

2.3.3 弥散四方多晶氧化锆增韧陶瓷（TZC）

弥散的TZP分散到Al_2O_3、SiC等基体中所形成的复合材料，均属于TZC增韧陶瓷[58]。

2.3.4 氧化锆陶瓷的增韧原理

利用氧化锆相变增韧来改善陶瓷材料的脆性，各国学者对氧化锆陶瓷的增韧机理进行了大量研究，在增韧理论和增韧陶瓷的研究方面取得许多重要进展。近来报道氧化锆增韧陶瓷的断裂韧性已达15～30MPa·$m^{1/2}$，抗弯强度达到2000MPa以上。增韧机理主要有：应力诱导相变增韧、微裂纹增韧、残余应力增韧、表面增韧以及复合增韧等。

2.3.4.1 应力诱导相变增韧

Garvie于1975年首次对Ca－PSZ的研究发现[59]：亚稳的四方相氧化锆相变成稳定的单斜相氧化锆，材料样品强度得到明显提高，并提出相变增韧氧化锆陶瓷的概念。后来的实验发现含t－ZrO_2相氧化锆材料的韧性，比其他陶瓷的韧性要高。通过透射电镜、X射线衍射和电子探针等分析测试，发现含t－ZrO_2相氧化锆陶瓷的断口单斜相含量增加。这些发现说明四方相ZrO_2在与裂纹扩展的应力作用下，发生了由t－ZrO_2→m－ZrO_2的马氏体相变，由于t－ZrO_2晶粒相变吸收能量而阻碍裂纹的继续扩展从而提高了材料的强度和韧性，即应力诱导相变增韧。

经过Lange、Marshall、McMeeking等许多学者的完善，逐步形成了比较完整的应力诱导相变增韧机理[60～62]。该理论认为：如果t－ZrO_2相晶粒足够小，或者基体对其束缚力足够大，冷却过程中t－ZrO_2→m－ZrO_2的相变将受到抑制，四方相可稳定保留到室温。当裂纹受到外应力作用扩展时，基体对t－ZrO_2相的约束力得到松弛，可诱发相变使之转化为单斜晶型。此时伴随着3%～5%的体积膨胀和1%～7%的剪切应变，并对基体产生压应力，使裂纹扩展受阻、主裂纹延深需要外力做功以增加能量。即在裂纹尖端应力场的作用下，形成晶粒相变、吸收能量、阻碍裂纹扩展的屏蔽区，提高了断裂能，使材料的断裂韧性提高。

图1－2示意了应力诱导相变韧化的机理。应力诱导相变韧化的特点是增韧幅度大，一般可提高基体的韧性2～4倍。相变对增韧贡献的计算，涉及到复杂的烧结动力学、热力学、断裂力学等理论。相变增韧理论阐述了当相变没发生时，裂纹尖端附近的应力由施加应力强度因子K_1决定。如果在裂纹尖端区附近

发生包含剪切应变和体膨胀的相变，会引起裂纹尖端附近的应力场发生变化。假设材料是线弹性体，相变后，裂纹尖端产生局部应力可用局部应力强度因子 K_2 表示。当 $K_2 < K_1$ 时，相变会降低裂纹近尖端应力，由于外加应力造成的裂纹，在当前外加应力下无法继续扩展，即裂纹尖端被屏蔽，从而形成一个屏蔽区，如图 1－3 所示。当 $K_2 \geqslant K_{IC0}$（K_{IC0}表示完全相变时材料的断裂韧性），裂纹开始扩展。而实际测得材料的断裂韧性，由施加的应力强度因子决定即 $K_1 = K_{IC}$。设 $\Delta K = K_2 - K_1$，则 $\Delta K_{IC} = -\Delta K = K_{IC} - K_{IC0}$。$\Delta K_{IC}$ 即相变对断裂韧性的贡献。因此，陶瓷中相变增韧的效果决定于因发生相变而吸收断裂能量的大小。Lange[57] 列出增韧陶瓷的断裂韧性表达式为：

$$K_c = \left[{K_0}^2 + \frac{2\left(|\Delta G_c| - \Delta U_f \right) E_c V_i R}{1 - \gamma_c^2} \right]^{1/2} \tag{2-1}$$

式中，K_0 表示无相变增韧时的断裂韧性；$|\Delta G_c|$ 为驱动相变的化学自由能变量；ΔU_f 为接近断裂表面处相变后的剩余应变能；E_c 为弹性模量；γ_c 为泊松比；V_i 为四方（t）相的体积分数；R 为相变区的深度（自断裂表面起至整个相变区）。

公式中反映出应力诱导相变增韧的主要途径是：增加材料的弹性模量；提高裂纹扩展时能够相变的四方相体积分数；增大相变区；提高相变化学驱动力等。

2.3.4.2 微裂纹增韧

陶瓷材料的晶体结构由离子键和共价键组成，具有明显的脆性特征。在烧结体中由于存在局部残余应力，造成一定数量的微裂纹。单相材料的热膨胀异性、复相材料热膨胀系数和弹性模量的失配，及氧化锆材料的马氏体相变产生的残余应力，往往在晶界等结合较弱的部位产生微裂纹。这些微裂纹降低了作用区的弹性模量，当外力作用时微裂纹以亚临界裂纹缓慢扩展并释放主裂纹尖端的部分应变能，使主裂纹扩展阻力增加，有效地抑制了裂纹扩展，从而使断裂韧性提高。这种机理称微裂纹增韧（microcracks mechanism），如图 2－6 所示。其韧化形式主要可分为两种：一种是 ZrO_2 相变诱发微裂纹，即利用 ZrO_2 能在应力诱导下发生相变造成部分体积膨胀而阻碍裂纹扩展达到增韧效果[63]；二是增韧相的加入引起基体与第二相之间热性能失配，微裂纹增韧在增韧的同时伴随着强度的降低，关键是控制裂纹的尺寸，使之不超过材料允许的临界裂纹尺寸，否则将成为宏观裂纹，严重损害材料的强度。

微裂纹对增韧的贡献，文献［64］推导出：

$$\Delta K = (2E\gamma mp)^{1/2}$$

式中，E 为材料的弹性模量；γ 裂纹表面的比表面积；p 裂纹区的大小；m 表示微裂纹面积密度。

微裂纹增韧对温度的敏感性与应力诱导相变增韧不同，前者主要靠残余应力

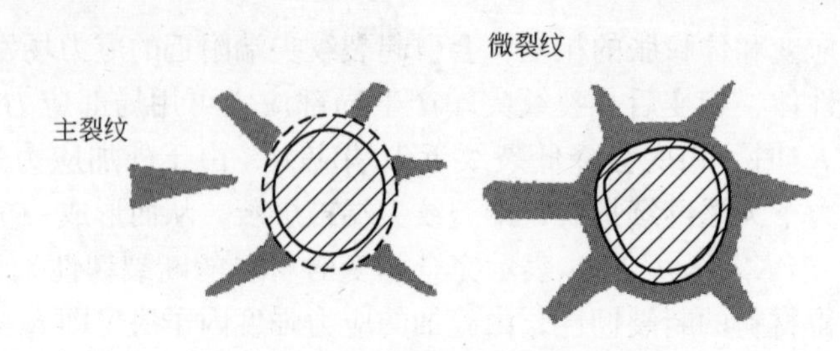

图 2-6 微裂纹增韧示意图

产生的原因。如果由于热膨胀失配而产生微裂纹，韧性会受到温度升高而降低。但相变产生的微裂纹，如果发生在相变可逆的温度区，温度才会影响到增韧效果。对含有氧化锆材料的马氏体相变诱发微裂纹，一般有三种途径：（1）单斜相的 ZrO_2 在较高的烧结温度下为四方相，冷却过程中发生 $t-ZrO_2 \rightarrow m-ZrO_2$ 的马氏体相变，在颗粒周围产生微裂纹；（2）四方相 ZrO_2 晶粒由于烧结温度过高而造成晶粒尺寸 r 大于临界相变尺寸 r_c，冷却过程自发相变为 $m-ZrO_2$，产生微裂纹；（3）$t-ZrO_2$ 在外力载荷作用下，发生应力诱导相变 $m-ZrO_2$。

2.3.4.3 裂纹弯曲和偏转增韧

裂纹弯曲和偏转增韧机理，主要是在裂纹的扩展路径上，以第二相粒子及第二相产生的应力集中或残余应力等作为障碍，来阻碍裂纹的运动，使裂纹扩展时改变方向，形成裂纹弯曲（crack bowing）。绕过障碍在同一平面扩展时，裂纹还可能会偏转（crack deflecting），试图完全避开障碍[65]。在氧化锆增韧陶瓷中会同时发生这两种情况。裂纹弯曲过程钉扎裂纹障碍物的强度和韧性，对整个材料的增韧起着重要作用。裂纹偏转可分为以裂纹前进方向为轴的翘曲（tilting）和以垂直于裂纹前进方向为轴的扭曲（twisting）。裂纹的偏转情况可由试样断裂面的粗糙程度反应。

对随机分布的障碍物，韧性的增加与障碍物的体积分数及形状有关。轴状的障碍物使裂纹的扭转角增加而增加韧性。在材料制备过程中从高温状态向室温冷却时产生残余张应力而在材料内部诱发形成微裂纹[66]。这些微裂纹的存在不仅能够缓解局部残余应力，而且导致裂纹扩展时扩展途径的转向或分支（见图 2-7），即改变主裂纹的扩展路径，增大了断裂表面，形成能量耗散机构，起到增韧的作用。

裂纹弯曲、偏转增韧机理认为增韧效果与温度无关，但是如果残余应力来自于材料的热胀系数失配，那也许要受到温度的影响。对 ZrO_2 增韧陶瓷，裂纹的偏转常常发生在相变后的 $m-ZrO_2$ 氧化锆颗粒周围[67]。

2.3.4.4 表面强化增韧

氧化锆增韧陶瓷可以通过诱导相变方法，如研磨、喷砂、低温处理、表面涂

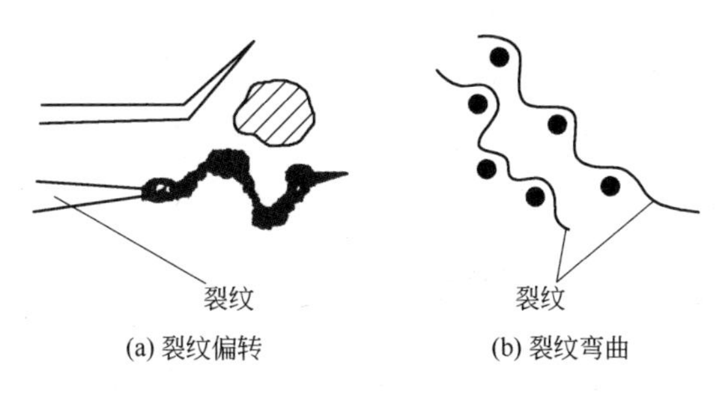

图 2-7 裂纹偏转与弯曲示意图

层及化学处理等工艺[68,69]。在增韧陶瓷表面诱发四方相至单斜相的马氏体相变，形成表面压应力层，材料的强度可获得提高。文献［68］对 Ce-TZP 材料报道，经过还原气氛的处理，使 CeO_2 还原为 Ce_2O_3 而诱发相变，在其表面形成压应力层。这些都验证了表面强化工艺处理后，具有压应力层的陶瓷材料对表面小缺陷不敏感，能提高抵抗接触损伤能力。

2.4 氧化锆陶瓷的晶粒尺寸与增韧机制

在氧化锆陶瓷的 t→m 中存在着尺寸效应，即在四方多晶氧化锆中，母相的晶粒大小或在复合型陶瓷中 ZrO_2 的颗粒大小影响 M_s 温度。

尺寸效应对增韧陶瓷具有重要的实际意义[70]。因此，很为众多研究者所关注。在研究报道中 Garvie[71] 首先以尺寸效应阐明这个亚稳现象；提出 30nm 为临界尺寸，小于 30nm 的四方晶体能在室温存在，而不致相变成为单斜结构。主要将马氏体（m）形成时的临界大小作为（t）相的临界尺寸，并发现 CaO 部分稳定 ZrO_2 和 ZrO_2 韧化 Al_2O_3（$ZrO_2-Al_2O_3$ 复合材料，ZTA）中 t→m 马氏体相变的尺寸效应——t 相平均晶粒大小的倒数与 M_s 之间呈线性关系，即母相晶粒越大，其 M_s 温度越高。对于 PSZ、TZP 和含 ZrO_2 的复合陶瓷由于受约束条件不同具有不同的尺寸效应机制，当材料周围受陶瓷基体约束的 t-ZrO_2 粒子较难进行马氏体相变，可能主要是由粒子和基体间界面的局部应变能起阻力作用缘故。

所以在对 ZrO_2 相变增韧陶瓷的研究中普遍发现，四方 ZrO_2 晶粒的保留与否关键取决于 ZrO_2 颗粒尺寸大小。

由图 2-8 可以知道 ZrO_2 颗粒有三个临界尺寸 D_1、D_2、D_3，不同大小的 ZrO_2 晶粒各有不同的主要增韧机制（包括没有增韧作用）。同时还要区别扩散形成的平衡相 t-ZrO_2 及无扩散型相变产物的过饱和非平衡四方相 t′-ZrO_2（亚稳四方相）[41]。ZrO_2 陶瓷 t→m 相变的晶粒尺寸效应主要分为以下三种形式。

2.4.1 冷却过程 t→m 相变的临界晶粒尺寸

当稳定剂含量相同时，t 相的晶粒尺寸是影响 t→m 相变的一个主要因素[41]。

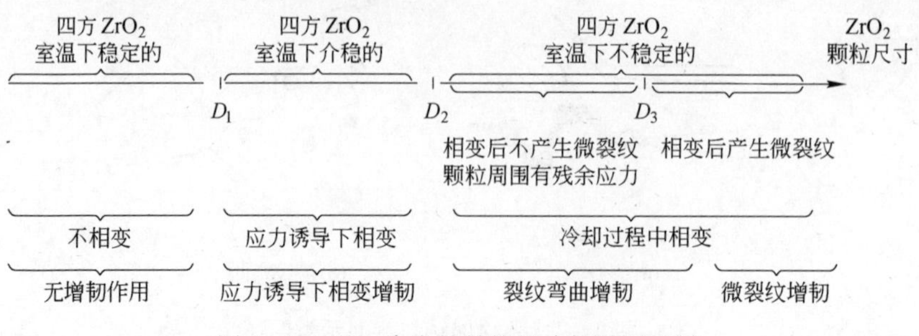

图 2-8 ZrO_2 陶瓷的晶粒尺寸与增韧机制

相变点随着晶粒尺寸的减少而降低，并且在制备材料中晶粒尺寸存在一个尺寸分布范围。对于室温组织存在一个临界粒径 D_2，$d>D_2$ 的晶粒室温下已经转变成 m 相，$d<D_3$ 的晶粒冷却到室温仍保留为 t 相。所以，只有 $d<D_2$ 的晶粒才有可能（但不一定）产生相变韧化作用[72]。因此，室温时 t 相含量多少对提高韧性有直接影响，TZP 材料应是对相变韧化效果最显著的组织，但只有可相变的 t 相粒子才能对相变韧化做贡献，而并不是所有 t 相在受载荷时都能发生相变。

2.4.2 应力诱导下 t→m 相变的临界粒径

t 相粒子的稳定性随着尺寸的减小而增大，在室温下得到的亚稳 t 相由于其晶粒尺寸不同稳定性也不同。在外力作用下裂纹的尖端应力场形成一个最高值，应力诱导 t→m 相变则存在着临界晶粒直径 D_1。只有在 $D_1<d<D_2$ 的晶粒才能发生应力诱导相变（stress induced phase transformation），即这部分晶粒才会对相变增韧做贡献[73]。

2.4.3 t→m 相变诱发微裂纹的临界直径

如前所述，$d>D_2$ 的晶粒室温下已经转变成 m 相，研究表明，在较大的 m 相晶粒周围，由于体积效应而诱发微裂纹。对较小的 m 相晶粒周围并没有微裂纹存在。这是由于大晶粒相变时产生的累积变形大，时基体周围产生的拉应力超过了其断裂强度所致，小晶粒相变时的累积变形不足以产生此效应。所以存在一个临界晶粒直径 D_3，当 $d>D_3$ 时，发生相变时诱发微裂纹，而 $D_2<d<D_3$ 的晶粒虽然产生相变，但不足以诱发微裂纹，但在晶粒相变后的周围存在着残余应力。这种微裂纹和残余应力均会产生增韧效果[74]。

Lange[60] 验证了 Garvie 所计算的临界晶粒尺寸，并提出在 ZTA 中 t-ZrO_2 的临界尺寸为 15~30nm。所以对一些小于临界尺寸、稳定剂含量高的 t-ZrO_2 晶粒，即使外界抑制全部消除后还是不会发生相变，这部分 t-ZrO_2 晶粒就不可能起任何相变增韧作用。弄清这些机理对实际应用有很重要的指导意义。以往为了获得最大的增韧效果，人们原认为要有最大的 t - ZrO_2 体积分数，而实际上最重要的是要有最大的在应力诱导下可以相变的 t - ZrO_2 体积分数。为此，不仅要有适当的 ZrO_2 晶粒尺寸和稳定剂含量，更重要的是使 ZrO_2 晶粒尺寸和稳定剂含量分布这两者都尽量均匀。提高制备工艺对 ZrO_2 晶粒尺寸和稳定剂含量分布的均匀性的控制，是 ZrO_2 增韧陶瓷的关键。到目前众多研究比较一致的看法是在 ZrO_2 增韧陶瓷中起作用的有相变增韧、微裂纹增韧和裂纹弯曲增韧三种机制，其中应力诱导下的相变增韧是最主要的。三种增韧机制中，相变增韧和裂纹弯曲增韧是严格叠加，而在相变增韧和微裂纹增韧同时起作用时，由微裂纹存在的相变增韧作用要小于无微裂纹增韧时的相变增韧，因此不能认为总的增韧是单独起作用时的相变增韧和单独起作用时的微裂纹增韧之和。

2.5 氧化锆陶瓷发展过程存在的不足

近年来增韧氧化锆（ZTC）被给予了更多的关注，ZTC 结构材料通常用于模具、研磨介质、切削刀具等。但由于 ZrO_2 的相变发生体积变化和晶体形状改变，出现剪切形变。新相与旧相共用的界面保持严格的位相关系等。在 1000℃ 左右发生 t→m 相变，体积膨胀 3% ~5%，纯 ZrO_2 材料更明显。由于 ZrO_2 的相变具有与陶瓷生产过程相适应的合适的相变温度和适中的体积变化生产中要求，所以必须考虑用于稳定相的稳定剂种类与加入的含量，基于纯 ZrO_2 的力学性质和抗热震能力都很差，不能作为结构材料。

对于含 Y_2O_3 的 PSZ 或 TZP 尽管具有优异的室温强度和韧性，但在低温潮湿环境下水分能加速等温 t→m 相变，所发生低温老化很大程度限制了它的应用。Kobayashi 于 1981 年首次报道 Y - TZP 的低温老化现象，在 250℃ 潮湿环境下，时效过程中 t→m 相变材料由表面开始逐渐向内部延伸，产生体积膨胀从而引发微裂纹和宏观裂纹，最终引起材料强度的下降[75]。因此，可用表面 t 相含量来衡量老化程度。随后的大量文献报道了低温老化机制[76~82]，普遍认为 H_2O 分子在试样表面发生化学吸附，并分解为 OH^- 和 H^+；随后 OH^- 离子进入含 Y_2O_3 的 PSZ 或 TZP 晶格并迁移，使 Zr—O—Zr 键断开形成 Y—OH。由于键长的变化导致应力集中，使 t 相失稳，有利于 m 相的成核长大，这就是目前比较广泛接受的表面化学反应机理。Tsukuma 的研究表明，只有晶粒尺寸小于 0.4μm 的 Y - TZP 老化才不明显[81]。

图 2 -9 为 2Y - TZP 材料在 200 ~350℃空气中时效时抗弯强度随时效时间变化的关系曲线。低温老化的主要特征是：

（1）t→m 相变的进程在 200 ~300℃ 最为迅速。

（2）水和水汽将加速 t→m 相变的进行。

（3）t→m 相变一般由表面向内部进行。

(4) 提高稳定剂含量和细化组织结构有利于抑制 t→m 相变。

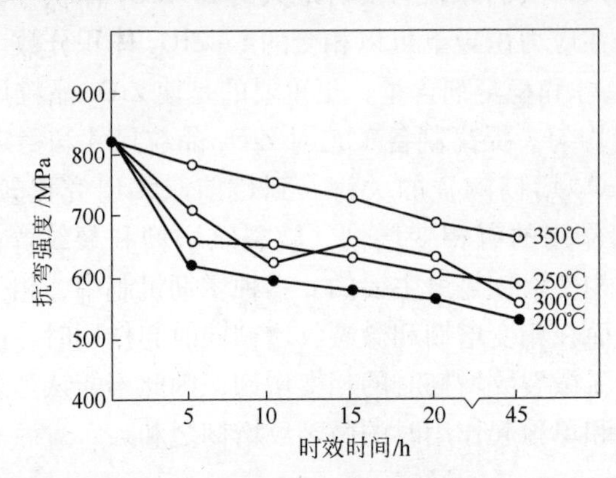

图 2-9 2Y-TZP 在不同温度下时效时抗弯强度与时效时间的关系曲线[83]

2.6 氧化锆增韧 Al_2O_3 陶瓷的研究概况

由于 ZrO_2 的 t→m 相变效应被认为是陶瓷韧化的最有效的途径[84]，用 ZrO_2 韧化 Al_2O_3 陶瓷成本低廉、经济实用具有重要的工业应用价值。因此，氧化锆增韧氧化铝（TZA）陶瓷的研究以成为近几十年相当活跃的课题，并取得了可喜的成果。表 2-2 和表 2-3 分别为 α-Al_2O_3 及 ZrO_2 的有关物理参数[85,86]。研究表明，TZA 陶瓷是研究 ZrO_2 增韧机制的理想材料，由于 Al_2O_3 材料弹性模量较高(390GPa) 对添加第二相 ZrO_2 具有很大的约束力，能在复合材料中发挥很好的相变增韧作用。通过优化材料组分、稳定剂含量、复相材料粉体尺寸范围及烧结工艺等将会制备出所需要的各种增韧机理为主的材料。

表 2-2 α-Al_2O_3 的典型物理参数[85]

晶体结构	晶格常数/nm	熔点/℃	密度/$g \cdot cm^{-3}$	泊松比
密排六方	$a=0.4758$，$b=1.2991$	2050	3.97~3.99	0.27~0.3
弹性模量/GPa	室温抗弯强度/MPa	烧成温度/℃	断裂韧性 $K_{IC}/MPa \cdot m^{1/2}$	线（热）胀系数/$℃^{-1}$ (200~1200℃)
366~425	370~550	1550~2000	4.2~4.7	$(6.5\sim8.9)\times10^{-6}$

表 2-3 ZrO_2 的物理参数[86]

ZrO_2	理论密度/$g \cdot cm^{-3}$	线（热）膨胀系数/$℃^{-1}$
单斜相 m-ZrO_2	5.83	7×10^{-10}
四方相 t-ZrO_2	6.10	11.6×10^{-10}
立方相 c-ZrO_2	6.09	13×10^{-10}

按照陶瓷材料显微结构的差异，ZTA 陶瓷一般分类为[87]：含弥散未稳定 ZrO_2 的 ZTA、含（弥散）部分稳定 ZrO_2 的 ZTA、混合结构的 ZTA 及 ZTA 共晶体。

2.6.1 弥散未稳定 ZrO_2 的 ZTA 陶瓷

Claussen[88]在 1976 年首次报道了含弥散纯 ZrO_2 的 ZTA 陶瓷的力学性能。采用市场商业化的 Al_2O_3 及两种粒径的纯 ZrO_2 分别制备了该材料。对含体积分数为 15% ZrO_2 的 ZTA 陶瓷材料，通过 TEM 观察到 ZrO_2 弥散分布在基体的晶界上，高密度的微裂纹来自于 t→m 相变和热膨胀失配引发的结果。基体材料韧性的提高在受第二相的相变作用下诱发的张应力，使这些微裂纹核向亚临界裂纹扩展行为的过程中，达到一定程度后转变成微裂纹。由此得出 Al_2O_3 基体间含有纯 ZrO_2 弥散颗粒所提高韧性是由微裂纹的成核和扩展所致，而大尺寸（1.25μm）粒径的 ZrO_2 所产生的增韧效果明显高于小尺寸（0.3μm）粒径。

Lange、Wang 和 Stevens[89,57,90]等人陆续报道该体系复合材料韧性的提高，用能量平衡法来完善微裂纹扩展的判据。认为微裂纹张开或闭合与 ZrO_2 粒子的相变有关，从形核到微裂纹的过程是系统能量的减少。ZrO_2 添加量的增加会使裂纹的密度增加，当超过临界值时，裂纹的密度将形成网络结构，造成基体的强度和韧性降低。性能降低的另一个重要原因是对 ZrO_2 晶粒尺寸的依赖性。

研究表明，微裂纹的稳定性对性能影响较大，只有那些存在与含低体积分数、小尺寸未稳定 ZrO_2 粒子才能稳定材料中的微裂纹，从而提高韧化参数。当微裂纹增韧作为主要增韧机理时，这是出现在材料显微结构中的常见现象。

2.6.2 含（弥散）部分稳定 ZrO_2 的 ZTA 陶瓷

部分稳定氧化锆弥散分布在氧化铝基体中的复合材料基本和 t-ZrO_2 相粒子存在 c-ZrO_2 基体晶间和晶内的部分稳定氧化锆陶瓷相似，对于部分稳定氧化锆的制备及微观结构、力学性能已有众多的研究报道[91,92]。添加稳定剂大多局限在与氧化锆离子半径相近的氧化物，如 MgO、CaO、Y_2O_3、CeO_2 等，它们与氧化锆的二元系相图有文献完整的报道[93,94,49,95]。

但在 $Al_2O_3-ZrO_2$ 系统中含不同稳定剂的氧化物所起作用和影响存在较大差异，以 MgO 稳定的 ZrO_2 和纯 ZrO_2 只要两者粒径相同，在 $Al_2O_3-ZrO_2$ 系统烧结过程中 MgO 将沿着 Al_2O_3 晶界扩散造成 ZrO_2 失稳[96]。而 CaO 稳定的 ZrO_2 在 $Al_2O_3-ZrO_2$ 系统中将主要扩散至与晶界上，起不到稳定剂的作用，使基体的性能下降。

Claussen[97]于 1978 年报道了部分稳定 ZrO_2 韧化 Al_2O_3 的力学性能与体积分

数的关系。Lange[98]采用热压方法制备部分稳定 ZrO_2 的 ZTA 陶瓷样品，分析了影响这类 ZTA 材料显微结构和力学性能的因素包括 PSZ 的体积分数、晶粒尺寸大小和稳定剂的含量等。四方相 ZrO_2 粒子对提高样品的韧性和强度有很大促进作用，韧性的提高由于亚稳四方 ZrO_2 粒子的应力诱导相变的结果。

Rühle[99]等人研究了部分稳定 ZrO_2 中 t 相百分含量的 ZTA 材料的力学性能，如图 2－10 所示。其结果表明韧性和强度能通过 ZTA 中四方和单斜相的体积分数来控制。Al_2O_3 与 PSZ 团聚体复合由于基体受到团聚颗粒尺寸限制（5～25μm），文献［102］报道增韧机制主要来自相变增韧和裂纹偏转增韧，K_{IC} 达到 13.5MPa · $m^{1/2}$，抗弯强度仅为 250MPa。

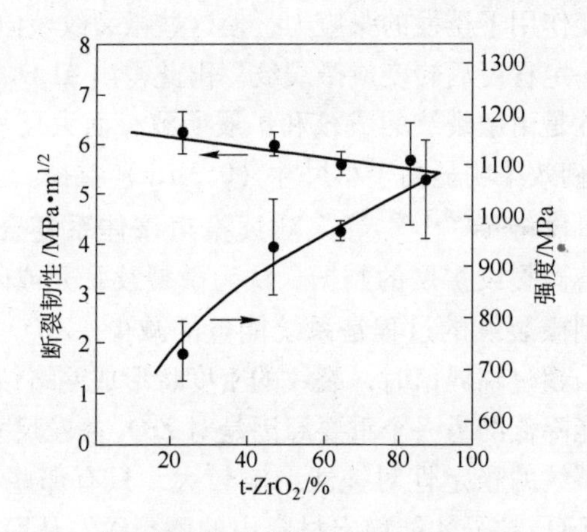

图 2－10　ZrO_2 中四方相的百分数对 Al_2O_3/15% ZrO_2（体积分数）材料的断裂韧性和强度的影响[71]

图 2－11[56]明显地指出四方（t）相对增韧的重要性。在 ZTA 陶瓷中也存在类似的情况，如图 2－12 所示[103]。图 2－12 中 Al_2O_3－ZrO_2（2Y）和（7.5Y）分别表示 ZrO_2 中含摩尔分数 2% Y_2O_3 和 7.5% Y_2O_3 以及不同 ZrO_2 体积分数对断裂韧性的影响。

Becher[100]研究了 ZrO_2 中稳定 Y_2O_3 的含量对 ZTA 陶瓷裂纹尖端附近 ZrO_2 粒子的 t→m 相变所需应力及断裂韧性的影响。研究认为存在一个给定粒子尺寸下能引起自发相变的临界体积分数。也就是基体与添加剂的热胀失配（Al_2O_3：$\alpha = 6.0 \times 10^{-6}$℃$^{-1}$，$ZrO_2$：$\alpha = 10.0 \times 10^{-6}$℃$^{-1}$）所产生的内部张应力随着 Al_2O_3 基体中部分稳定 ZrO_2 含量的增加而增大，当含量为临界体积分数时（即产生内部张应力等于临界相变应力时）自发相变发生。断裂韧性也随着裂纹尖端应力区内 ZrO_2 粒子体积分数的增大而提高。

对给定 Y_2O_3 的含量，断裂韧性随 t－ZrO_2 相的体积分数增加而增大。当

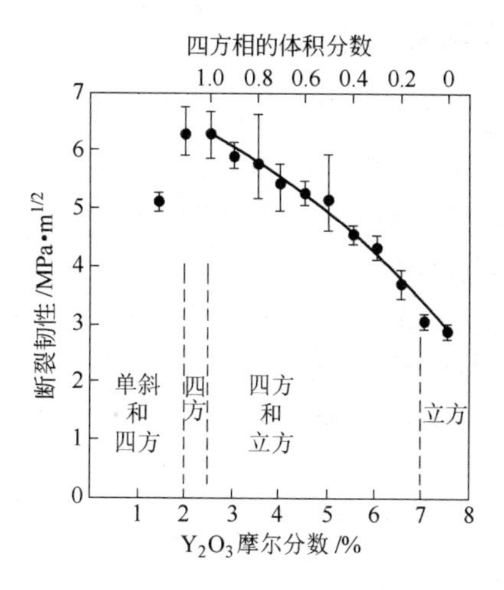

图 2-11 $Y_2O_3-ZrO_2$ 中含 Y_2O_3 量对断裂韧性的影响[29]

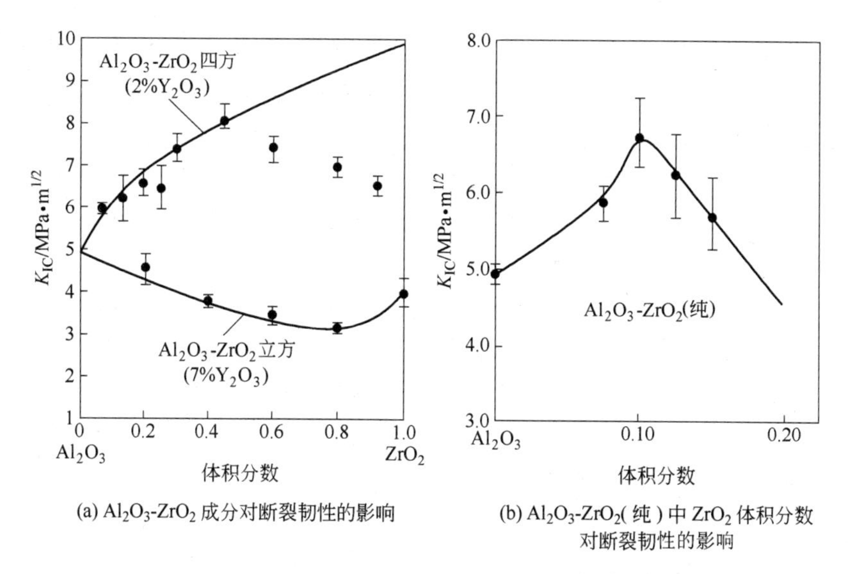

图 2-12 $Al_2O_3-ZrO_2$ 成分和 ZrO_2 体积分数对断裂韧性的影响[103]

Y_2O_3 的含量增加时，K_{IC}的极大值产生在更高 ZrO_2 含量处。当 Y_2O_3 摩尔分数小于1%时，K_{IC}的减小是由于自发相变中减少了存在于 ZTA 陶瓷中的有效可转变 t-ZrO_2 相的总量。Becher[101] 观察到含弥散分布部分稳定 ZrO_2 的 Al_2O_3 慢速裂纹生长阻力的增加，应力诱导相变对慢速裂纹生长阻力所起到的作用被认为受到 ZrO_2 的稳定化程度的控制。实验结果确认应力诱导相变能起到裂纹屏蔽作用。

2.6.3 混合结构的 ZTA 陶瓷

$Al_2O_3-ZrO_2$ 复合材料系统中 ZTA 陶瓷的混合结构表示 Al_2O_3 基体含有 ZrO_2 的团聚体和单颗粒分散体的材料，这种混合结构的研究 Wang 等人已经做了报道[102]。依据两种粉体不同分布状态，分别表现出微裂纹增韧及应力诱导相变增韧的主导机制。ZTA 的显微结构被设计为存在多种韧化机制，以实现材料性能的提高。重要的制备工艺要求 Al_2O_3 基体中保持 ZrO_2 两种粉体均匀分布并保留四方相的颗粒尺寸小于应力诱导相变所对应的临界尺寸，大的团聚体尺寸大约20～50μm，通过预烧结喷雾干燥 ZrO_2 粉末来实现，引入 PSZ 和 TZP 形式不同粉体均可以 ZTA 陶瓷的混合结构。Wang 等人的试验结果认为，ZTA 混合结构的韧化来自三部分，即 Al_2O_3 基体的固有韧性、部分稳定 ZrO_2 的单颗粒分散体的增韧、四方多晶团聚体的增韧；增韧的大小随着第二相含量多少而变化。

2.6.4 ZTA 共晶体陶瓷

ZTA 共晶体陶瓷是采用 $\varepsilon-Al_2O_3$ 相→$\alpha-Al_2O_3$ 相和亚稳 $t-ZrO_2$ 相在不同温度的析出同时混合制备的结果。对于所有 ZrO_2 增韧陶瓷的研究结果表明，增韧效果很大程度上受增韧相的粒径尺寸和分散均匀性的影响。Echigoya 等人研究报道了[103～105]用熔融法制备纤维状 ZrO_2 的 ZTA（Y_2O_3）共晶体陶瓷的显微结构与力学性能。但对制备技术要求苛刻，可靠性低，难以获得理想的结果，限制了后期的研究。

如上所述，四种结构 ZTA 陶瓷的研究表现在具有不同的增韧机理，但对力学性能提高，不外乎存在着微裂纹增韧、应力诱导相变增韧、裂纹弯曲偏转、表面压应力以及第二相颗粒弥散所起的作用，根据工程用途来制备出占主导韧化机理的 ZTA 陶瓷。影响 ZTA 陶瓷抗弯强度和断裂韧性的最佳性能因素可考虑基体材料中亚稳 $t-ZrO_2$ 和 $m-ZrO_2$ 的相对含量、ZrO_2 粒径尺寸、团聚程度和本身稳定性。

2.7 ZTA 陶瓷存在的不足及发展方向

几十年人们对 ZrO_2 陶瓷的研究得出重要的增韧理论及相关的增韧模型，主要是在微裂纹增韧和应力诱导相变增韧方面。但受到 ZrO_2 可逆相变的影响，Lange 曾报道[90]在高温下（800℃以上）ZTA 陶瓷因 t→m 相变能力减少，使材料的性能降低。随着 ZTA 陶瓷在工程领域的广泛应用，如用作工业砂轮的增韧磨料，发现其研磨效率与常规材料相比大为改善。其后应用到切削刀具和发动机部件等，工作寿命优于同类材料。在提高 ZTA 陶瓷性能方面，最近几年研制出称为“纳米复合材料”陶瓷受到关注，这种材料是具有非常小尺寸的颗粒增强的显微结构[106,107]。典型的尺寸在50～200nm之间，掺入量为体积分数10%～20%，并要求均匀分布在整个基体相之中。要求在烧结中淀析物必须在基体相中不能生长，以便保留增强相的作用，如图2－13所示。

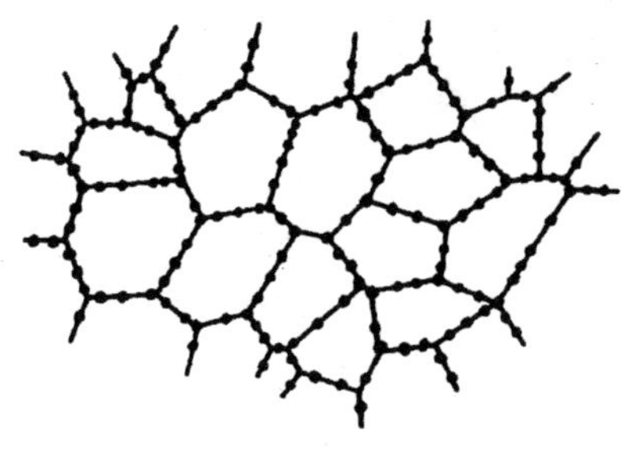

(a) 纳米尺寸的粒子偏析到晶界和在晶界上生长，帮助抵抗晶界的断裂

(b) 纳米尺寸的粒子被广泛地分散到整个晶粒之内，改进抵抗穿晶断裂的能力

图2－13 纳米尺寸粒子作为增强相示意图

另外一种提高表观强度及其韧性的方法是利用膨胀相变。Green等人报道[108]，非稳定ZrO_2在烧结冷却时，由t－ZrO_2变成m－ZrO_2的相变。倘若其颗粒尺寸足够细小，则其相变会因周围基体的制约而不能发生。因此，在Al_2O_3基体中含细粒分散的ZrO_2颗粒时，基体通常会阻止相变的产生，但是接近于裂纹附近或自由表面附近，相变则不受阻碍（见图2－12），这样就使得表观韧性提高，强度也会改善，这是因为受压区趋向于限制裂纹从块体的及表面的缺陷发展。根据这个原理，一些材料可能达到（$\sigma>1GPa$）的最高强度。在显微结构尺度的另一特征，当晶粒的相变已经出现，结构上已发生显微开裂时，表观韧性仍可改进，这是由于裂纹延伸已经转向和裂纹被钉扎所致（见图2－14和图2－15）。

W. H. Tuan、P. G. Rao、X. L. Wang等人分别报道[109～111] ZTA陶瓷的相变行为及制备和力学性能，概括出Al_2O_3基体的力学性能很大程度上受到t－ZrO_2＋

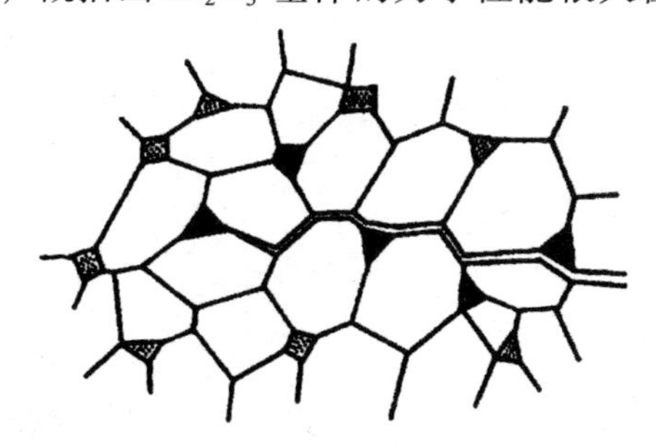

图2－14 在ZrO_2颗粒靠近裂纹面处发生相变，致使裂纹尖端承受压应力

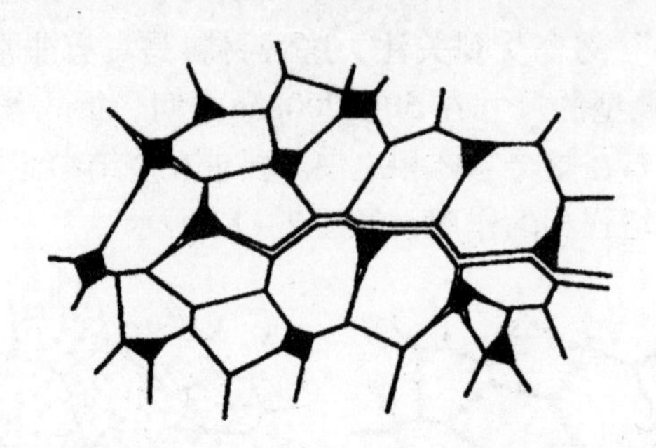

图 2-15 由于较大的 ZrO_2 颗粒在样品从烧结温度冷却时已经相变，当裂纹开裂接近这些颗粒时，基体趋向于开裂，形成微裂纹，吸收附加的能量

$m-ZrO_2$ 双相组织存在的影响，显微结构可能受化学成分及实际相结构的影响，而使其达到尽可能大的韧性和强度。

综合各类文献，人们在不断探索陶瓷材料显微结构参数与工艺、性能间的内在联系，严格控制、改善制备工艺条件来达到材料显微结构的目的，已成为提高陶瓷材料的有效途径。但至今没有给出一个统一的最佳氧化锆增韧氧化铝的组成范围。对 $Al_2O_3-ZrO_2$（Y_2O_3）复相陶瓷的多相组分、结构、性能、应用等关系的研究，以及它们之间相互作用机制。无疑地，这将是今后多年连续不断的研究课题。

3 氧化物陶瓷刀具材料制备方法

3.1 陶瓷刀具材料的发展过程

英国科学家奥克莱（K. P. Oakley）在《人——工具的制造者》著作中明确地指出："人类是随着新的切削刀具材料的发明而逐步进步的，人类的历史由此可以划分为石器时代、青铜器时代、铁器时代和钢的时代"[112]。纵观切削加工发展的历史，也可以毫无疑问地证实上述观点的正确性。一百多年来，正是由于切削金属用的新刀具材料的不断出现，而大大提高了切削加工的效果。以精车削直径100mm、长500mm的中碳钢件为例，不同年代刀具材料的发展与切削加工生产率如图3－1所示。

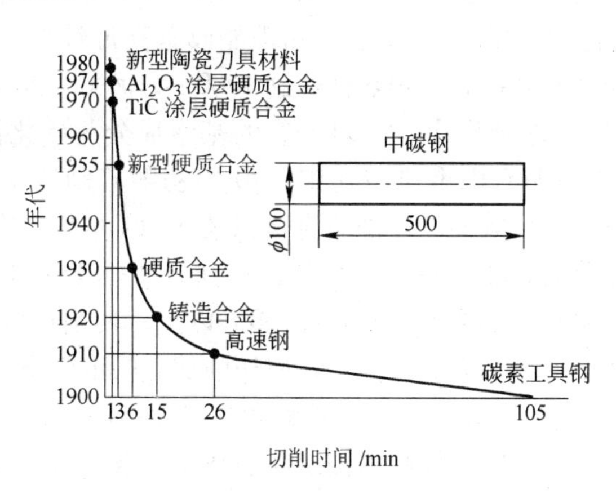

图3－1　不同年代刀具材料的发展与切削加工生产率

1900年用碳素工具钢车刀加工时需105min；1910年用高速钢车刀加工时需26min；1930用硬质合金车刀加工时需6min；1970年用涂层硬质合金车刀加工时需2min；到70年代末，采用新型陶瓷车刀以后，可将加工时间缩短到1min以内。由此可见，在70～80年的时间里，由于刀具材料的发展，切削加工生产率足足提高了100倍以上。

由于刀具切削刃与被加工工件之间有高至981MPa以上的压力、1000℃以上的高温，并且随着所加工材料的不同，还会在高温之下，出现刀具与加工材料之间相互扩散、粘结以及热电磨损等复杂现象。这就要求在刀具材料的物理、机械等各方面性能都要远远超过被加工材料，才能顺利地完成金属切削过程。

高速钢刀具的出现，是人类第一次通过刀具材料的革命来提高切削加工生产率的时间结果。1898 年，泰勒（F. W. Taylor）以含 18% 钨并经改进热处理的合金工具钢刀具，在刀尖发红的情况下仍能顺利切削，这引起了观众的极大轰动。该合金工具钢并被誉为高速钢，可在 500～600℃下进行切削，用高速钢刀具切削碳钢时的切削速度可以是碳素工具钢刀具的 4～6 倍，并达到 30～40m/min。高速钢的出现，大大提高了切削加工的生产率，并要求完全改变机床结构。高速钢在生产中应用，带来了极大的经济效果。据估计，仅在第一年，美国的机械制造业，由于使用了价值 2000 万美元的高速钢刀具，而增加了 80 亿美元的产值。当时曾有人把高速钢的出现喻为“用机器代替马和用旋转运动代替往复运动”，可见其对生产所起的重大作用[113]。

到 1923～1932 年间，出现在 WC 硬质合金中添加金属钴做粘结剂的（WC－Co）钨钴类硬质合金。稍后又出现了钨钛钴类硬质合金，即 WC－Co 合金中添加 TiC 的合金（WC－TiC－Co 合金），刀具在 800～1000℃的切削温度下切削性能不发生变化，使切削速度提高到 50m/min。随后又在这两类硬质合金中加入碳化钽（TaC）和碳化铌（NbC），由于钽和铌能改善高温性能，细化晶粒，硬质合金的冲击韧性和红硬性提高，耐热性达到 1000～1100℃。20 世纪 50 年代末又出现了碳化钛（TiC）基硬质合金刀具，它的基本成分为碳化钛，并以 Ni、Mo 作为粘结剂，可在 1100℃以上进行切削。70 年初随着制造水平的提高再添加 TaC、NbC 以及 TiC、TiN 等的涂层硬质合金以及 Ti（C，N）基硬质合金。硬质合金的切削速度比普通高速钢高 4～10 倍，达到 200～400m/min 的水平。40 年间，由于刀具材料耐热性提高到 1000～1100℃以上，切削速度进一步的提高并可以加工多种难加工材料，大大提高了金属切削加工的生产率[114]。

20 世纪 60 年代以后，随着航空、航天和各项超高压、超高温尖端技术的飞速发展，不断对加工零件的结构材料提出新的技术要求。而刀具材料面临着新的考验，它所要切削的工件材料的强度、硬度等性能指标，甚至比 20 年代作为刀具材料的碳素工具钢淬硬以后还要高。为解决这些难加工材料而研制的各种新型刀具材料，诸如新型高速钢、新型硬质合金、涂层硬质合金、新型陶瓷刀具材料、超硬刀具材料（指天然金刚石和相近的人造金刚石及立方氮化硼）等即随之而产生，在切削加工中发挥了巨大的作用，促进了新型难加工材料在工业中获得广泛应用。

30 年来，它们也获得了飞速的发展并应用与生产。整体人造金刚石刀具已成功地用于代替天然金刚石来精车硅铝合金，刀具耐用度比硬质合金刀具高50～100 倍以上。整体立方氮化硼刀具和复合立方氮化硼刀具，硬度远远高于硬质合金刀具，可耐 1400℃以上的高温，具有十分优良的物理、机械性能，可用于切削耐磨铸铁、淬硬高强度钢和镍基高温合金等，切削性能远超过其他刀具，这种刀具材料被工业界称为“20世纪70年代超硬刀具材料最重要的成就之一”。但人造金刚石刀具和复合立方氮化硼刀具在切削性能方面都有一定局限性，受价格昂贵的制约也只限于加工特殊材料，到目前为止没有真正在生产中得到大量应用[114]。

陶瓷刀具的出现源于1912年的英国专利[115]，但由于早期Al_2O_3受到制备工艺的限制，强度和韧性都很低，没有得到实际应用。直到60~70年代，随着工艺水平的提高以及对无机材料研究的深入发展。Al_2O_3基的复合陶瓷的强韧化性能不断的提高，才使陶瓷刀具的应用成为现实并日趋广泛。陶瓷刀具的硬度、红硬性、化学稳定性及耐磨性都优于硬质合金材料，可加工多种难切削的合金材料，并达到更高的切削速度，其磨损量很小，国外已大量应用到自动车床及CNC精密加工中心的车、铣加工方面。综合刀具材料发展的简史及其对切削加工发展的影响，到目前为止，还没有一种能适应各种切削条件的“万能”刀具材料，每种刀具材料都有其相适应的加工范围。

图3-2表明了各种刀具材料在切削碳钢中适宜的切削用量范围[86]。Al_2O_3陶瓷刀具耐热性高、耐磨性好、但韧性低，只适于高速、小进给量的精加工刀具用。高速钢刀具耐热、耐磨性差，但强度和韧性高，适于以低速大进给量的粗精加工刀具用。硬质合金刀具介于上面两者之间。而Al_2O_3-TiC刀具由于其韧性有所改善，所以能适应Al_2O_3陶瓷刀具和硬质合金刀具之间的切削用量范围。

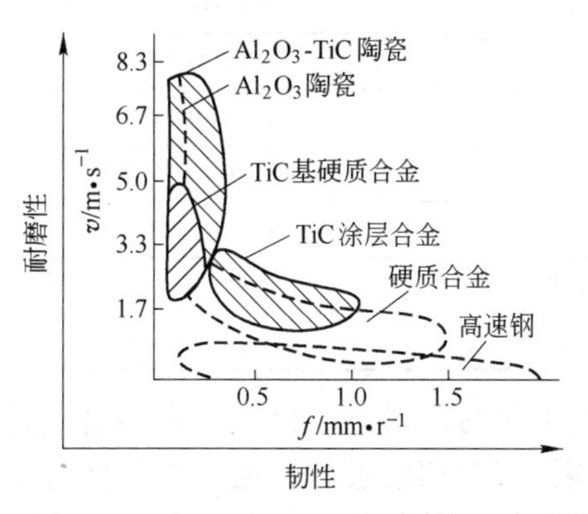

图3-2 各种刀具材料适宜的切削用量范围

3.2 陶瓷刀具材料研究的现状

研究与应用推广陶瓷刀具是为了提高生产率，以及构成高速钢和硬质合金的主要金属成分钨资源在全世界范围内日趋枯竭而提出的。而刀具材料中钨的占用量平均为1/3，并且由于钨资源的稀缺，促使国际市场精钨矿的价格不断上涨，仅1969~1978年的十年间就上涨3倍。所以研究各种复合陶瓷刀具材料也备受重视[115]。从表3-1中可见70多年陶瓷刀具材料的发展过程，是其韧性、强度不断提高的过程[116]。

第一代陶瓷刀具材料是纯Al_2O_3烧结制成。20世纪50年代后，虽在此基础上添加少量的金属化合物，但其抗弯强度仍无明显提高。从而，研究转向对Al_2O_3纯度的提高和细化晶粒尺寸并采用热压法等新工艺，使陶瓷刀具材料的抗弯强度达到690~880MPa，但冲击韧性值仍较低，只适于精加工一般铸铁和碳钢材料。同期美国电化学协会发表Al_2O_3-TiC复合陶瓷的研究论文，开始发展第二代陶瓷刀具材料商业化销售热压的Al_2O_3-TiC陶瓷刀片，室温硬度为HRA93.5~94.5，强度为790~980MPa，适用于在高速下粗、精加工耐磨铸铁、淬硬钢、高强度钢等难加工材料，并明显地提高了生产率。

表3-1 陶瓷刀具材料的发展与强度水平

陶瓷刀具材料	抗弯强度σ_b/GPa	出现年代
作模具和工具的Al_2O_3	0.12~0.25	1912~1913
烧结刚玉	0.12~0.25	1912~1913
Al_2O_3陶瓷	0.2~0.35	1930~1931
Al_2O_3-Cr_2O_3陶瓷	0.3~0.4	1937~1938
热压Al_2O_3陶瓷	0.5~0.7	1944~1945
Al_2O_3-（0.5~1）MgO陶瓷	0.4~0.49	1948~1951
Al_2O_3-Mo_2C-Mo陶瓷	0.34~0.44	1951~1959
Al_2O_3-Ti、TiC、TiC/WC陶瓷	0.39~0.54	1955~1958
亚微细Al_2O_3陶瓷	0.69~0.88	1968~1970
Al_2O_3-TiC陶瓷	0.79~0.98	1968~1970
Al_2O_3-TiC、Mo、Ni陶瓷（热压）	0.98~1.2	1970~1976
Si_3N_4-Al_2O_3-Y_2O_3陶瓷	1~1.4	1980~1982

但随着航天、航空工业的发展，Ti合金、Ni基合金材料的切削难度不断增加，Al_2O_3-TiC复合陶瓷刀具切削过程，也因为刀具与工件之间的扩散磨损及化学稳定性降低而导致刀具的剧烈磨损，很大程度降低了切削加工生产力。同时热压工艺制造陶瓷刀片成本相对较高，又只能压制简单形状而限制了它们的发展。第三代陶瓷刀具材料采用高硬度、抗热震性能优良的Si_3N_4为硬质相，Al_2O_3为耐磨相复合而成，被称为Sialon陶瓷。常温烧结就能获得强度$\sigma=1\sim1.4$GPa，硬度达到HRA94。高速下切削Ni基高温合金，金属切除率是涂层硬质合金的7倍；切削速度高于Al_2O_3-TiC陶瓷刀具。但文献报道[117]，Sialon陶瓷在硬度、耐磨性及高速性能方面仍不如Al_2O_3-TiC陶瓷刀具优越。美国GTE实

验室研制的 Si_3N_4 基（含 92% Si_3N_4、6% Y_2O_3、2% Al_2O_3）添加 30% TiC 复合陶瓷刀具材料，已成为耐磨性和高速性能最好的陶瓷刀具材料之一[118]。

几十年来，陶瓷的性能得到很大的改进，陶瓷刀具的使用量也迅速增加。目前日本年产陶瓷刀具 750 万片。美国在 2000 年后陶瓷刀片销售量以每年 16% 的增长率上升，仅福特汽车公司陶瓷刀具的使用量占 58%。德国在汽车加工行业使用陶瓷刀具占 60%，几乎所有的制动鼓、制动盘、飞轮及 80% 的铸铁加工都是使用陶瓷刀。我国的陶瓷刀具研制和使用起始于 20 世纪 50 年代，真正实际应用发展较慢。清华大学 80 年代研制的复合 Si_3N_4 刀具已达到国外陶瓷刀具的同类水平，解决了多种难加工材料（淬硬钢、冷硬铸铁、镍基高温合金），并已应用到国内大型加工企业。但据资料报道，目前全国年使用量约 10 万片，国内陶瓷刀具占总刀具的比例不超过 1%。数控加工及高速机床应用得较少，主要受到价格的制约。所以今后大力研制低成本、高性能的陶瓷刀具，将一直是重要的发展方向。

3.3 陶瓷刀具的制造方法

70 年代初，陶瓷刀具无论在刀具性能、产品种类及使用领域的开拓方面都有了相当的进展，在提高刀具的强度、韧性所采取的改进材料成分配比和细化晶粒等措施外，还对成型工艺、烧结方法进行了众多的研究和改进[119~122]。

早期陶瓷刀具的制造采用相似与常规压制硬质合金刀片的方法，即冷压烧结（Cold Pressing，简称 C. P. 法）。但烧结后所得到的刀具致密度较低，还容易引起晶粒长大而降低强度和韧性。

50 年代后，德国首先采用热压烧结来制造陶瓷刀具（Hot Pressing，简称 H. P. 法），强度指标明显的提高，密度已接近理论密度值。其缺点热压法的单轴向加压而使材料显微组织不可避免地会产生各向异性，造成局部组织的晶粒长大，影响了陶瓷刀具材料的可靠性。同时复杂形状的压制受到限制，对带断屑槽或带孔的陶瓷刀片不能压制，从而影响陶瓷刀具的使用范围。

60 年代起使用热等静压烧结工艺（Hot Isosatatic Pressing，简称 H. I. P. 法）。此法是生坯冷压成型后，进行保护气氛下的高温、高压烧结，成功地解决了热压法而形成的材料各向异性和冷压法所产生的晶粒粗大问题。适用于生产复杂形状的陶瓷刀具，使刀具微观组织各向均匀，强度、韧性等都得到了提高。不过 H. I. P. 法的工艺成本比较高，造成陶瓷刀具价格较贵，不便于推广应用。

日本钨公司曾经用三种烧结方法制造的 Al_2O_3 陶瓷刀具在相同条件下进行了切削对比试验。图 3－3 表示以不同烧结法制成的陶瓷刀具，端铣铸铁时，刀具后刀面磨损的对比曲线。磨损最少的依次为：热压 Al_2O_3 － TiC、热等静压 Al_2O_3、热压 Al_2O_3、常压 Al_2O_3。

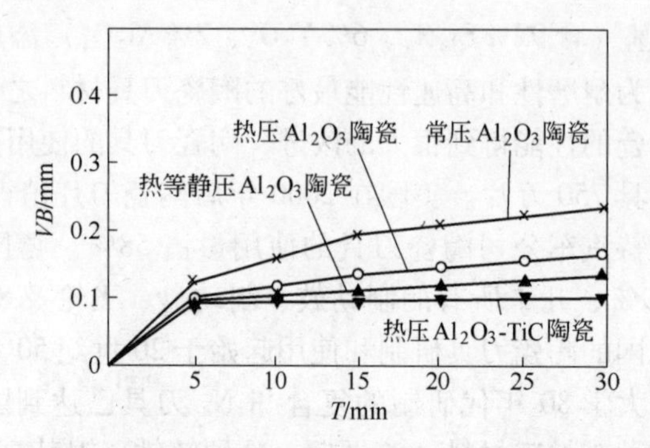

图 3-3　加工铸铁时烧结方式不同的陶瓷刀具的后刀面磨损曲线

从图 3-4 中可见各种烧结方法制成的陶瓷刀具抗崩刃性能优劣次序：热压 Al_2O_3-TiC、热等静压 Al_2O_3、热压 Al_2O_3、常压 Al_2O_3。由上述性能对比与切削实验数据可知，影响陶瓷刀具切削性能的重要因素有：材料的原始原料、复相陶瓷的成分配比、烧结方式。

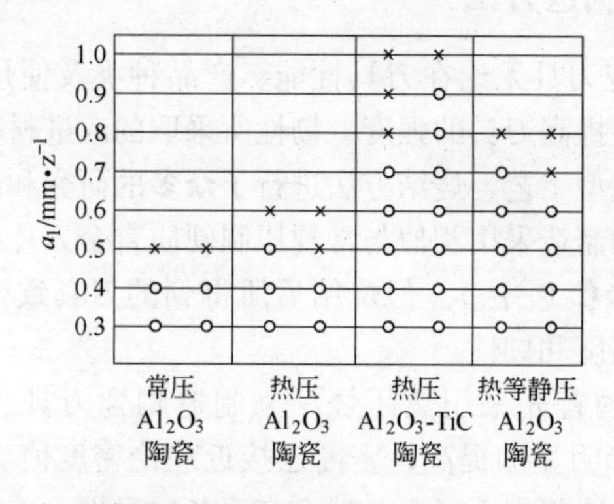

图 3-4　加工铸铁时烧结方式不同的陶瓷刀具的抗崩刃性能

研究表明，H. I. P. 法烧结陶瓷刀具是一种成本昂贵的工艺过程，工业化大量推广有一定的困难。80 年代起国外著名的刀具厂家，如美国肯纳金属公司、英国瓦列纳特（Valenite）公司、瑞典 Sandvik 公司等在研制新一代陶瓷刀具都不遗余力推出常压烧结或其他烧结方式的新型陶瓷刀具，以迅速降低生产成本，从而能在更加广泛的范围内使用陶瓷刀具。

图 3-5 所示为车削 4340（40CrNi2Mo）钢时，各种材料的刀具所适应的切削速度范围与相应的刀具耐用度的关系[114]。从中看出，陶瓷刀具在车削 4340 钢所能达到的水平，已经领先于其他刀具材料。可见研究开发复合陶瓷刀具材料，对提高切削性能有着重要的意义。

连续成型技术制备的铣削氧化物陶瓷刀片如图 3-6 所示。采用连续成型技

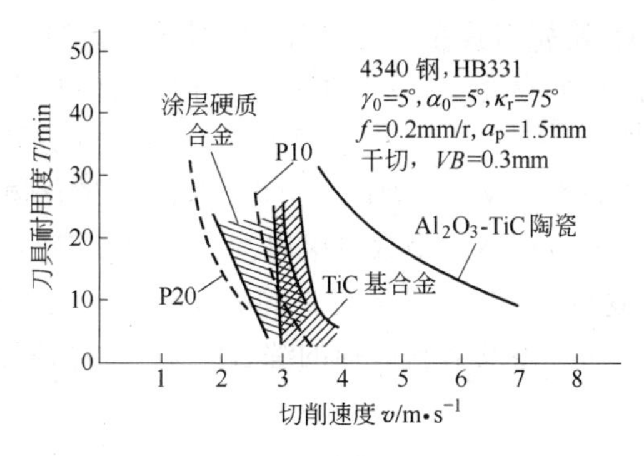

图 3－5　各种材料的刀具车削水平

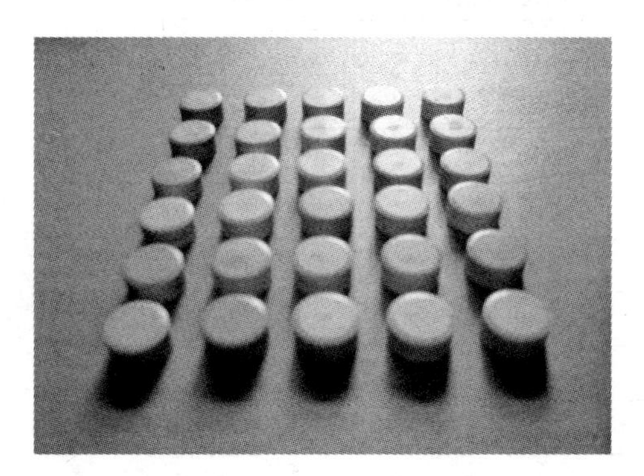

图 3－6　连续成型技术制备的铣削氧化物陶瓷刀片

术制备的生坯刀片经真空烧结后的近净尺寸：$\phi=13.03$mm、$h=6.66$mm；磨刃加工的成品刀片尺寸：$\phi=12.68$mm、$h=6.62$mm。实现了小余量尺寸一次磨刃的低成本制造技术。

据文献统计，硬质合金的主要原料 W、Co 矿资源在全球范围内日趋枯竭，已探明的钨资源只够用 30 年。而 Al_2O_3、Si_3N_4 和 TiC 等多种化合物的资源比较丰富，价格低廉，这对发展现代陶瓷刀具是十分有利的条件。当前数控机床在切削加工中的应用日益广泛，数控机床的性能更能发挥陶瓷刀具的潜力，因此，尽管陶瓷刀具的使用量较少，但是它有巨大的潜力和广泛的发展前景[117]。

3.4 陶瓷刀具的切削性能

3.4.1 陶瓷刀具的切削磨损机理

陶瓷刀具由于硬度高达 HRA91 ~ 95，所以具有比其他刀具更高的耐磨性。美国 Massachusetts Institute of Technology 在研究了 Al_2O_3 陶瓷刀具切削钢时的磨损分析结果认为：Al_2O_3 陶瓷刀具在高速切削下的月牙洼磨损率，取决于材料的化学稳定性及生成时的自由能量，并可根据这些碳化物和氧化物在铁中的溶解度来预报它们的相对磨损率[118~122]。由表3－2所示实验的部分结果可见，Al_2O_3 陶瓷刀具材料在月牙洼磨损生成所需要的负自由能比其他碳化物材料都大，所以其耐磨性比WC硬质合金刀具高一个数量级以上，Al_2O_3 陶瓷在Fe中的溶解度比碳化物低4~5倍。这说明 Al_2O_3 陶瓷刀具的磨损机理，主要不是化学方面的分离，而是磨损表面滚动摩擦及磨料磨损的综合结果（包括磨损表面上出现的犁沟和塑变）[123]。

表3－2 碳化物和氧化物在铁中的溶解度

材　料	生成时的自由能/$kJ \cdot mol^{-1}$	估算的平衡浓度（溶解度）	实验结果（到1600K）
WC	－34.09	—	2.6×10^{-2}
VC	－98.02	—	3.2×10^{-2}
NbC	－134.94	2.01	6.8×10^{-3}
TaC	－144.85	1.41	2.1×10^{-3}
TiC	－165.43	1.86	6.1×10^{-3}
ZrC	－178.80	8.42	—
HfC	－205.62	1.97	—
Al_2O_3	－1164.96	—	3.6×10^{-8}

尽管 Al_2O_3 陶瓷材料具有极为良好的耐磨性，但是作为刀具材料提高韧性、强度将受到一定限制。多年来，研究刀具材料改善的途径通常是添加氧化物、碳化物、氮化物，来得到和发展相变增韧陶瓷刀具材料、颗粒弥散补强复合陶瓷刀具材料、晶须增韧陶瓷刀具材料、陶瓷涂层刀具材料以及梯度功能陶瓷刀具材料和纳米陶瓷刀具材料等[124~139]，从而使陶瓷刀具在切削大部分材料时几乎很少发生粘结磨损、氧化磨损和扩散磨损等现象，对增加陶瓷刀具耐用度，提高被加工材料的表面质量起到重要的作用。

3.4.2 陶瓷刀具的磨损形态

陶瓷刀具的磨损是在切削过程中刀具的前、后刀面与切屑及被加工材料接触所承受很高的压力与摩擦造成。ISO标准把单刃刀磨损范围的各部分描述如下：沿切削刃工作长度范围，后刀面磨损不均匀，刀尖圆弧位置由于强度低散热不好，磨损较剧烈，*VC* 最大值。而切削刃及后刀面所形成的较大磨损缺口，以 *VN* 表示。切削刃工作的中间部分磨损较均匀，以 *VB* 表示平均值，磨损量的最大值由 VB_{max} 表示。前刀面的磨损呈月牙状，称月牙洼磨损，深度以 *KV* 表示。图3－7为ISO标准所定义的磨损形态。刀具材料的繁多种类，其磨损形态也有很大的不同。图3-8中对比了三种刀具材料的磨损形态[140]。

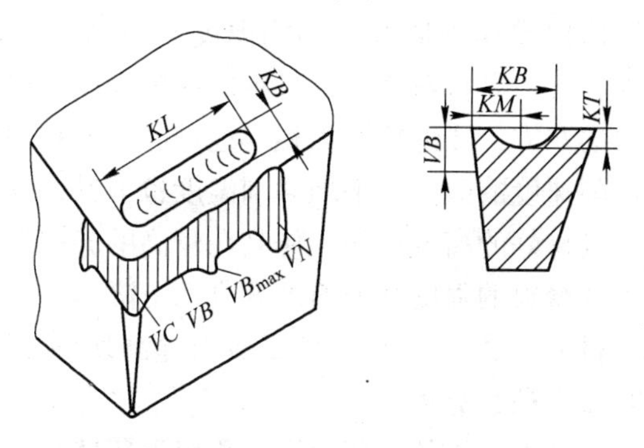

图3-7 单刃刀具的典型磨损形态

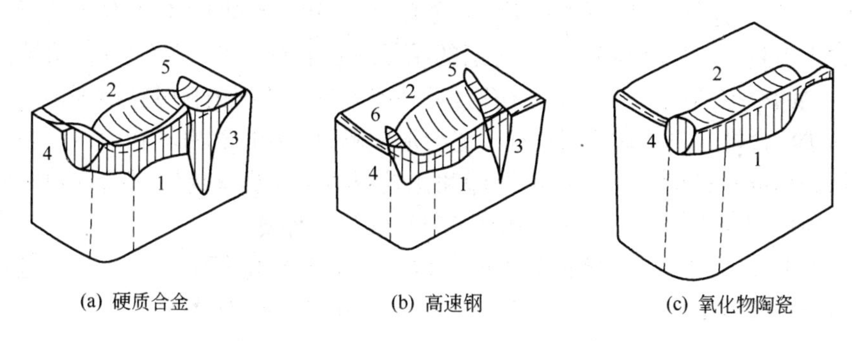

图3-8 三种刀具材料的磨损形态[112]

1—后刀面磨损；2—月牙洼磨损；3—第一磨损缺口；4—第二磨损缺口；
5—外切屑擦痕；6—内切屑擦痕

从图中可见，刀具磨损形态差别很大，图3-8中3、5的明显磨损在陶瓷刀具上没有出现。这说明陶瓷刀具的完全失效发生在3的位置。由于陶瓷刀具有良好的抗粘结性、抗氧化性，一般也不发生扩散磨损，所以形成磨损的主要原因为工件材料中的硬质点（切削或切削表面）所引起的磨料磨损。刀具主要存在三种磨损机理：

（1）粘结磨损。工件材料与切屑在一定的接触压力和切削温度下与刀具切削部分接触与摩擦，所产生的材料分子间的吸附作用，致使两接触表面上的部分质点或微粒粘结在对方表面上被撕裂而逐渐带走，一般撕裂的分界面大多发生在较软的一方（刀具或工件）。但是，由于疲劳、热应力以及刀具表层结构缺陷等原因（由于对于抗拉强度较小的硬质合金刀具等），粘结处的撕裂也可能发生在刀具这一方。于是，刀具材料的质点或微粒被切屑（或工件）逐渐粘结并带走，此时刀具表面发生的磨损即粘结磨损。

粘结磨损的强烈程度，主要取决于工件材料对于刀具材料的亲和力、刀具材料和工件材料的硬度比以及切削速度（切削温度）等条件。这是因为在低速时切削力大、摩擦力大，为刀具材料和工件材料的新鲜表面间冷焊创造了更优越的条件。当冷焊在一起的双方，要继续发生相对运动时，刀具的一方就被撕裂而发生粘结磨损。随着切削速度的提高，平均切削温度也上升，导致两接触面间粘结的减轻。由于陶瓷刀具良好的高温性能，使其在较高的温度下仍能保持有足够的强度，而被切削的工件材料的强度却因温度升高而下降，所以此时粘结的撕裂处多发生在切削（或工件）一方。因此，只要适当提高切削速度，就可以避免新型陶瓷刀具在切削时发生粘结磨损。

新型陶瓷刀具在粘结磨损小的主要原因，除以上所述外，还与组成新型陶瓷刀具的 Al_2O_3 具有良好的抗粘结性以及其与大部分金属不会发生化学亲和有关(见表 3 - 2)。此外，新型陶瓷刀具中含有高达 30% ~ 40% TiC（大大高于一般硬质合金刀具的 TiC 含量），TiC 与钢的粘结温度较高（约 1125℃），粘结倾向小，与钢的摩擦系数也小。所以 TiC 含量高的刀具在切削钢料时粘结磨损比较轻微。高 TiC 含量的刀具在切削过程，还会形成阻碍粘结的第三者物质，即在刀具表面还会形成致密的、化学稳定性好和比较耐磨的 TiO_2 薄膜，既能抑制粘结，又起到固体润滑膜的作用，从而减轻了刀具的粘结磨损。

（2）扩散磨损。刀具的扩散磨损是指在切削区的高温作用下，工件材料与刀具材料中的若干化学元素（如 Fe、Al、Ni、Mo、Co、Ti 等）互相扩散到对方去，改变了对方表面层的化学成分，使刀具表面变脆，从而造成的刀具磨损。扩散磨损是刀具在较高温度下（如高于 800°C）发生剧烈磨损的主要原因，它往往与粘结磨损同时发生，如硬质合金刀具前刀面上的月牙注就是由扩散磨损与粘结磨损共同形成的。用扫描电镜和电子探针微区分析，分析刀片前刀面和相应的切削背面表面层的化学成分，可以证实刀具材料和工件材料双方元素互相扩散的情况。表 3 - 3 为用 EDAX 型微区分析仪分析的结果。

表 3 - 3 新型陶瓷刀具前刀面和相应切削背面表层的成分分析 （%）

元 素	Fe	Cr	Mn	Si	Al	Ti	Co	W	Ta
前刀面	6.43	0.18	0.05	0.81	34.00	58.50	—	—	—
切削背面	94.33	1.37	1.28	0.72	—	0.032	2.15	—	0.11

注：热压 Al_2O_3 - TiC 陶瓷刀具（NPC - A2）切削 35CrMnSiA 调质钢；切削参数为 v_c = 2.6m/s、f = 0.2mm/r、a_p = 0.3mm。

从表 3 - 3 中数据可知，刀具一方的元素 Al、Ti、Co、Ta 等向切削中扩散较少，切削（工件）一方的元素 Fe、Cr、Mn、Si 等向刀具一方扩散也很少。由此可见，新型陶瓷刀具在精车 35CrMnSiA 调质钢时的扩散磨损是很轻微的。

（3）磨料磨损。刀具的磨料磨损是由于切削或工件表面有一些微小的硬质点，如碳化铁、其他碳化物以及积屑瘤碎片等硬粒，在刀具表面上划出沟纹而造成的磨损。高速钢刀具在切削有硬质点的硬材料时（如 1Cr18Ni9Ti 不锈钢），切削上的 TiC 颗粒，在刀具表面上会因犁沟作用而产生磨料磨损。硬质合金刀具在各种切削速度下都会发生磨料磨损，而且经常是粘结磨损与扩散磨损同时出现。但是硬质合金刀具在低速切削时的切削温度较低，所以其由于高温而引起的磨损并不明显，最容易发生磨料磨损。

新型陶瓷刀具在切削速度较高时，磨料磨损为主要磨损形式。这表现在其切削一般材料时，具有较高的耐磨性，而切削一些含有硬质点及划伤作用较大的材料时则出现较严重的磨料磨损。这些颗粒在一般条件下，无法使其软化，而有如一把把尖刀不断刻划刀具表面，结果导致较严重的磨料磨损。在 $v_c = 0.05\mathrm{m/s}$ 时精车高锰钢，出现了磨损缺口，这主要是由于硬化层与后刀面剧烈摩擦而引起的，当提高切削速度以后，这种磨损现象就消失。

3.5 氧化物陶瓷刀具材料的制备

3.5.1 粉体制备

实验中所采用的原料如表 3－4 和表 3－5 所示。

表 3－4 原料的纯度与产地

名 称	化学式	纯 度	产 地
α－氧化铝	α－Al_2O_3	化学纯	山东淄博化工厂
氧氯化锆	$ZrOCl_2 \cdot 8H_2O$	化学纯	上海跃龙化工厂
氧化钇	Y_2O_3	化学纯	广州珠江冶炼厂
盐酸	HCl	化学纯	沈阳化学试剂厂
硝酸	HNO_3	化学纯	沈阳化学试剂厂
氨水	NH_3H_2O	化学纯	沈阳化学试剂厂
无水乙醇	C_2H_5OH	化学纯	沈阳化学试剂厂

表 3－5 部分原料的化学组分

原 料	化学组成（质量分数）/%					
	Y_2O_3	Al_2O_3	SiO_2	Fe_2O_3	TiO_2	MgO
Y_2O_3	99.9	<0.01	0.01	<0.01	<0.01	<0.01
α－Al_2O_3	<0.01		99.99	<0.01	<0.01	

原料 α－Al_2O_3 粉体平均粒径约为 100nm，纯度为 99.99%。实验以 $ZrOCl_2 \cdot 8H_2O$、YCl_3 和 NH_3H_2O 为原料，采用湿化学法[113,114]制备了含摩尔分数为 3%

Y_2O_3 的 ZrO_2（3Y）和 2% Y_2O_3 的 ZrO_2（2Y）纳米级粉体，工艺流程如图 3－9 所示。

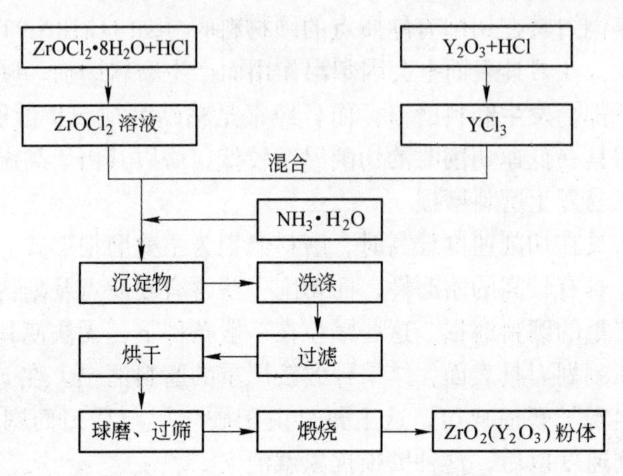

图 3－9　共沉淀法制备 ZrO_2（Y_2O_3）的流程图

混合溶液用制成的 3.246mol/L 氨水滴定，生成的 Zr（OH)$_4$↓先驱体用磁力搅拌从而得到分散均匀的沉淀物。用无水乙醇和去离子水洗涤多次尽量除去溶液中的 Cl^-、NH_4^+ 离子；然后将 Zr（OH)$_4$↓在干燥箱中烘干后，600℃煅烧保温 2.5h，除掉（OH)$^-$离子。最后制备出含摩尔分数为 3% Y_2O_3 的 ZrO_2（3Y）和含摩尔分数为 2% Y_2O_3 的 ZrO_2（2Y）粉体，煅烧后的粉体基本为球形，没有严重的团聚现象，一次粒径约为 20nm，粉体的 TEM 形貌如图 3－10 所示。

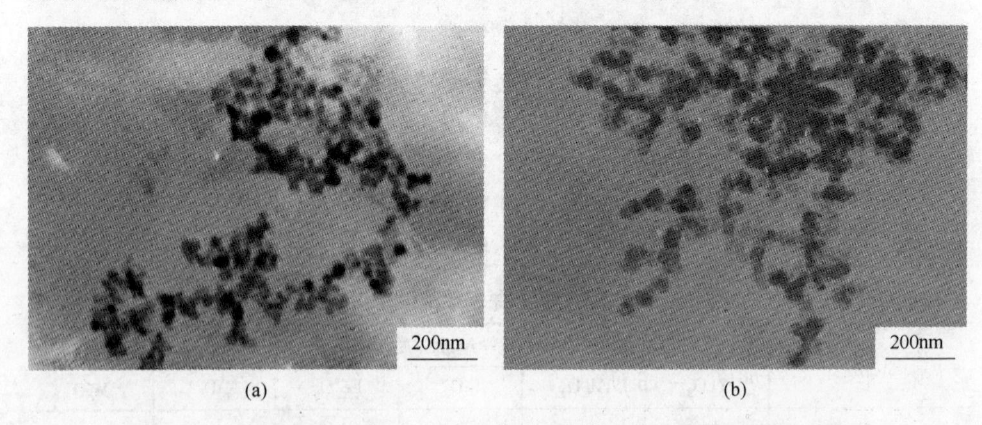

图 3－10　纳米 ZrO_2（2Y）(a）和 ZrO_2（3Y）(b）粉体的 TEM 形貌

在 600℃煅烧后两种粉体的衍射峰如图 3－11 所示，经计算得到表 3－6 中 ZrO_2（3Y）和 ZrO_2（2Y）粉体的相含量（体积分数）。

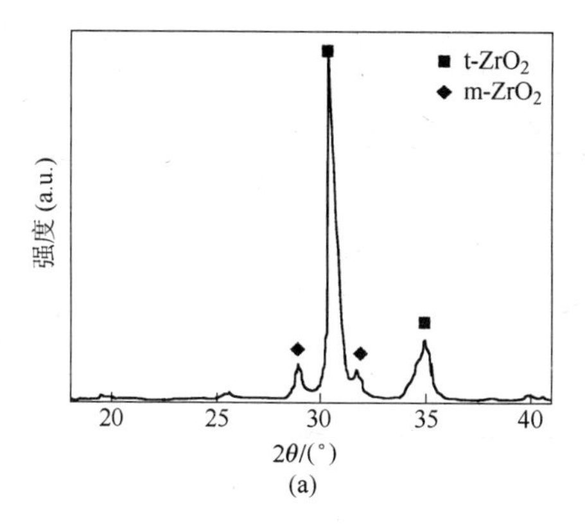

(a)

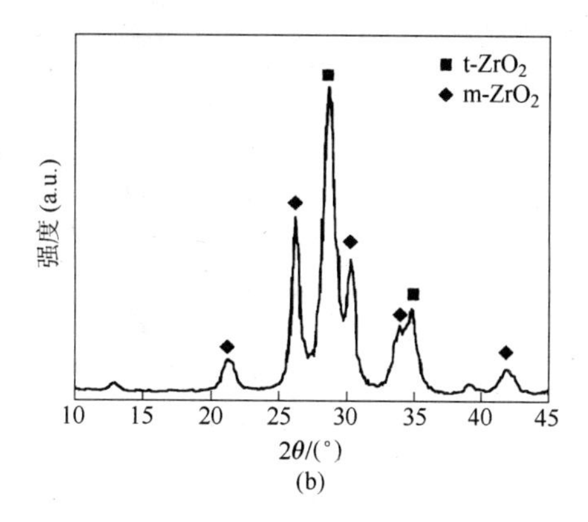

(b)

图 3-11 ZrO_2（2Y）（a）和 ZrO_2（3Y）（b）粉体的 XRD 图

表 3-6 ZrO_2（Y_2O_3）粉体的相含量

ZrO_2 粉体	m 相含量（体积分数）/%	t 相含量（体积分数）/%
ZrO_2（2Y）	21.2	78.8
ZrO_2（3Y）	57.5	42.5

3.5.2 复合粉体制备

Al_2O_3/ZrO_2（3Y）和 Al_2O_3/ZrO_2（2Y）两种复合材料的制备工艺流程如下：称量粉末（体积分数为 10%、15%、20%、25%、30% ZrO_2（3Y）和 ZrO_2（2Y）与造粒的 Al_2O_3）→混料→球磨（24h，采用高纯 Al_2O_3 球，无水乙醇为球磨介质）→烘干（48h）→双向模压成型→等静压（200MPa）（生坯密度达到 55%）→煅烧（800℃保温 2h）→烧结（1550℃保温 2.5h），两种材料试样的最终尺寸大约为 3mm×4mm×28mm。

3.5.3 真空烧结工艺

采用 VSF-7 型真空炉，分别在 1500℃、1550℃、1600℃、1650℃、1700℃下烧结。真空度大于 1×10^{-3}Pa，升温速度 5℃/min，保温 2.5h 后炉冷至室温，其 1550℃烧结制度如图 3-12 所示。制备氧化物陶瓷刀具连续成型、烧结、性能的技术路线示意如图 3-13 所示。

3.6 陶瓷刀具材料力学性能测试

3.6.1 线收缩率及相对密度

陶瓷刀具材料在不同烧成制度的线收缩率，可通过测量烧结前后试样的长度

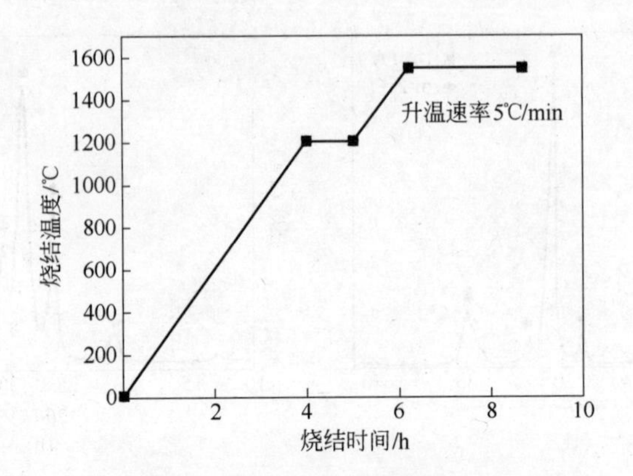

图 3-12 陶瓷刀具试样的烧结工艺

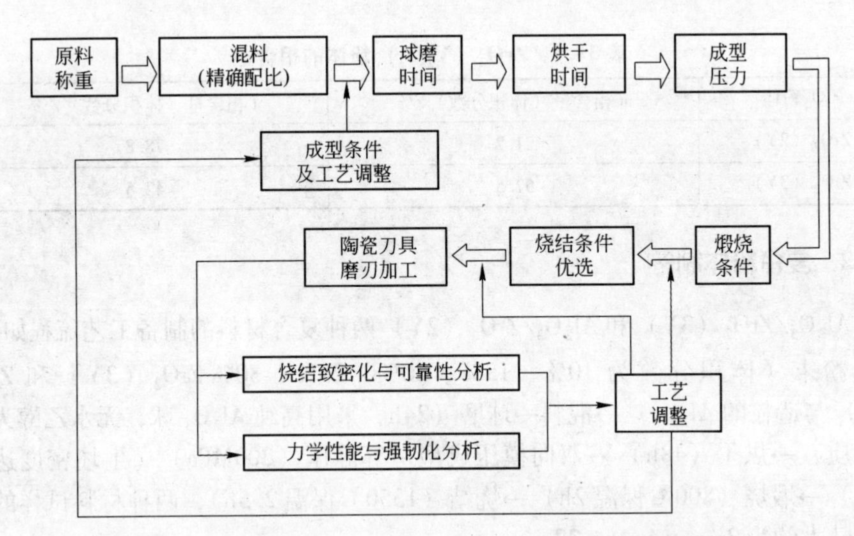

图 3-13 陶瓷刀具连续成型、烧结、性能的技术路线

变化计算[143]：

$$\text{线收缩率} = \frac{\Delta l}{l_0} = \frac{l_0 - l_n}{l_0} \tag{3-1}$$

式中，l_0 为烧结前试样长度；l_n 为烧结后的试样长度。

采用热膨胀仪（402-6，NETZSCH）测量试样在不同温度的收缩，线收缩率的计算公式同上，升温速度为 5~10℃/min。

利用 Archimedes 原理测定样品的密度 ρ，天平精度为 0.0001g，首先测定样品在空气中的重量 W_0，然后放入去离子水中抽真空 30min，在测量其在去离子水中的重量 W_1 和擦除表面的水后的样品在空气中的饱和重量 W_2。样品的密度计算公式：

$$\rho = \left(\frac{W_0}{W_2 - W_1}\right)\rho_{水} \tag{3-2}$$

烧结体样品的相对密度为：

$$\rho_r = \frac{\rho}{\rho_{th}} \times 100\% \tag{3-3}$$

式中，ρ_{th}为复合材料的理论密度。单相材料的理论密度计算公式为[144]：

$$\rho_1 = \frac{4M}{VN} \tag{3-4}$$

式中，V 为晶胞体积；N 为阿伏加德罗常数；M 为分子量。

氧化铝的理论密度为 3.99g/cm^3。对于 ZrO_2（Y_2O_3）材料，当稳定剂加入后，稳定剂阳离子置换 Zr^{4+}。为了保持电荷平衡，化合价低于 Zr^{4+} 的 Y^{3+} 产生氧空位。每引进两个 Y^{3+}，产生一个阳离子空位，所形成的固溶体为 $Zr_{1-x}Y_xO_{2-x/2}$。其理论密度 ρ_{th} 为[145]：

$$\rho_{th} = \frac{4\left[91.22(1-x) + 88.9x + 15.99\left(2 - \frac{x}{2}\right)\right]}{6.02 \times 10^{23} \times (a^2 \times 10^{10}) \times (b \times 10^9)} \tag{3-5}$$

式中，a，b 分别为所测固溶体的晶胞常数，单位为 nm。

含摩尔分数 2% Y_2O_3 的 ZrO_2（2Y）理论密度为 6.09g/cm^3，含摩尔分数 3% Y_2O_3 的 ZrO_2（3Y）理论密度为 6.1g/cm^3。

复合材料的理论密度则根据合成规则计算：

$$\rho_{th} = \sum \rho_i V_i \tag{3-6}$$

式中，ρ_i 为第 i 种组元的理论密度；V_i 为第 i 种组元的体积分数。

3.6.2 维氏硬度测试方法

硬度（hardness）是材料的重要力学性能参数之一，它是材料抵抗局部压力而产生变形能力的表征。陶瓷材料是脆性材料，硬度测定时，在压头压入区域会发生包括压缩剪断等复合破坏的伪塑性变形。因此，陶瓷材料的硬度很难与其强度直接对应起来。但硬度高、耐磨性好是陶瓷材料的主要优良特性之一。硬度与耐磨性有密切关系。陶瓷材料硬度的测定又有如下方便之处：

（1）可沿用金属材料硬度测试方法；

（2）试验方法及设备简便，试样小而经济；

（3）硬度作为材料本身的物性参数，可获得稳定的数值；

（4）维氏硬度测定的同时，可以测得断裂韧性。

因此，在陶瓷材料的力学性能评价中，硬度测定是使用最普通，且数据获得比较容易的评价方法之一，因而占有重要的地位[146]。

目前，用于测定陶瓷材料硬度的方法，主要是金刚石压头加载压入法，其中包括维氏硬度（Vickers hardness）、显微硬度（Micro - hardness）和洛克维尔硬度（Rockwell hardness）。

维氏硬度试验是用对面角为 136°金刚石四棱椎体作压头（indenter），在 9.807 ~490.3N（1 ~50kgf）的载荷作用下，压入陶瓷表面，保持一定时间后卸除载荷，材料表面便留下一个压痕（indentation）。测量压痕对角线的长度并计算压痕的表面积，求出单位面积上承受的载荷——应力，即为维氏硬度值 HV：

$$\mathrm{HV}=\frac{P}{S}=\frac{2P\sin\ (\theta/2)}{d^2}=\frac{18.1855P}{d^2} \tag{3-7}$$

式中，P 为载荷（indentation load），N；S 为压痕表面积，mm^2；θ 为金刚石压头对面角（136°）；d 为压痕对角线平均长度(mm)，$d=\sum_{1}^{n}\frac{1}{n}2a_n$，$2a$ 为压痕对角线长度。

硬度与应力有相同的量纲，按国际制单位，陶瓷硬度的单位一般为 GPa 或 MPa。

由于陶瓷为脆硬材料，因而多数情况下压痕的边缘产生破碎，同时在压痕角上沿对角线延长方向上产生裂纹，而压痕形状不如金属材料那样规则，给对角线的测量带来困难，所以在试样制备时，其测试表面最后应用金刚石研磨膏抛光成镜面。维氏硬度测定的同时，根据压痕角部产生裂纹的长度，通过计算可以估算出断裂韧性。维氏硬度测试是一种简单经济、一举多得的方法。

试验采用维氏硬度法测量刀具材料的硬度（见图 3 - 14）。样品表面经研磨、抛光后用 HV - 120 型维氏硬度计测定材料的维氏硬度，压痕载荷为 100N，金刚石压头在试样表面带载荷停留 15s，在 500 倍光学显微镜下测量裂纹长度 $2c$ 和压痕对角线长度 $2a$。

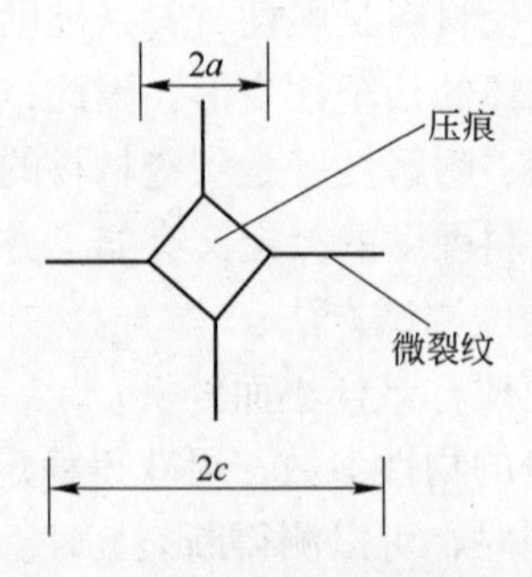

图 3 - 14　Vickers 压痕及微裂纹示意图

3.6.3 抗弯强度及断裂韧性

陶瓷材料的强度测试，根据其不同的使用要求采用不同的测试方法，常用的有拉伸、弯曲、压缩、扭转、冲击等。陶瓷材料属脆性材料，除特殊需要外，很少测试拉伸强度，最常用的是弯曲强度（bending strength）测试。这种试验方法比较简单易行，且不同材料之间有可比性，并可以通过所得强度数据进行简单的统计处理来预测实际产品构件的强度。对精细陶瓷（fine ceramics），常温弯曲强度试验方法各国家的标准大体相同，现以日本标准（HSR160）为例加以说明。弯曲强度试样为3mm×4mm×28mm矩形（见图3－15），试样的个数最好在10个以上。如果由于试样取材的限制，尺寸不能符合这个标准，则考虑强度评价的误差要求，试样的长度应是厚度的5倍以上，倒角尺寸应在厚度的1/10以下。弯曲强度测试时表面粗糙度应达到0.8S（$R_{max}=0.8\mu m$）。为了达到表面粗糙度要求，可采用如下的研磨规程。首先用200号金刚石砂纸粗磨，再用400～600号砂纸细磨即可满足要求，倒角加工的最终研磨用800～1000号砂纸为宜。另外，在表面加工时要注意研磨方向与试样长度方向一致（平行研磨）。文献报道[147~149]试样表面粗糙度对抗弯强度的影响，在经400号金刚石研磨、1000号金刚石研磨及用 Al_2O_3 镜面磨光的三个试样中，400号金刚石研磨试样强度最高，而表面镜面的试样强度最低，这是由于加工表面产生变形层及残余应力的影响所致。

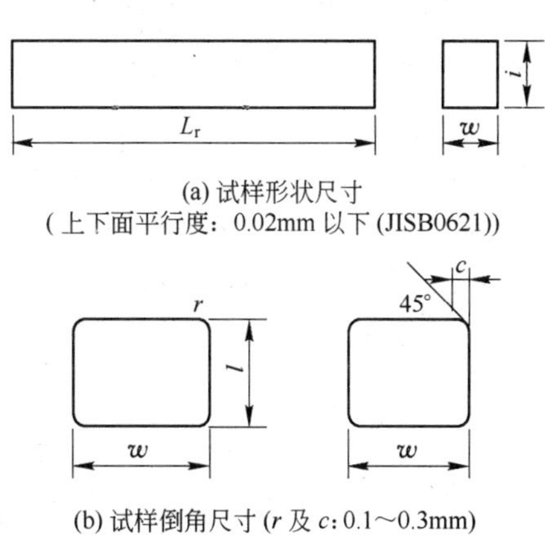

图3－15 弯曲强度试样形状尺寸

图3－15和图3－16分别为三点弯曲强度试验试样尺寸和示意图。其强度计算公式为：

$$\sigma_f=\frac{3PL}{2bh^2} \tag{3-8}$$

式中，P 为断裂载荷，N；L 为支点跨距，mm；b 为试样宽度 w，mm；h 为试样厚度 l，mm。

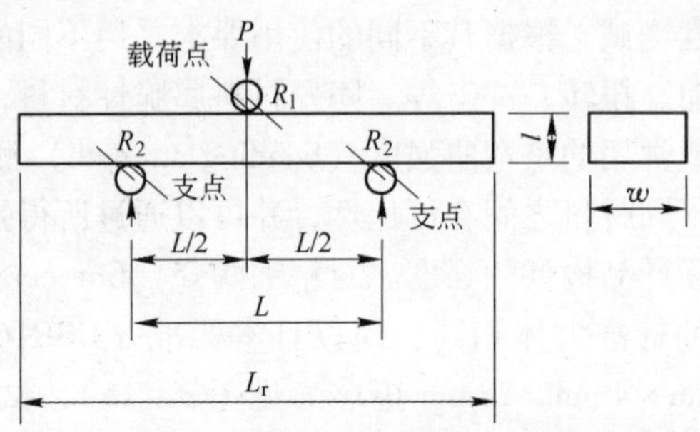

图 3-16 三点弯曲强度试验示意图

支承点及载荷点压头夹具，常温试验时可用淬火工具钢或硬质合金制作。夹具的结构应考虑有利于试样正确放置，且不产生载荷偏心等弊端。对所用材料试验机要求夹头位移速度可控，并可恒速运动。

抗弯试样截面积上各点的正应力与该点至中和面的垂距成正比。因此，在试样中的深浅位置不同的相同的缺陷导致材料破坏的几率是不同的，且材料破坏的几率随缺陷粒表面层距离的增加而减小，所以较薄的试样有利于反映陶瓷材料的本质强度。陶瓷材料抗弯试样的尺寸一般为 3～5mm×3～5mm×20～30mm。

一般研究采用三点抗弯强度法测量材料的强度。试样尺寸为 3mm×4mm×28mm，加载速度为 0.05mm/min，支点跨距为 24mm，在 Instron42 材料力学试验机上进行。

断裂韧性 K_{IC} 是定量地表征材料压痕裂纹及扩展阻力的参数。目前已发展了多种测试脆性材料断裂韧性的方法，如单边缺口梁法（SENB）、双扭法（DT）、双悬臂梁法（DCB）、压痕法（ID）、楔形压入法（PW）、压-压循环疲劳法（CC）等。本研究采用单边缺口梁法（SENB）测量 Al_2O_3 陶瓷试样的断裂韧性。

SENB（Single Edge Notched Beam）法试样为矩形断面（见图 3-17）。在中央一侧开有缺口并由缺口预制出尖锐裂纹，用三点弯曲施加应力，K_I 由下式计算：

$$K_{I3b} = Y\frac{3PL}{2bW^2}\sqrt{a} \tag{3-9}$$

式中，L 为跨距；Y 为一无量纲系数，与 a/W 及加载速率有关，在 $0 < a/W < 0.6$ 范围内，可用式 3-9 中 a/W 的指数多项式表示[147]：

$$Y = A_0 + A_1\frac{a}{W} + A_2\left(\frac{a}{W}\right)^2 + A_3\left(\frac{a}{W}\right)^3 + A_4\left(\frac{a}{W}\right)^4 \tag{3-10}$$

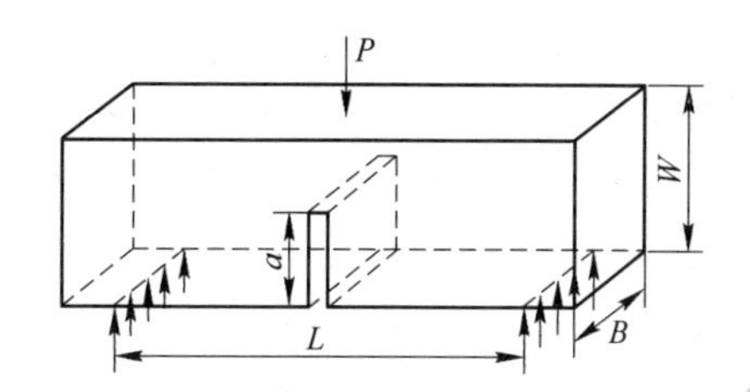

图 3-17 SENB 法测量试样断裂韧性示意图

式 3-10 中的系数 A 见表 3-7；同时，图 3-18 所示出 Y 与 a/W 的关系曲线。

表 3-7 式 3-10 中的 A 值

加载方式		A_0	A_1	A_2	A_3	A_4
三点弯曲	$L/W=8$	+1.96	-2.75	+13.66	-23.98	+25.22
	$L/W=4$	+1.93	-3.07	+14.53	25.11	+25.80

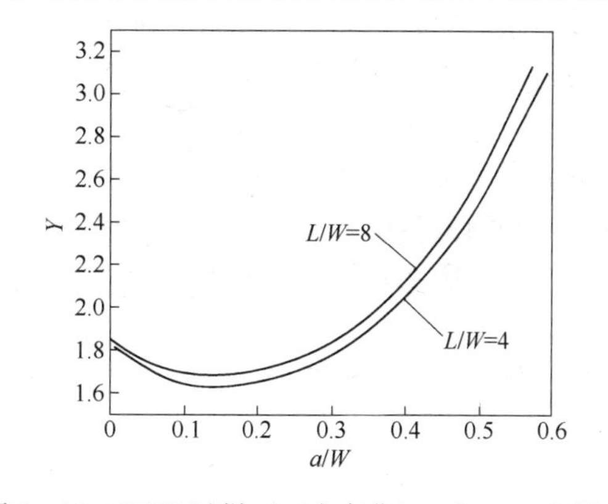

图 3-18 SENB 试样（三点弯曲）Y 与 a/W 的关系

SENB 法是陶瓷韧性测试采用的最普遍方法，试样加工比较简单，同时也适用在高温或气氛中测试。但预制尖锐裂纹很难控制，而且用这种试样来测定裂纹的稳态扩展也很难做到，这是该方法的不足之处。目前多数研究者用 SENB 法测定 K_{IC}时，试样尺寸一般为 2mm×4mm×36~40mm（W=4mm，b=2mm，L=20mm）。材料试样的缺口用金刚石刀片（内圆刀片）切出宽 0.2mm 的缺口，尖端曲率半径在 0.1~1.2mm 之间。由于该方法都按大体相同的方法加工试样，所以得到 K_{IC}数据虽与绝对值有一定偏差，但相互之间有可比性。

3.6.4 提高断裂韧性测量精度的方法

关于陶瓷材料断裂韧性的实验方法不同于金属材料，因为对于陶瓷材料的同类测试存在一些独特的问题，很多学者（Evans，1973；Freiman，1983；Sakai，Bradt，1993）对这些问题主要报道如下[150,151]：

（1）由于陶瓷塑性有限，大多数陶瓷材料的 K_{IC}/σ_{ys} 是很小的量，所以测定陶瓷材料平面应变断裂韧性的试样可以比金属试样小得多。一般要求试样应该具有合适大小的截面，以便能充分反映出材料显微结构对材料性能的影响规律。

（2）陶瓷材料有限的塑性另一方面也使得断裂力学测试结果具有较理想的特性，即裂纹在扩展前不会偏离线性关系，也没有突然的变化，试样断裂的最大载荷代替开裂点的载荷来进行断裂韧性计算，免除了测试金属中裂纹根部需测量张开位移的程序。

（3）陶瓷材料多数应用于结构部件上的高温环境，一种较为理想的断裂韧性测试方法能有效地应用于较宽的温度区域内。

（4）陶瓷材料固有裂纹的尺寸较小，通常只有微米级，加之随机分布，危险裂纹的尺寸几乎不可能测试到。因此，试样表面需人工预制裂纹作为模拟材料的固有裂纹。基于上述，采用的试样形状及受力方式各不相同，其各种测试方法也存在优缺点[152~155]。

对 SENB 法影响测量精度的因素有试样形状和尺寸、切口的宽度和深度以及加载速度等。为了有效控制测量精度，采用 $Al_2O_3/15\%\ ZrO_2$（3Y）（体积分数）材料研究了加载速率与该方法所测断裂韧性的关系，其结果如图 3－19 所示。

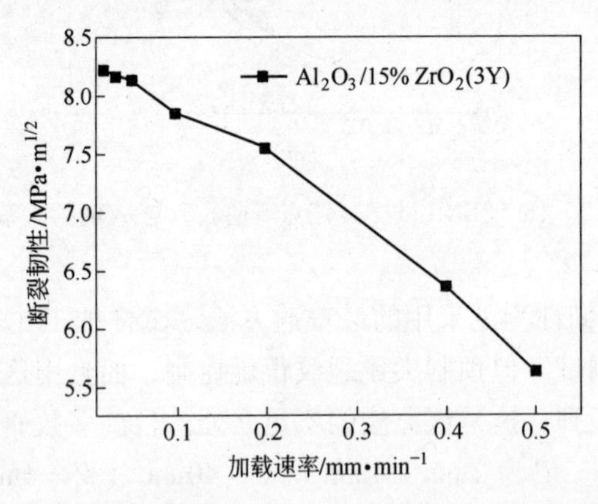

图 3－19　SENB 法测量断裂韧性加载移动速率对断裂韧性值的影响

从图 3－19 中看出，断裂韧性随着加载速率的增加而减小，在加载速率小于 0.05mm/min 时，断裂韧性值逐渐减少变化缓慢，超过该值曲线向下变化加快，可认为 0.05mm/min 的速率是个临界值。提高断裂韧性的测量精度在设备条件允许下，加载速率选 0.02～0.05mm/min 范围较为适宜。

3.6.5 抗热震性能

利用 SENB 法在试样抛光表面引入裂纹核（试样中心切口深度 0.025mm），然后试样经 1100℃常压下保温 1h 进行退火热处理，使 $t-ZrO_2$ 含量最大，并且通过晶粒诱导相变来消除试样表面压应力[156]。材料的抗热震性能采用急冷强度法进行测试。先将试样置于氧化铝烧舟内，热震试验的试样放入加热炉中随炉升温到 300℃、500℃、700℃、900℃、1100℃温度，保温 20min 取出迅速投入到温度恒定在 100℃的水中淬火，分别进行一次和五次热震实验。然后测量淬火后材料残留抗弯强度。材料的抗弯强度、断裂韧性及淬火后的残留强度实验在 Instron4206 材料力学试验机上进行，加载速率为 0.05mm/min。试样的物理参数根据文献［157］方法进行测定，采用日本岛津 EPM－810Q 型扫描电子显微镜（SEM）观察试样热震断裂前后的断口显微组织形貌。

3.6.6 力学性能数据分析

试样的抗弯强度，断裂韧性和维氏硬度至少测量 15～20 个数据，力学性能分析时采用所获数据的平均值 $\bar{X}$，数据的分散性根据标准偏差 S 衡量：

$$\bar{X} = \sum_{1}^{n} \frac{X_i}{n} \tag{3-11}$$

$$S = \left[\frac{\sum_{1}^{n} (X_i - \bar{X})}{n-1} \right]^{\frac{1}{2}} \tag{3-12}$$

3.7 陶瓷刀具材料的微观组织及相分析

3.7.1 扫描电镜（SEM）观察试样表面和断口形貌

采用日本岛津 EPM－810Q 型扫描电子显微镜（SEM）观察试样断口的显微组织形貌，样品抛光面在沸腾 H_2PO_3 中经 20min 热蚀后用背散射电子像（SBSE）观察晶粒尺寸的大小。观察裂纹扩展途径是将打有压痕的试样用氢氟酸腐蚀后，经过表面喷金处理完成。断口形貌的扫描观察时将试样折断后，取新鲜断口进行喷金处理后在同一台 SEM 上完成的。所要注意的是，喷金切忌过厚，以免掩盖真实形貌，观察时应将导电胶抹至喷金表面保证与基座连通，否则发生放电和图像漂移。

3.7.2 相组成计算

采用新鲜断口测定断裂面的相组成。试样断裂过程中的相变量为断裂面中单斜相的含量与抛光面中单斜相的含量之差，进而定量估算复合材料中 ZrO_2（Y_2O_3）的相变量及分析增韧行为。其中 t - ZrO_2 和 m - ZrO_2 相的相对含量是在校正背底强度后，根据 t - $ZrO_2$111、m - $ZrO_2$111 和 $11\bar{1}$峰的相对强度来计算 t - ZrO_2 和 m - ZrO_2 相的相对含量。试样在断裂前后相变含量采用计算公式为[155]：

$$X_m = \frac{I_{m(111)} + I_{m(11\bar{1})}}{I_{m(111)} + I_{m(11\bar{1})} + I_{t(111)}} \times 100\% \qquad (3-13)$$

而

$$V_m = \frac{1.311X_m}{1 + 0.311X_m} \qquad (3-14)$$

式中，X_m 为峰的强度积分比率；V_m 为 m 相的体积分量。V_t 为 t 相的体积分量（见式 3 - 15）：

$$V_t = 1 - V_m \qquad (3-15)$$

3.8　陶瓷刀具材料的切削性能试验方法

3.8.1　切削试验方法

试验刀具材料为 Al_2O_3/ZrO_2（Y_2O_3）复合陶瓷，用常规粉末冶金工艺真空烧结而成。正方形刀片粗坯烧成后在工具磨床上用 240 号金刚石砂轮将其加工精磨，如图 3 - 20 所示。

图 3 - 20　试验用陶瓷刀片的实物外形

Al_2O_3/ZrO_2（Y_2O_3）陶瓷刀具成分及性能见表 3 - 8。切削试验在 CA6140 机床上进行，工件材料为 1045 淬火钢，HRC60。切削试验刀具几何角度如下：前角 $\gamma_0 = -5°$；后角 $\alpha = 5°$；主偏角 $\kappa = 75°$；刃倾角 $\lambda = -5°$；副偏角 $\kappa' = 15°$；倒棱角 $\gamma_r = -15°$，$b_r = 0.5$mm；刀片尺寸为 12mm × 12mm × 8mm。

刀尖圆弧半径 $r=0.8$mm；测量仪器有 X30 型显微镜、卡尺及秒表等，在 X30 型显微镜下观察、记录刀具磨损形态和刀具后刀面磨损量对应的切削时间。

表 3-8 Al_2O_3/ZrO_2（Y_2O_3）陶瓷刀具成分及性能表

刀具材料	主要成分	抗弯强度/MPa	断裂韧性/MPa·$m^{1/2}$	硬度/GPa
Al_2O_3/ZrO_2（Y_2O_3）	15% ZrO_2（Y_2O_3）	825	7.8	18.5

3.8.2 切削用量及耐用度

切削速度是刀刃上选定点相对于工件的主运动的速度。刀刃上各点的切削速度可能是不同的。当主运动是回转运动时，切削速度（m/min 或 m/s）由下式确定：

$$v_c=\frac{\pi dn}{1000} \tag{3-16}$$

式中，d 为完成主运动的刀具或工件上任意一点的回转直径，mm；n 为主运动的转速，r/min 或 r/s。进给速度 v_f 是刀刃上选定点相对于工件的进给运动的速度，单位为 mm/s 或 m/min。

进给量 f 是工件或刀具的主运动每转或每一行程时，工件和刀具在进给运动方向上的相对位移量。如外圆车削时，f 的单位为 mm/r。

对外圆车削而言，切削深度 a_p 是工件上待加工表面和已加工表面间的垂直距离（mm），即：

$$a_p=\frac{d_w-d_m}{2} \tag{3-17}$$

式中，d_w 为工件待加工表面的直径，mm；d_m 为工件已加工表面的直径，mm。

刃磨后的刀具自开始切削直到磨损量达到磨钝标准为止的切削时间称为刀具耐用度，以 T 表示。耐用度指净切削时间，不包括用于对刀、测量、快进、回程等非切削时间。也可以用达到磨钝标准时所走过的切削路程 L_m 来定义耐用度。L_m 等于切削速度 v_c 和耐用度 T 的乘积，即：

$$L_m=vT \tag{3-18}$$

刀具耐用度是个重要参数。在相同切削条件下切削某种工件材料时，可以用耐用度来比较不同刀具材料的切削性能；同一刀具材料切削各种工件材料，可以用耐用度来比较材料的切削加工性；还可以用耐用度来判断刀具几何参数是否合理，对于某一切削加工，当工件、刀具材料和刀具几何形状选定之后，切削用量是影响刀具耐用度的主要因素。

3.8.3 切削用量的选择及对耐用度的影响

选择合理的切削用量（v_c、f、a_p）对于保证加工质量、降低加工成本和提高劳动生产率，都具有重要的意义。

选择合理的切削用量必须联系合理的刀具耐用度。若简单地、直观地理解，似乎是刀具耐用度越高越好，但在实际生产中并非如此，这是因为刀具耐用度同切削用量和生产效率密切相关。如把刀具耐用度定得过高，则要求采用较低的切削用量，相应增多了工件加工工时，降低了生产率。若刀具耐用度定得过低，虽然可采用较高的切削用量，但换刀、磨刀工时和费用却会显著增加，同样达不到高效率、低成本的要求。所谓“合理的”切削用量是指充分利用刀具的切削性能和机床性能，在保证质量的前提下，获得高的生产率和低的加工成本的切削用量。

切削速度 v_c 与刀具耐用度的关系是用实验方法求得的。实验前，先选定刀具后刀面的磨钝标准。按照 ISO3685 对车刀耐用度试验的规定，当切削刃磨损均匀时，取 $VB=0.3\text{mm}$，如果磨损不均匀，则取 $VB_{max}=0.6\text{mm}$。选定好磨钝标准后，固定其他切削条件，在常用的切削速度范围内，取不同的切削速度 v_c 从 v_1，v_2，…，进行刀具磨损试验，得出在各种速度下的刀具磨损曲线（图 3－21）。根据规定的磨钝标准 VB 求出在各切削速度下所对应的刀具耐用度 T_1，T_2，T_3，…（切削时间为 min）。在双对数坐标纸上定出（T_1，v_1），（T_2，v_2），（T_3，v_3），…各点。在一定的切削速度范围内，可发现这些点基本上在一条直线上，如图 3－22 所示。这就是刀具耐用度 $T-v$ 关系曲线。该直线的方程为：

$$\lg v=-m\lg T+\lg A \tag{3-19}$$

式中，$m=\tan\varphi$，即该直线的斜率；A 为当 $T=1\text{s}$（或 1min）时直线在纵坐标上的截距。m 及 A 均可以求出。因此，$T-v$ 关系式可以写成：

$$v_c=\frac{A}{T^m} \tag{3-20}$$

或

$$T=\frac{C_1}{v_c^z} \quad z=\frac{1}{m} \tag{3-21}$$

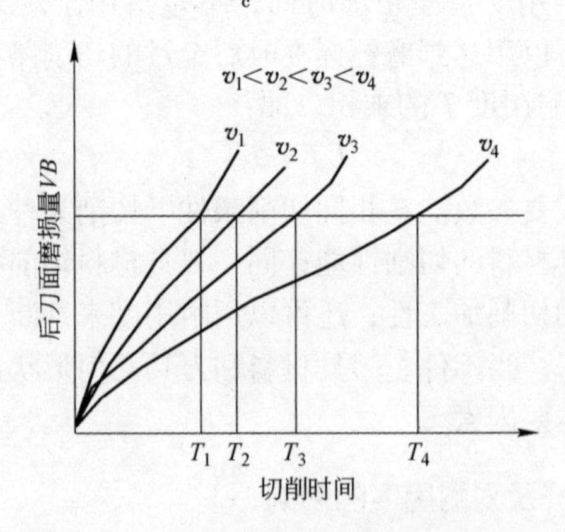

图 3－21 各种切削速度下的刀具磨损曲线

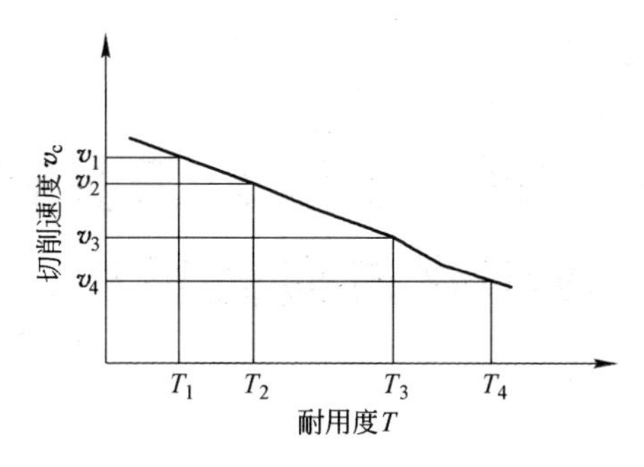

图 3-22 在双对数坐标下的 $T-v_c$ 曲线

$T-v_c$ 关系式反映了切削速度与刀具耐用度之间的关系，是选择切削速度的重要依据。指数 m 或 z 表示切削速度对刀具耐用度的影响程度。对于陶瓷刀具，m 值约为 0.4。m 值较大，表明切削速度对耐用度的影响小，即刀具材料的切削性能较好。

进给量 f、切削深度 a_p 与刀具耐用度 T 的关系，按照求 $T-v_c$ 关系式的方法，同样可以求得 $T-f$ 和 $T-a_p$ 关系式：

$$f=\frac{B}{T^n} \tag{3-22}$$

$$a_p=\frac{C}{T^p} \tag{3-23}$$

式中，B，C 为常数；n，p 为指数。

3.8.4 进给量的选定

粗加工时，工件表面质量要求不高，但切削力往往很大，合理进给量的大小主要受机床进给机构强度、刀具的强度与刚性、工件的装夹刚度等因素的限制。在加工时，合理进给量的大小则主要受加工精度和表面粗糙度的限制。

4 Al_2O_3/ZrO_2（3Y）刀具材料烧结致密化与显微组织

Al_2O_3 陶瓷具有耐高温、抗氧化、耐蚀及耐磨损等优良性能，是应用广泛的陶瓷材料之一。但由于脆性高而限制了其优良性能的发挥，实际应用范围也受到了限制。自 Garvie[158] 1975 年提出用马氏体相变来改善氧化锆陶瓷的强度和韧性以来，ZrO_2 增韧陶瓷受到工程界的普遍重视。在 ZrO_2 中添加 MgO、CaO、Y_2O_3、CeO_2 等不同稳定剂，能有效地利用相变来改善陶瓷材料的力学性能。ZrO_2 作为增韧陶瓷材料与氧化物、氮化物、碳化物等陶瓷复相后，成为具有优异性能的功能材料、结构材料、生物陶瓷材料。多年来，ZrO_2 陶瓷复合材料作为研究热点经久不衰[159]。

由于真空烧结条件下 ZrO_2（3Y）的含量、烧结温度对 Al_2O_3 陶瓷力学性能的影响，对含不同摩尔分数 Y_2O_3 稳定剂的 ZrO_2 以不同含量添加到 Al_2O_3 基体中，系统地研究了 Al_2O_3/ZrO_2（Y_2O_3）复合材料的显微组织、相变行为及力学性能，分析了 ZrO_2 含量对复合材料致密化的影响；通过真空烧结工艺提供了组织结构均匀化的最佳成分组成；用相变增韧理论讨论了 ZrO_2 含量对 Al_2O_3 基体材料的抗弯强度、断裂韧性的影响。

4.1 Al_2O_3/ZrO_2（Y_2O_3）刀具材料的烧结致密化

原料 Al_2O_3 粉体平均粒径约为 100nm，纯度为 99.99%。ZrO_2 中分别含摩尔分数为 2% 的 Y_2O_3（ZrO_2（2Y））和 3% 的 Y_2O_3（ZrO_2（3Y）），二次粒径约为 200nm。采用高纯 Al_2O_3 球，无水乙醇为球磨介质，分别球磨 Al_2O_3 与 ZrO_2（2Y）和 ZrO_2（3Y）的混合粉 48h，制备出 ZrO_2 体积分数分别为 10%、15%、20%、25%、30% 的 Al_2O_3/ZrO_2（2Y）和 Al_2O_3/ZrO_2（3Y）复合粉末。烘干后，样品经双向模压成型后进行 200MPa 等静压。在箱式炉中 600℃ 下预烧 2h，然后采用 VSF-7 型真空炉，分别在 1500℃、1550℃、1600℃、1650℃、1700℃ 下烧结。真空度大于 1×10^{-3} Pa，保温 2.5h 后炉冷至室温，最终试样尺寸为 3mm×4mm×28mm。

4.1.1 ZrO_2 含量和烧结温度对致密化的作用

根据文献［161］报道，对于氧化物陶瓷，由于 O^{2-} 离子的扩散速率较慢，因此烧结速率取决于氧的扩散速度。在空气介质中烧结时，氧离子空位浓度小，不利于氧的扩散，而在真空烧结或氢气气氛下烧结时，由于在晶格中出现氧空位缺陷提高了空位浓度，使晶格扩散系数提高，即烧结速率提高，所以真空烧结有助于提高烧结性能。

从图4－1可以看到，随着真空烧结温度的升高，试样的相对密度和收缩率增加。对氧化物陶瓷的烧结，由于存在几种扩散机制导致致密化的发生，试样的致密化大多在烧结中期完成体扩散（晶格扩散），烧结后期进行晶界扩散伴随着气孔合并及晶粒长大，所以试样的致密化随着温度增加也呈上升趋势。另外，不同 ZrO_2（3Y）含量的曲线，在同一温度点的致密化是随着含量增加而降低。原因是 Al_2O_3 基体中随着 ZrO_2（3Y）含量增加，部分 ZrO_2（3Y）颗粒将发生团聚、堆积现象，造成分散不均匀。从图中还可看出，少量的 ZrO_2 能促进烧结，而增加含量样品的烧结性下降，从而使收缩速率下降，直接影响到相对密度的下降，造成试样的烧结致密化呈下降的趋势。

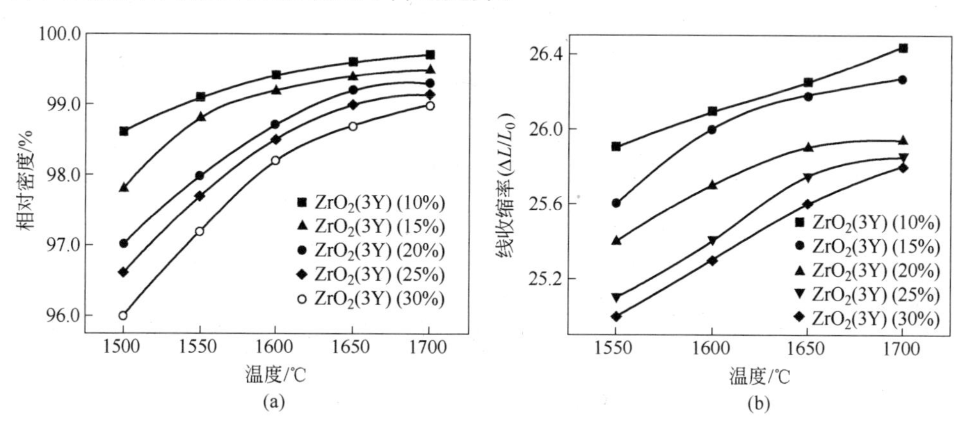

图4－1 不同 ZrO_2 含量的 Al_2O_3/ZrO_2（3Y）复合材料相对密度（a）、线收缩率（b）与烧结温度的关系

4.1.2 ZrO_2 中 Y_2O_3 含量对烧结致密化的作用

不同体积分数的两种材料在1550℃烧结后，材料的相对密度、线收缩率与含量的关系如图4－2所示。其变化规律因第二相中稳定剂 Y_2O_3 的摩尔分数不同及制备条件的差别而有所不同，体现为 ZrO_2 所起到烧结助剂的作用和微裂纹的形成上。2Y 和 3Y 系列试样的相对密度和线收缩率随含量的增加而开始增大，可以认为原因是 ZrO_2 烧结助剂的作用[173]。两种材料的相对密度和线收缩率在体积分数为15%处出现最大值，ZrO_2（3Y）和 ZrO_2（2Y）相对密度分别达到99.6%和99.3%，线收缩率分别达到25.6%和25.5%。ZrO_2 的体积分数大于

15%后，随 ZrO_2 的含量增加，密度和线收缩开始下降。其原因主要是因为在冷却过程中，ZrO_2 晶粒发生 t→m 相变。造成 m 相与基体的热膨胀系数失配，晶界上产生很高的内应力，可能引发裂纹尺寸的出现。

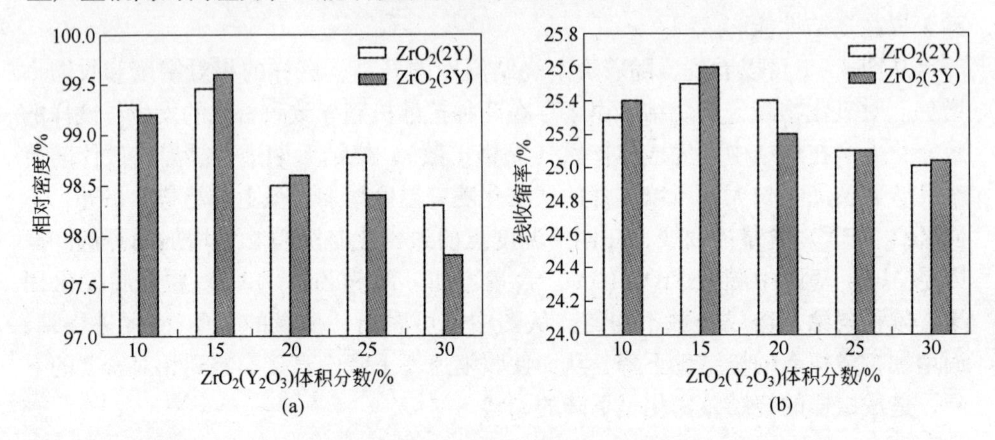

图 4-2　Al_2O_3/ZrO_2（2Y）和 Al_2O_3/ZrO_2（3Y）的相对密度（a）、线收缩率（b）与 ZrO_2 体积分数的关系

Kreher 等人[160]对微裂纹韧化理论计算值进行了报道，认为 ZrO_2 含量过高能形成网状裂纹，而 ZrO_2 颗粒增大会诱发大的裂纹尺寸，裂纹聚集形成孔隙，从而使收缩速率下降，直接影响到相对密度的下降，造成试样烧结致密化的下降。两种系列试样相对密度和线收缩率的变化趋势也表明 Y_2O_3 的摩尔含量不同，$Al_2O_3-ZrO_2$ 的相对密度和线收缩率有差别，3Y 系列的烧结致密化程度明显高于 2Y 系列试样。

Ruh[174]对 $ZrO_2-Y_2O_3$ 相图的研究表明，ZrO_2 中 Y_2O_3 的摩尔分数等于氧空位的摩尔浓度。根据锆氧关系 $Zr_{1-x}Y_xO_{2-x/2}$，氧空位浓度的升高会使相变点降低，从而降低结构稳定性，造成晶格畸变。同时置换后将伴随离子空位产生，Y_2O_3 提供的氧空位浓度多少，起到了置换速度的快慢作用。由此 Y_2O_3 摩尔分数为 2% 和 3% 的锆氧关系分别为 $Zr_{0.96}Y_{0.04}O_{1.98}\square_{0.02}$ 和 $Zr_{0.94}Y_{0.06}O_{1.97}\square_{0.03}$，3Y 大于 2Y 氧空位的摩尔浓度，造成化学位的差异。

另外，烧结过程中由于不同温度下晶粒生长的推动力不同，Johnson[175]认为对亚微米的氧化物陶瓷，晶界扩散是主要的致密化机理，当物质传递机制在温度段变化时，扩散过程由表面扩散为主转变为晶界扩散和晶格扩散为主。众多文献研究表明[176,178]，固相烧结 ZrO_2 陶瓷的致密化机制是分阶段性进行，较低温度时，表面能是晶粒生长的动力（即原始粉体粒径大小影响较大），较高温度时，颗粒间发生烧结晶粒长大并形成界面，即界面能成为晶粒生长的动力。

4.1.3 能谱分析 Al_2O_3 与 ZrO_2（Y_2O_3）的作用机制

Cannon 和 Coble 报道[162]了在离子键材料中，阳离子和阴离子必须同时扩散。不同离子可以沿不同路径迁移，但必须以相同速率进行。氧离子空位造成材料系统的化学缺陷，导致原有缺陷之间的平衡关系，扩散速率的差异可能使烧结体中显微组织出现不均匀化。

文献［179］报道了 ZrO_2 增韧 Al_2O_3 的研究方面，除相变增韧外。Al_2O_3 和 ZrO_2（Y_2O_3）晶粒生长能够相互控制，它们存在着两种机理可解释这种现象：

（1）因为 Al_2O_3 和 ZrO_2（Y_2O_3）相互之间有很小的固溶度，H. Bernard 报道[152]烧结温度达到1300℃以上时，Al_2O_3 在 Y_2O_3 稳定的 ZrO_2 中的摩尔分数约为 0.1%。这可能由于 Al^{3+}（0.057nm）置换 Zr^{4+}（0.087nm）和 Y^{3+}（0.1015nm）的结果，形成相互渗透的显微结构起到对另一相的扩散障碍作用。

（2）小颗粒 ZrO_2 存在于晶界上起到对 Al_2O_3 晶粒的钉扎作用。

实验对 Al_2O_3 基体添加体积分数为15% ZrO_2，当制备工艺使基体中的第二相分散均匀时，在含（2Y）和（3Y）的 15% ZrO_2 的复合材料抛光表面分别用背散射像取较大 ZrO_2 晶粒做能谱分析。

含 ZrO_2（3Y）晶粒和含 ZrO_2（2Y）晶粒的能谱图如图 4－3 所示。ZrO_2（Y_2O_3）中存在着 Al^{3+} 离子浓度，含（2Y）和（3Y）的 ZrO_2 晶粒中 Al^{3+} 离子浓度分别是 2.358%、5.136%。验证了 Al^{3+} 向 Zr^{4+} 离子间的扩散。结果表明，Al^{3+} 可以进入 ZrO_2 的晶格中，取代 Zr^{4+} 离子的位置，从而造成一定的氧空位。相反 Zr^{4+} 离子半径大于 Al^{3+} 离子半径，不易流入 Al_2O_3 晶格中，这种情况在 Al_2O_3－ZrO_2 界面上有金属离子的互流，造成界面附近的缺陷增加，这对于增加

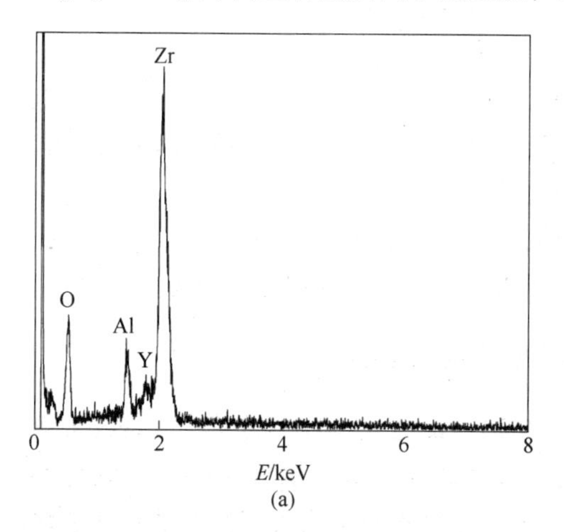

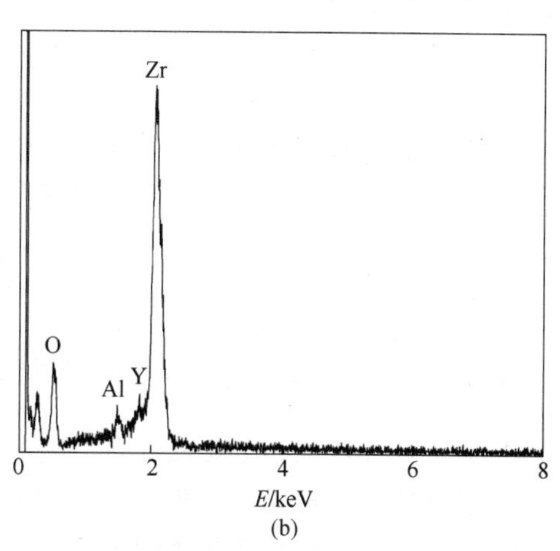

图4－3 Al_2O_3/ZrO_2（3Y）（a）和 Al_2O_3/ZrO_2（2Y）（b）复合材料中 ZrO_2 晶粒的能谱图

界面上原子可动性及有利于诱发 ZrO_2 的相变。同时也说明 Al^{3+} 离子固溶浓度的不同，对晶粒生长机制受到不同影响。所以烧结过程第二相添加有利于基体晶粒的均匀生长，促进烧结提高试样的致密化程度方面解释了 3Y 系列相对密度和线收缩率明显高于 2Y 系列的作用机理。可见 Y_2O_3 的摩尔含量对 $Al_2O_3-ZrO_2$ (Y_2O_3) 复合材料致密化过程有明显的作用。

综上所述，添加含不同 Y_2O_3 的 ZrO_2 促进了 Al_2O_3 基体材料的致密化，其对致密化有贡献的机理为：通过两相粒子的相互制约在抑制晶粒长大方面有明显的效果。复合系统两组元之间的少量固溶增加了界面附近的化学缺陷，促进了原子的扩散和烧结，有利于烧结过程的致密化。降低晶界能与表面能的比值，能提高致密化的热力学驱动力。改变晶界富集层的组分，阻止晶界移动，可以抑制晶粒生长。优化最佳含量的添加剂在晶粒界间生成均匀分布的第二相颗粒，起到钉扎晶界、抑制晶粒生长的作用。

4.2 Al_2O_3/ZrO_2 (Y_2O_3) 刀具材料的显微组织

4.2.1 Al_2O_3 的显微组织

共价键工程陶瓷和复杂离子键陶瓷主要属于脆性断裂。从晶体学观点出发，晶界本身可视作一种缺陷，一般具有较高的位错密度，原子键合力较弱，断裂表面能也较低，沿晶界脆断似乎较易发生。然而体心立方和六方晶系结构的材料却存在着原子键合力最弱的（001）和（0001）原子面，这里原子键合力甚至比晶界还弱，因此，出现穿晶解理性断裂。部分微观区域由每个晶粒的解理面所构成，每个解理面上看到一些十分近似与裂纹扩展方向的解理台阶。另一部分微观区域呈现沿晶断裂的特征。文献报道[152]，高纯 Al_2O_3 粉体及含 TiO_2、CaO、MgO 的不同，烧结后能表现出的断裂方式是不同的。

图 4-4 为在 1550℃真空烧结后 Al_2O_3 陶瓷试样经 H_3PO_4 热腐蚀后的二次电子（SEM）形貌。可见图 4-4 中 Al_2O_3 陶瓷中晶粒显微组织一般为长轴状结构，晶粒尺寸大小不等，表现出各向异性的晶粒组合。

图 4-5 中的断口形貌除反映存在个别的气孔外，断裂方式所显示的沿晶断裂特征表明，晶粒间晶界的结合力较为薄弱，这是 Al_2O_3 强度低的原因。

4.2.2 烧结温度对 Al_2O_3/ZrO_2 刀具材料显微组织影响

众多研究表明，细化复合材料的组织结构，使之获得较小的晶粒，是改善陶瓷力学性能的一种方法。但是，烧结温度过低，此时晶粒虽然较小，但发育不良，晶形不完整，存在较大的气孔率，造成陶瓷材料的强度和韧性偏低。如果烧结温度过高，晶粒可能异常长大，容易形成闭口气孔，导致样品的烧结致密度下

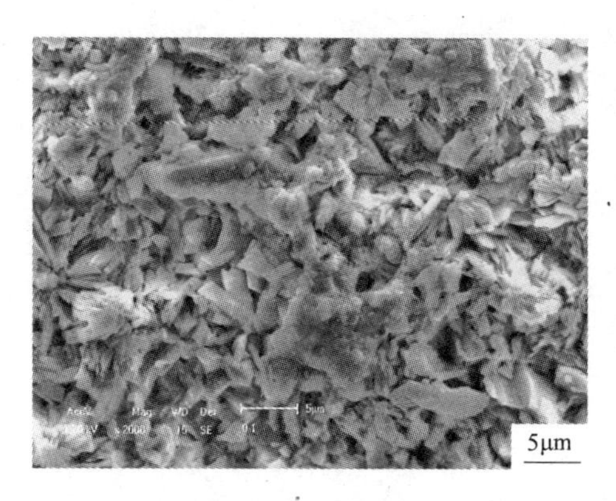

图 4-4 Al_2O_3 陶瓷热蚀后的表面形貌(SEM)

图 4-5 Al_2O_3 陶瓷的断口形貌 (SEM)

降，致使力学性能的下降。

高纯氧化物的结构陶瓷大多是通过固相烧结来完成的，烧结采取减少试样中气孔、增加颗粒之间结合来提高力学性能的工艺过程。在烧结过程中，随着温度升高和保温时间的延长，气孔不断减少，颗粒之间结合力不断增强，当达到一定温度和一定保温时间，颗粒之间结合力呈现极大值。超过极大值后，就出现气孔微增的倾向，同时晶粒增大，力学性能降低，在热力学上，烧结是指系统总能量减少的过程[163]。烧结的扩散理论重点研究了粉体烧结性与驱动力、物质迁移机制、致密化、晶粒生长等，从而对不同的烧结方式所建立各种烧结模型，进一步从理论上解释了烧结扩散机制。

固相烧结主要是靠扩散的材料传质。扩散可由原子或空位沿表面或颗粒边界或通过材料的体积而移动来完成。固相烧结的驱动力是颗粒自由表面与相邻颗粒间的接触点之间自由能或化学势的差别。

Kingery 等人[163]根据两颗粒间的接触线到颈脖区域的晶格扩散的材料传质机制，导出下列方程：

$$\frac{\Delta L}{L_0} = \left(\frac{20\gamma a^3 D^{2/5}}{\sqrt{2}KT}\right) r^{-6/5} t^{2/3} \tag{4-1}$$

式中，$\frac{\Delta L}{L_0}$为线收缩率（烧结速率）；γ 为表面能；a^3 为扩散空位的原子体积；D 为自扩散系数；K 为 Boltzmann 常数；T 为温度；r 为颗粒半径（假定原来的颗粒为相等大小的球体）；t 为时间。

对于其他体积扩散的烧结机制的方程式也是类似情况。在每种情况下，收缩速率随温度提高和颗粒半径降低而增大，随时间的增加而降低。图 4-6（a）说明温度和时间的影响，图 4-6（b）所示同一数据的 log-log 曲线。$\log\Delta L/L_0$ 随

$\log t$ 而变化的直线斜率约为固相烧结的2/5。

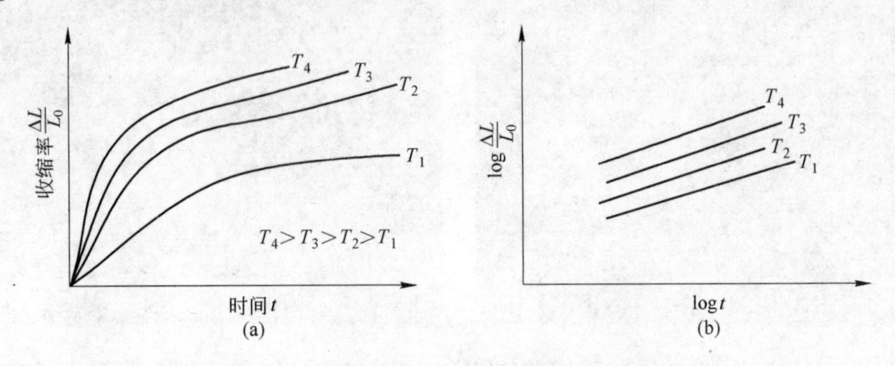

图4-6　烧结温度和时间对烧结速率的影响

从式4-1和图4-6可以看出，显然温度控制和颗粒尺寸是极其重要的。Al_2O_3/ZrO_2（3Y）复合陶瓷原料在高温下由于挥发性较小，其物质主要通过表面扩散和体积扩散进行传递，烧结是通过扩散来实现的。尽管影响扩散传质的因素比较多，如材料组成、粉体原始粒度、温度、气氛、显微结构、晶格缺陷等，其中最主要的是温度和材料系统组分，在陶瓷材料中，阴离子和阳离子两者的扩散系数都必须考虑在内，一般由扩散较慢的离子控制整个烧结速率。加入添加剂，增加空位数目，也会因扩散速率变化而影响烧结速度。就烧结对显微结构的影响而言，主要因素有：粉体颗粒尺寸和活性、添加剂、温度、保温时间、烧结气氛。烧结温度作为主要影响因素之一。

不同含量 ZrO_2（3Y）的 Al_2O_3/ZrO_2（3Y）复合材料在不同温度烧结后的断口形貌（SEM）如图4-7～图4-11所示。由图4-7～图4-11分别可见，随着烧结温度的增加，晶粒尺寸长大，1700℃烧结区在晶粒尺寸明显增加的同时伴随晶粒的异常长大。

$Al_2O_3/15\%ZrO_2$（3Y）复合陶瓷在不同温度烧结后，试样表面经抛光热蚀

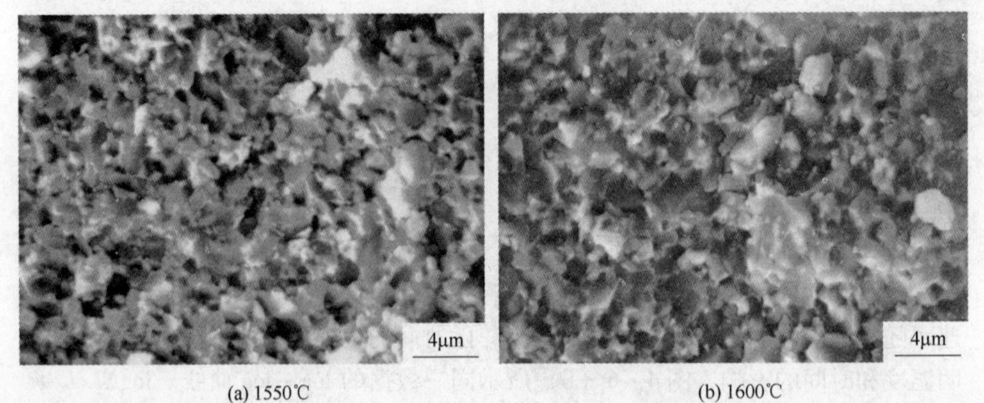

(a) 1550℃　　(b) 1600℃

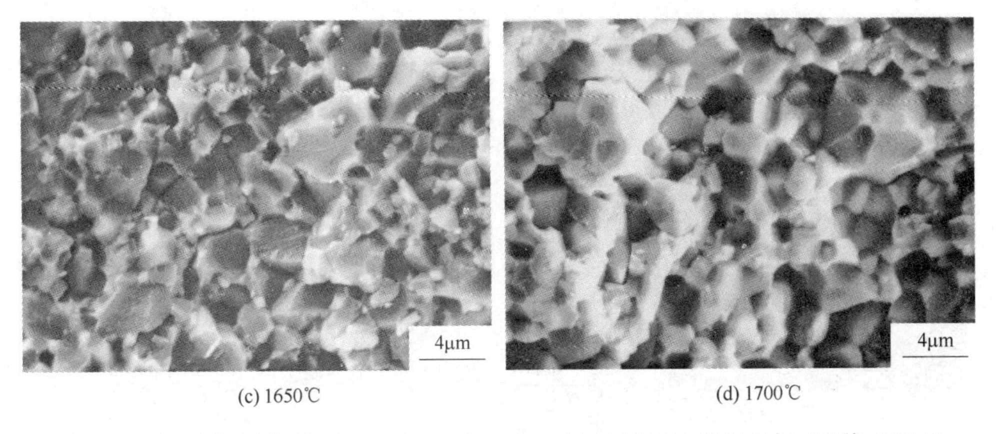

(c) 1650℃　　(d) 1700℃

图 4-7　在不同温度烧结 Al_2O_3/10% ZrO_2 (3Y)（体积分数）材料的断口形貌（SEM）
（ZrO_2 为亮相；Al_2O_3 为暗相）

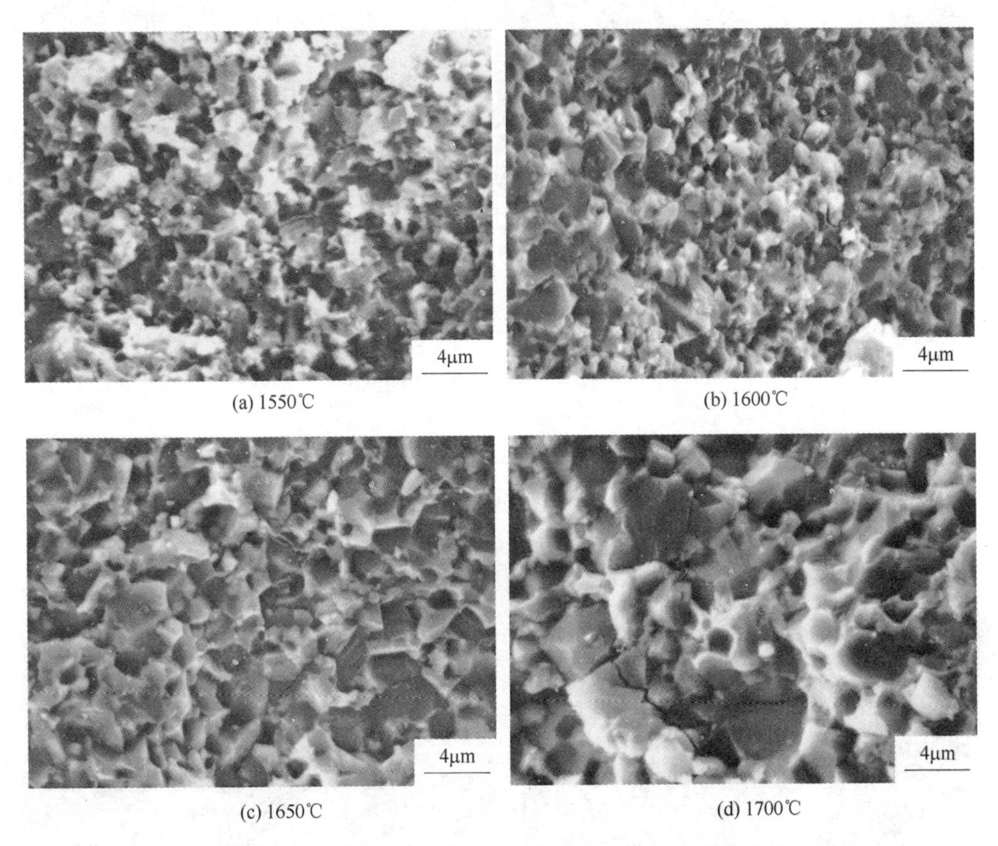

(a) 1550℃　　(b) 1600℃

(c) 1650℃　　(d) 1700℃

图 4-8　在不同温度烧结 Al_2O_3/15% ZrO_2 (3Y)（体积分数）材料的断口形貌（SEM）
（ZrO_2 为亮相；Al_2O_3 为暗相）

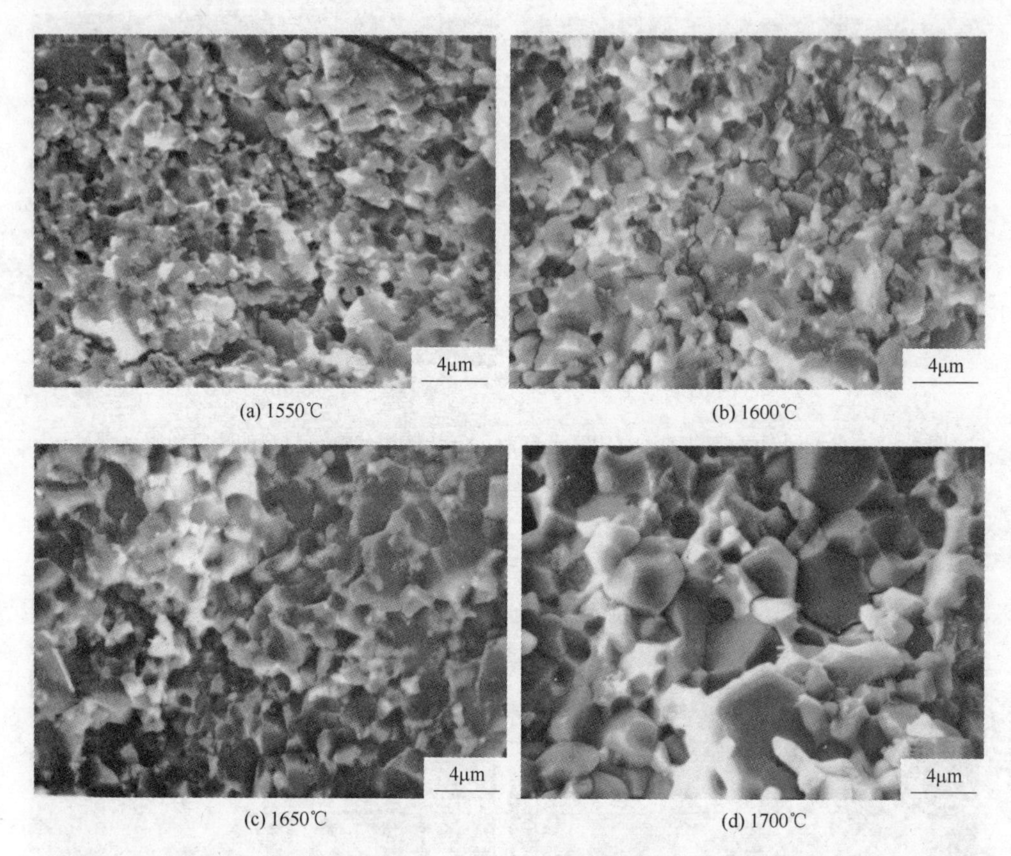

(a) 1550℃　(b) 1600℃

(c) 1650℃　(d) 1700℃

图4-9　在不同温度烧结 Al_2O_3/20% ZrO_2（3Y）（体积分数）材料的断口形貌（SEM）
（ZrO_2 为亮相；Al_2O_3 为暗相）

后形貌的 SEM 照片如图 4-12 所示。经能谱确定，其中白色晶粒为 ZrO_2，暗色晶粒为 Al_2O_3。从图 4-12 可以看到，晶粒尺寸是随着烧结温度的升高而增大。1550℃烧结试样的晶粒细小，生长均匀。1600℃时晶粒存在增大趋势，1650℃和

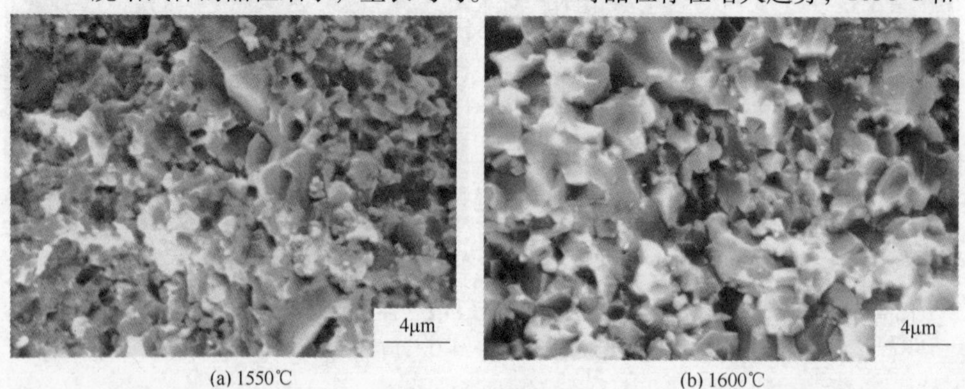

(a) 1550℃　(b) 1600℃

(c) 1650℃　　(d) 1700℃

图4-10　在不同温度烧结 Al_2O_3/25% ZrO_2（3Y）（体积分数）材料的断口形貌（SEM）
（ZrO_2 为亮相；Al_2O_3 为暗相）

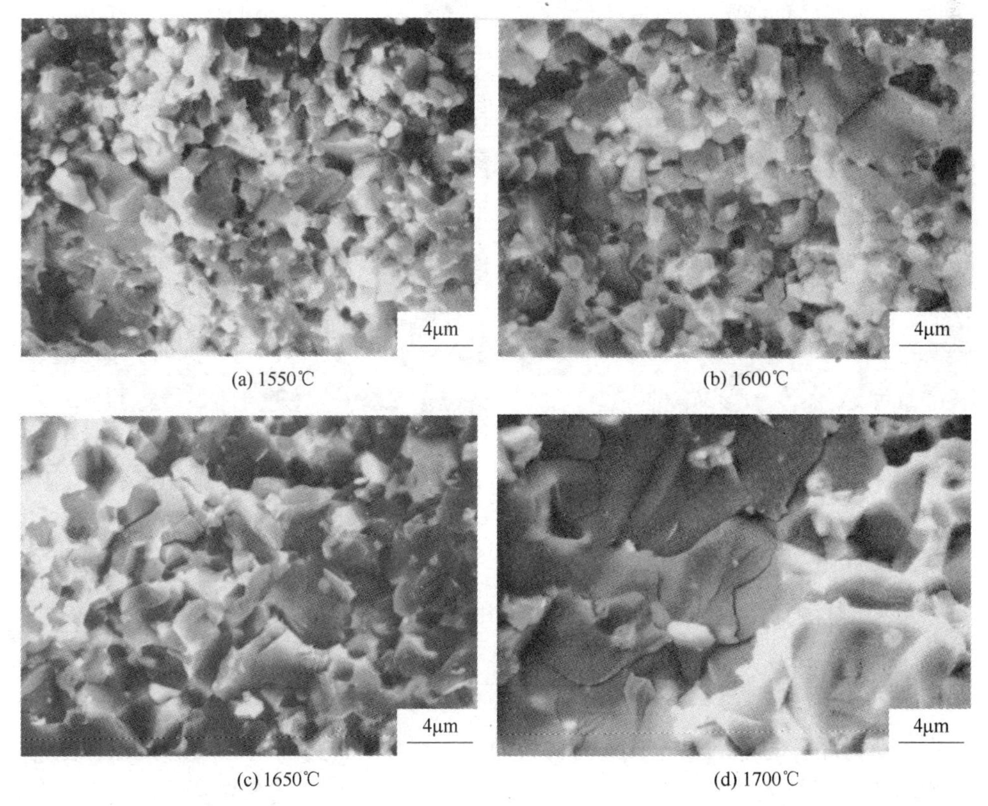

(a) 1550℃　　(b) 1600℃

(c) 1650℃　　(d) 1700℃

图4-11　在不同温度烧结 Al_2O_3/30% ZrO_2（3Y）（体积分数）材料的断口形貌（SEM）
（ZrO_2 为亮相；Al_2O_3 为暗相）

1700℃烧结的试样，晶粒出现了异常长大的现象。大部分晶粒比1550℃时的晶粒大 8～10 倍以上。由图 4－12（d）清楚地看到烧结过程中，颗粒的合并、晶界的推移，都伴随着 ZrO_2 晶粒被吞噬在 Al_2O_3 晶内。

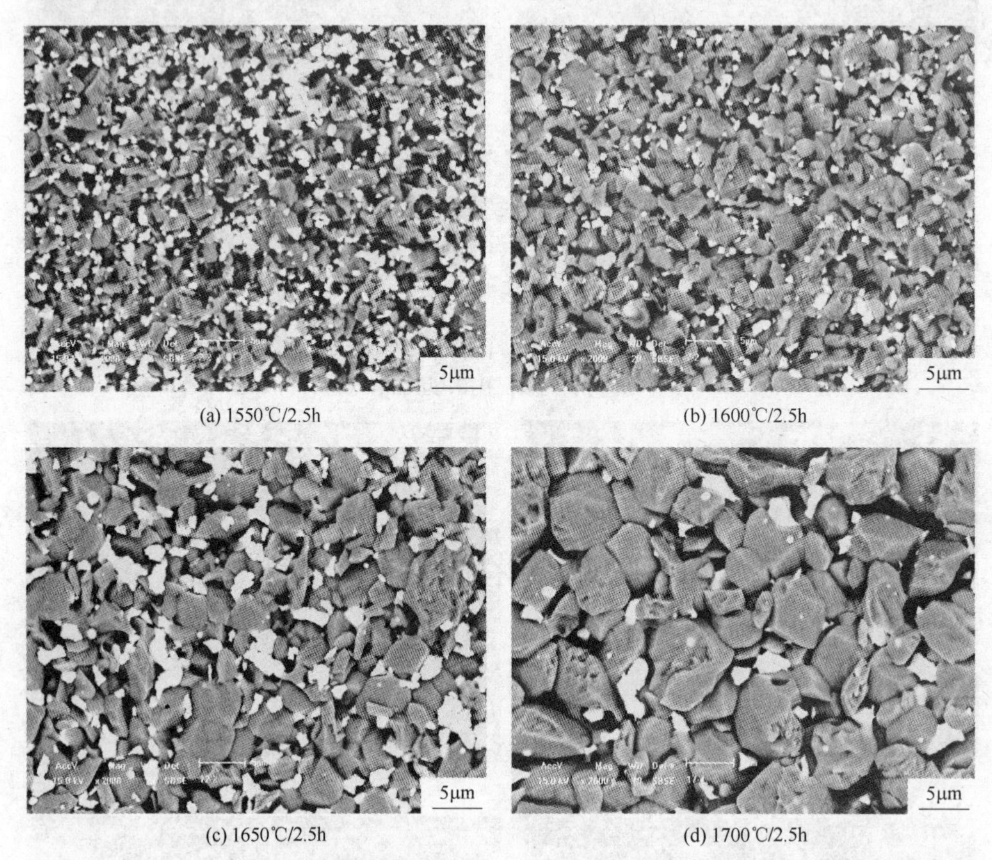

(a) 1550℃/2.5h　(b) 1600℃/2.5h

(c) 1650℃/2.5h　(d) 1700℃/2.5h

图 4－12　Al_2O_3/15% ZrO_2（3Y）（体积分数）材料在不同温度烧结后的显微组织（热蚀表面的 SEM 形貌）

Al_2O_3 基陶瓷烧结体的晶粒尺寸可采用如下计算[181]：

$$D=\frac{2}{\cos(\pi/6)}\sqrt{\frac{A\rho_r}{\pi N}} \tag{4-2}$$

式中，D 为晶粒的平均尺寸；ρ_r 为材料的相对密度；A 为所选区域的面积；N 为面积 A 内的晶粒数。

由上式能够计算出不同温度烧结后 Al_2O_3 陶瓷的平均晶粒尺寸。

图 4－13 表示烧结温度对晶粒尺寸的影响。可以看到，随着烧结温度的升高，复合材料中 Al_2O_3 晶粒和 ZrO_2（3Y）晶粒生长趋势都是明显长大。晶粒的长大削弱了试样的晶界强度，从而造成材料性能的下降，所以有效地控制晶粒生

长速率，选择适当的烧结温度，对 Al_2O_3/ZrO_2（3Y）复合陶瓷的强度起着重要作用。

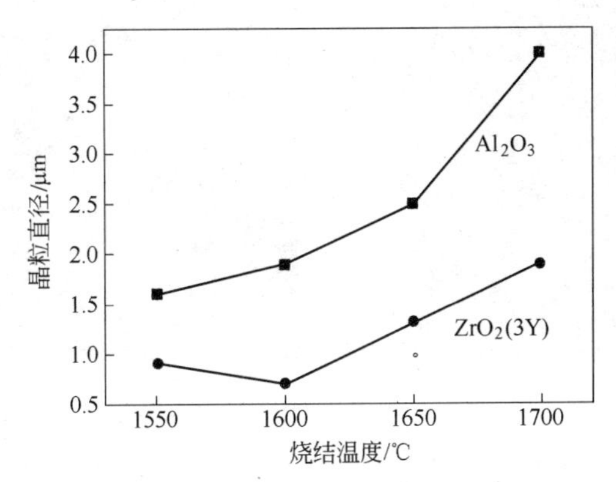

图 4-13 Al_2O_3/15% ZrO_2（3Y）（体积分数）材料晶粒直径与烧结温度的关系

4.3 ZrO_2 含量对 Al_2O_3/ZrO_2 刀具材料显微组织影响

4.3.1 ZrO_2（2Y）含量对晶粒尺寸影响

图 4-14 ~ 图 4-18 分别表示 Al_2O_3 中加入体积分数 10%、15%、20%、25%、30% ZrO_2（2Y）试样在 1550℃真空烧结 2.5 小时后，显微组织的背散射电子像。能谱分析图像中的白色为 ZrO_2，暗色为 Al_2O_3。由图 4-14 和图 4-15 可以看到，加入 10% 和 15% ZrO_2（2Y）时，ZrO_2（2Y）均匀地分布在 Al_2O_3 基体周围，随着加入量的继续增加，ZrO_2（2Y）的分散性变差，加入 30% ZrO_2（2Y）后形成大量的团聚（见图 4-18）。

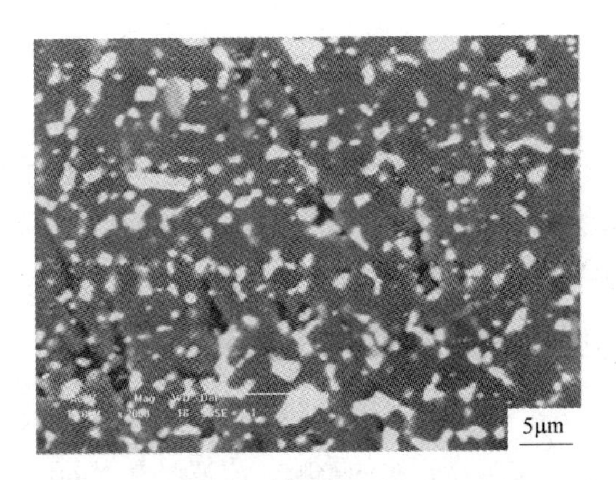

图 4-14 Al_2O_3/10% ZrO_2（2Y）的背散射电子像

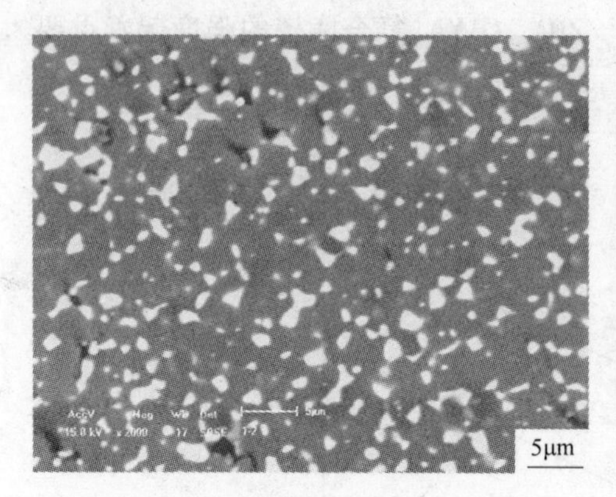

图4－15 Al_2O_3/15% ZrO_2（2Y）的背散射电子像

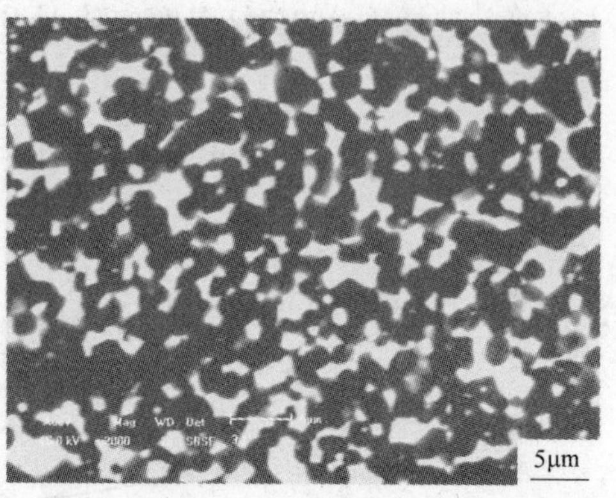

图4－16 Al_2O_3/20% ZrO_2（2Y）的背散射电子像

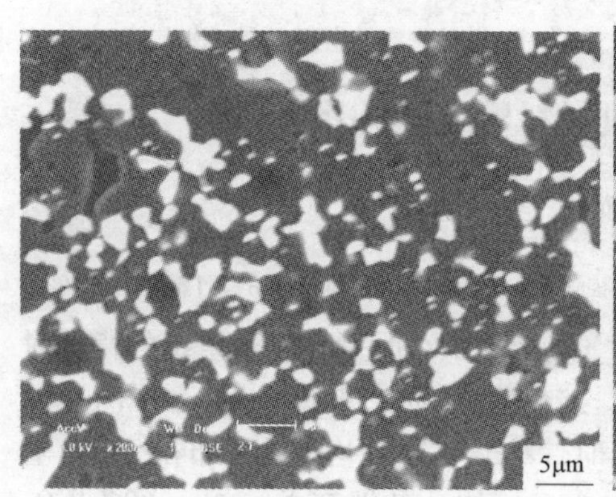

图4－17 Al_2O_3/25% ZrO_2（2Y）的背散射电子像

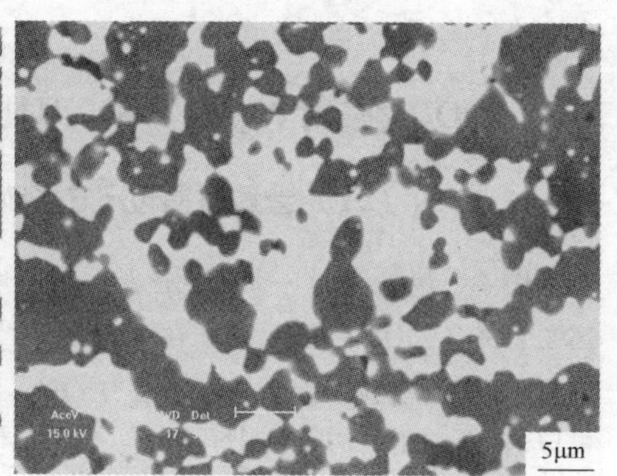

图4－18 Al_2O_3/30% ZrO_2（2Y）的背散射电子像

4.3.2 ZrO_2（3Y）含量对晶粒尺寸影响

由图4－19～图4－23可见，当 ZrO_2（3Y）的添加量由体积分数10%增加到20%时，显微组织中 ZrO_2（3Y）的分散性都比较均匀，且晶粒细小。当添加量大于25%后，ZrO_2（3Y）形成大的团聚。

4.3.3 ZrO_2（Y_2O_3）含量与晶粒尺寸的关系

对比图4－14～图4－18添加 ZrO_2（2Y）时显微组织的影响和图4－19～图4－23添加 ZrO_2（3Y）对显微组织的影响，清楚地看到 ZrO_2 含量增加对晶粒尺寸的影响程度。

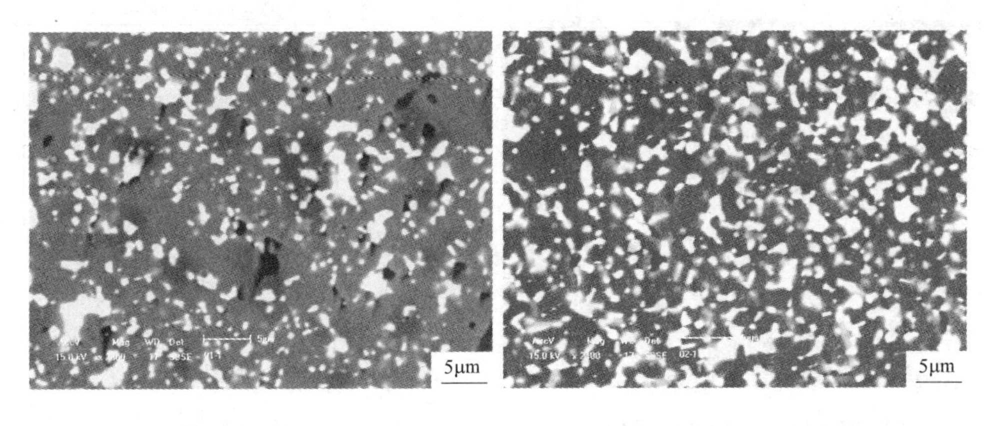

图 4-19 Al_2O_3/10% ZrO_2（3Y）的背散射电子像

图 4-20 Al_2O_3/15% ZrO_2（3Y）的背散射电子像

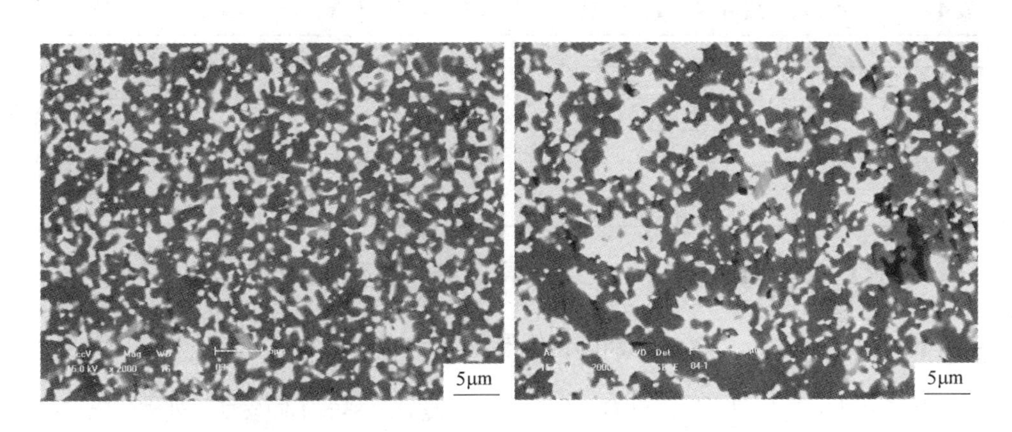

图 4-21 Al_2O_3/20% ZrO_2（3Y）的背散射电子像

图 4-22 Al_2O_3/25% ZrO_2（3Y）的背散射电子像

根据式 4-2 计算出在 1550℃时保温 2.5h 真空烧结后，Al_2O_3 基体材料中 ZrO_2（2Y）和 ZrO_2（3Y）体积分数分别为 10%、15%、20%、25%、30% 的平均晶粒尺寸，如表 4-1 所示。

图 4-24 表明，ZrO_2（2Y）和 ZrO_2（3Y）含量增加分别对晶粒尺寸影响较大，在相同含量时 ZrO_2（2Y）晶粒尺寸比 ZrO_2（3Y）的大。从图中看到它们都是随含量的增加晶粒尺寸增大，但是 ZrO_2（3Y）总是低于 ZrO_2（2Y）的晶粒尺寸，这可能是由于受到 Y_2O_3 摩尔含量的差异，从 $Y_2O_3-ZrO_2$ 相图[21]分析到 Y_2O_3 对 ZrO_2 烧结过程中改变了 ZrO_2 的晶体结构，从扩散方面来考虑，即改变了扩散系数。

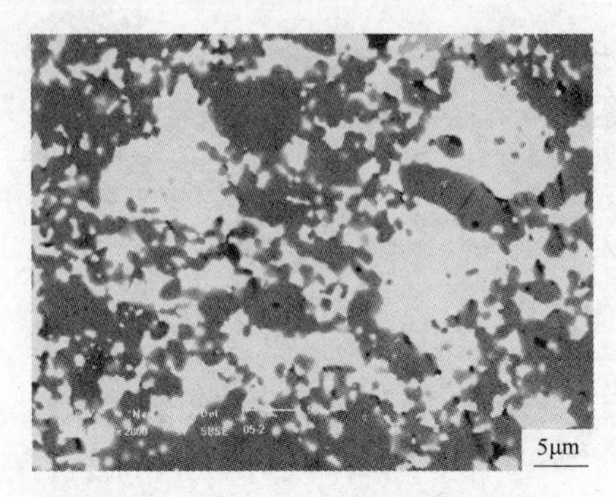

图4－23　Al_2O_3/30% ZrO_2（3Y）的背散射电子像

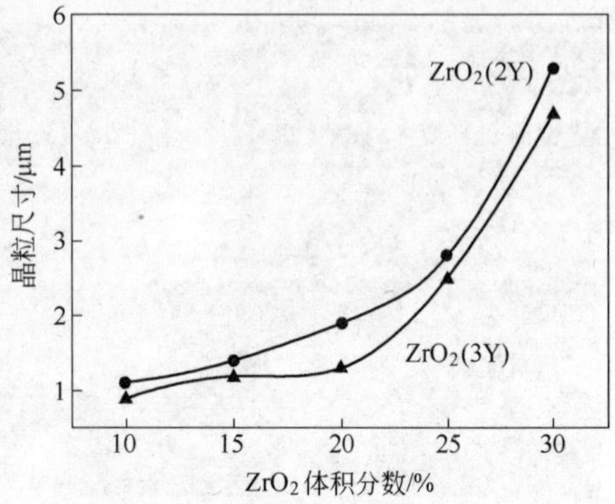

图4－24　ZrO_2 含量与 Al_2O_3/ZrO_2（Y_2O_3）材料晶粒尺寸的关系

表4－1　1550℃烧结后 Al_2O_3/ZrO_2（2Y）和 Al_2O_3/ZrO_2（3Y）复合材料的平均晶粒尺寸

ZrO_2 含量（体积分数）/%	ZrO_2（2Y）晶粒尺寸/μm	ZrO_2（3Y）晶粒尺寸/μm
10	1.1	0.9
15	1.4	1.2
20	1.9	1.3
25	2.8	2.5
30	5.3	4.7

4.4　ZrO_2 含量对 Al_2O_3/ZrO_2 刀具材料断口组织形貌影响

4.4.1　Al_2O_3/ZrO_2（2Y）的断口组织形貌

图4－25～图4－29 表示 Al_2O_3/ZrO_2（2Y）复合材料的不同含量系列中的断口形貌特征。根据能谱分析的结果，白色为 ZrO_2，暗黑色为 Al_2O_3。从断口形貌上发现一个十分明显的变化是：添加 ZrO_2 改变了 Al_2O_3 的晶粒形状，减小了 Al_2O_3 的晶粒尺寸，并有效地阻止了 Al_2O_3 柱状晶粒的惯态生长，使之变成近似于球状。在低含量的试样中（如图4－25～图4－27 所示），Al_2O_3 晶粒得到了明显细化，晶粒断裂有部分转变为沿晶断裂。断裂表面存在晶粒被拽出后留下的凹坑。根据破坏晶界原子键合力所需的临界应力 σ_b、破坏解理面所需的临界应力 σ_c 和滑移面临界切应力 τ_c 三者的大小和相互关系，决定着断裂究竟属于沿晶或穿晶方式。从体积分数在10%～20%范围内反映出明显的混晶断裂，有利于提高材料的抗弯强度和断裂韧性。

体积分数增加到25%和30%时，从图4－28 和图4－29 看到 Al_2O_3 晶粒迅速长大，大的 ZrO_2 聚集晶粒明显出现，并伴随 Al_2O_3 晶间裂纹增多。大晶粒的 Al_2O_3 穿晶解理面的台阶出现，这可能是 ZrO_2 相变引发的裂纹扩展造成内部残余应力集中在 Al_2O_3 晶面上，当受外力作用时加速了晶粒解理面的穿晶断裂。

图 4－25 Al_2O_3/10% ZrO_2 (2Y) 断口的 SEM 形貌

图 4－26 Al_2O_3/15% ZrO_2 (2Y) 断口的 SEM 形貌

图 4－27 Al_2O_3/20% ZrO_2 (2Y) 断口的 SEM 形貌

图 4－28 Al_2O_3/25% ZrO_2 (2Y) 断口的 SEM 形貌

图 4－29 Al_2O_3/30% ZrO_2 (2Y) 断口的 SEM 形貌

4.4.2　Al_2O_3/ZrO_2（3Y）的断口组织形貌

Al_2O_3/ZrO_2（3Y）复合材料的断口显微组织由图 4－30～图 4－34 所示。可见稳定剂含量虽然不同，但是它们的组织结构基本相同。ZrO_2（3Y）含量的增加，使 Al_2O_3 的烧结性能得到明显的改善，断口的沿晶、穿晶断裂在体积分数为 10%～15% 可清楚地观察到。Al_2O_3 基体组织分布比较均匀，晶粒明显细化。断口较复杂有部分晶粒拔出留下的空洞，说明断裂时裂纹扩展被阻止导致分岔偏转，对应其韧性也较好。并且当体积分数为 15% ZrO_2（3Y）时，在抑制 Al_2O_3 颗粒在烧结中长大的作用最明显。从断口还观察到既有沿晶也有穿晶断裂，研究表明混合断裂对强化、韧化起到提高作用。

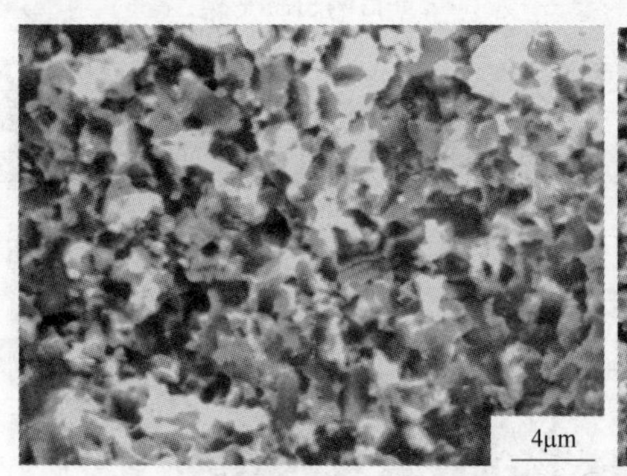

图 4－30　Al_2O_3/10% ZrO_2（3Y）断口的 SEM 形貌

图 4－31　Al_2O_3/15% ZrO_2（3Y）断口的 SEM 形貌

图 4－32　Al_2O_3/20% ZrO_2（3Y）断口的 SEM 形貌

图 4－33　Al_2O_3/25% ZrO_2（3Y）断口的 SEM 形貌

图 4 - 34 $Al_2O_3/30\% ZrO_2$ (3Y) 断口的 SEM 形貌

5 $Al_2O_3/ZrO_2(Y_2O_3)$刀具材料力学性能及强韧化机理

5.1 Al_2O_3/ZrO_2（Y_2O_3）刀具材料的力学性能

5.1.1 烧结温度对Al_2O_3/ZrO_2刀具材料抗弯强度影响

图5－1表示不同ZrO_2（3Y）含量试样的强度与烧结温度的关系。可以发现，所有试样的抗弯强度的变化总体趋势都是随着烧结温度的提高先增后减。即当烧结温度从1500℃上升到1550℃时，强度呈上升趋势。在1550℃出现最大峰值，体积分数为15%时强度达到884MPa。不同ZrO_2（3Y）含量的试样强度峰值都出现在此温度，随着含量增加，强度逐渐下降。造成抗弯强度随烧结温度的上升而下降，原因是随着烧结温度增加，材料晶粒尺寸增加（如图4－12所示），显微组织中晶粒的长大削弱了晶界强度。图5－1也反映出烧结温度和ZrO_2（3Y）含量对试样强度有很大的影响，不同ZrO_2（3Y）含量的试样在1550℃时可获得最好的抗弯强度值。

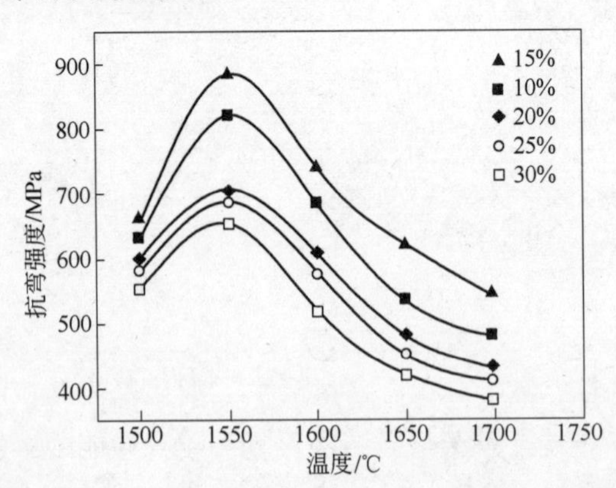

图5－1　不同ZrO_2（3Y）体积分数Al_2O_3基陶瓷抗弯强度与烧结温度的关系

5.1.2 ZrO_2含量对Al_2O_3/ZrO_2刀具材料断裂韧性影响

对于韧性K_{IC}的测量，Hannink[164]研究发现压痕技术一般对增韧陶瓷是不适宜的。特别是对相变增韧陶瓷，由压头所形成的裂纹会完全被抑制住。实验选用SENB法，得到1550℃时不同ZrO_2（3Y）含量Al_2O_3基陶瓷试样的断裂韧性K_{IC}值。

Al_2O_3/ZrO_2（3Y）在1550℃真空烧结后，试样的断裂韧性K_{IC}和抗弯强度σ与ZrO_2（3Y）体积分数的关系如图5－2所示。可以看出，强度与断裂韧性的曲线变化基本相似，符合Griffith关系式：

$$\sigma = YK_{IC}C^{-1/2} \tag{5-1}$$

式中，C为材料中的裂纹长度；Y是一个与缺陷形状及位置有关的几何常数。K_{IC}随σ_f的升高而增加。

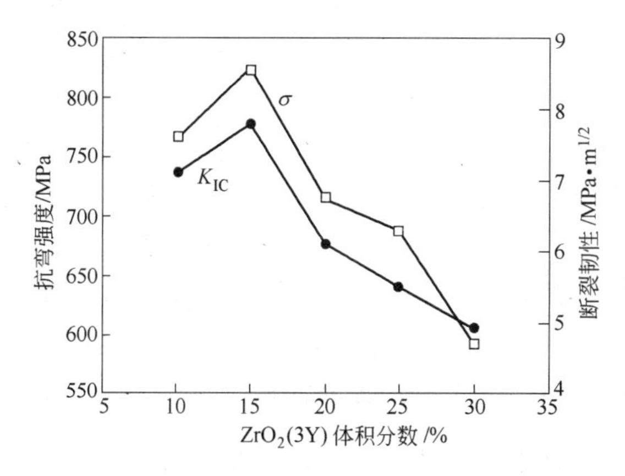

图5－2 ZrO_2（3Y）的体积分数与断裂韧性和抗弯强度的关系

由图4－30～图4－34的SEM照片可以看到不同ZrO_2（3Y）含量的复合材料试样的断口组织形貌。在ZrO_2（3Y）添加量小于15%（体积分数）时，Al_2O_3晶粒明显细化，分布比较细致而均匀（见图4－31）。含量增加到30%时，Al_2O_3晶粒粗大且不均匀（见图4－34），晶粒间出现了可能由断裂过程中引起的裂纹或聚集的ZrO_2颗粒相变引起的裂纹（见图4－34）。可以看出，含量ZrO_2（3Y）过高会造成在基体中分布不均匀，削弱了晶界强度并容易引起裂纹的产生。这些现象说明适当ZrO_2（3Y）含量产生了细化基体晶粒的作用，并能改善Al_2O_3基陶瓷的显微结构。关于显微结构对复和陶瓷性能的影响，Claussen[165]应用能量吸收机理，认为得到高强度、高韧性陶瓷的必要条件是存在非常少的、分布均匀的显微裂纹结构，约束显微裂纹的安全方法是用比基体热膨胀系数低的第二相颗粒复合。因此，过高的ZrO_2含量导致陶瓷力学性能的下降。

另外，烧结体在冷却过程中较大的ZrO_2颗粒发生t→m相变（指大于临界相变尺寸0.8μm）。相变引起的体积膨胀、在Al_2O_3基体周围出现残余微裂纹，对吸收断裂能、提高韧性起一定作用。同时 Al_2O_3 与相变后的 m－ZrO_2 热膨胀系数的关系是 $\alpha_{Al_2O_3} > \alpha_{m-ZrO_2}$（$\alpha_{Al_2O_3} = 9 \times 10^{-6}℃^{-1}$，$\alpha_{m-ZrO_2} = 7 \times 10^{-6}℃^{-1}$），所以产生残余张应力，能引起一小部分 Al_2O_3 基体的微裂纹产生。当 ZrO_2（3Y）体积分数为15%时，出现韧性、强度峰值（见图5－2）。图4－31显示 ZrO_2 均匀分布在 Al_2O_3 基体中，有效地抑制了晶粒长大，使烧结体的粒度分布趋向于均匀化。随着 ZrO_2（3Y）含量继续增加到30%，相变区内微裂纹的密度增加，微裂纹倾向于聚集，形成裂纹，造成韧性、强度出现明显下降。

Rice 学者总结了大量文献[138]，发现无论是离子键氧化物或共价键氮化物、碳化物陶瓷的抗弯强度 σ_f 与晶粒直径 d 有很大关系，并且多数陶瓷材料的弹性模量、抗弯强度受气孔率增加的影响而降低。这是因为气孔不仅减少了负荷面积，而且在气孔邻近区域易形成应力集中，减弱材料的负荷能力。尤其是当大气孔处于晶界位置，往往会成为裂纹源。由此可以推断，在多晶陶瓷中晶粒越细，裂纹越短，强度就越大。材料样品经1550℃保温时间2.5h的真空烧结，在 ZrO_2（3Y）体积分数为15%时，显微组织中晶粒细小均匀，因此致密化及力学性能最佳。

5.2 ZrO_2 中 Y_2O_3 含量对 Al_2O_3/ZrO_2 刀具材料力学性能影响

5.2.1 影响刀具材料强度和韧性的主要因素

由于实际陶瓷晶体中大都以方向性较强的离子键和共价键为主，多数晶体的结构复杂，平均原子间距大，因而表面能较低。除高温外，材料显微组织在受载荷情况下几乎没有位错的滑移现象。因此，很容易由表面和内部存在的缺陷引起应力集中而产生脆性破坏。这是陶瓷材料脆性的原因，也是其强度值分散性较大的原因。这对烧结制备陶瓷材料的过程中，消除材料中存在的气孔、裂纹和玻璃相等缺陷是非常重要的。所以陶瓷材料的强度除本身特性外，上述微观组织因素对强度也有显著的影响，但重要的影响因素是气孔率与晶粒尺寸。

气孔是绝大多数陶瓷的主要缺陷之一，气孔明显的降低载荷作用横截面积，也是引起应力集中的地方。研究发现多孔陶瓷的强度随气孔率的增加近似按指数规律下降[182]：

$$\sigma = \sigma_0 \exp(-\alpha p) \tag{5-2}$$

式中，p 为气孔率；σ_0 为 $p=0$ 时的强度；α 为常数，其值在4～7之间，许多实验数据与此接近。

根据此关系式可推断，当 $p=10\%$ 时，陶瓷的强度下降到无气孔时的一半。可见，气孔率的大小将会引起强度的显著变化。晶粒尺寸的大小对陶瓷材料的强度影响与金属有类似的规律，它符合 Hall－Pitch 关系式[182]：

$$\sigma_f = \sigma_0 + kd^{-1/2} \tag{5-3}$$

式中，σ_0 为无限大单晶的强度；k 为系数；d 为晶粒直径。

众多研究表明，室温断裂强度无疑地随晶粒尺寸的减小而增高。所以，对于结构陶瓷材料来说，获得细晶粒组织，有利于提高材料强度。

5.2.2 ZrO_2（Y_2O_3）含量对刀具材料硬度的影响

硬度是材料的重要力学参数之一，它是指材料抵抗局部压力而产生变形能力的表征。往往金属材料的硬度与强度之间有直接对应关系。而陶瓷材料属脆性材料，采用常规的硬度测试过程中脆性材料与压头的接触点附近由于高度的局部应集中而产生的微开裂现象，呈现出伪塑性变形。因此，陶瓷材料的硬度很难与其强度直接对应起来，但是硬度与耐磨性有密切关系。影响硬度的因素有很多，如显微结构中的晶粒尺寸、致密度、基体材料及第二相组元的硬度等。

从图 5-3 和表 5-1 可以看出，添加不同类型的 ZrO_2（3Y 或 2Y），其性能有差异。当 ZrO_2 体积分数为 15% 时，含（2Y）和（3Y）的硬度分别达到 18.2GPa 和 18.5GPa。ZrO_2 体积分数为 30% 时，硬度分别为 16.6GPa 和 16.9GPa。虽然 ZrO_2 的硬度（ZrO_2（2Y）和 ZrO_2（3Y）的硬度分别为 10GPa 和 12GPa）比 Al_2O_3 的硬度低（19.3GPa）[57]，但对 Al_2O_3 基体材料中加入少量 ZrO_2 时，复合材料的硬度随着 ZrO_2 含量的增加出现增加的趋势。这是因为加入 ZrO_2 使复合材料显微组织中晶粒尺寸减小及致密度增加（如图 4-2、图 4-15、图 4-20 所示），复合材料硬度的增加弥补了低硬度的第二相组元含量的增加而带来基体材料硬度的下降。随着 ZrO_2 含量的进一步增加，导致复合材料硬度的下降。原因是基体材料微观组织中晶粒尺寸长大，低硬度的第二相的数量增加以及微裂纹的出现。

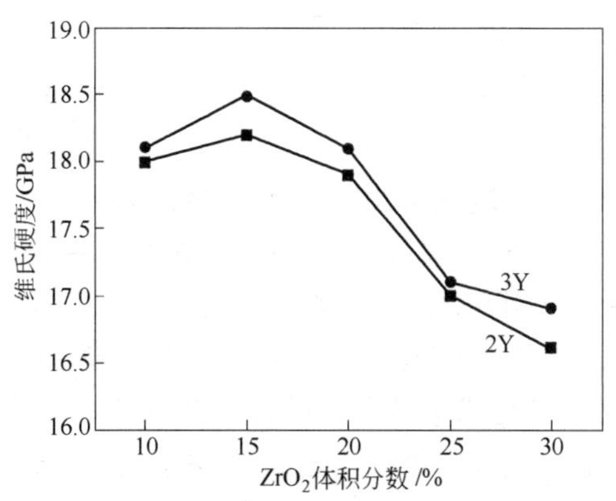

图 5-3 刀具材料维氏硬度与 ZrO_2 含量的关系

表5-1 Al_2O_3/ZrO_2 (Y_2O_3) 复合陶瓷的力学性能

ZrO_2 体积分数/%		抗弯强度/MPa	断裂韧性/$MPa \cdot m^{1/2}$	维氏硬度HV（负载100N）/GPa
$Al_2O_3-ZrO_2$(2% Y_2O_3 摩尔分数)	10	647	5.9	18.0
	15	738	6.7	18.2
	20	689	7.9	17.9
	25	657	7.4	17.0
	30	535	5.1	16.6
$Al_2O_3-ZrO_2$(3% Y_2O_3 摩尔分数)	10	765	7.1	18.1
	15	825	7.8	18.5
	20	714	6.1	18.1
	25	688	5.5	17.1
	30	588	4.9	16.9

5.2.3 ZrO_2 中 Y_2O_3 含量对刀具材料强度和韧性的影响

两种不同 Y_2O_3 含量的复合材料在1550℃真空烧结后，ZrO_2 体积分数与断裂韧性、抗弯强度的关系如图5-2和图5-4所示。可以看出，对于 ZrO_2 中含摩尔分数3% Y_2O_3 的复合材料，强度和韧性在 ZrO_2 体积分数为15%时达到最大值，分别为825MPa、7.8$MPa \cdot m^{1/2}$。对 ZrO_2 中含摩尔分数2% Y_2O_3 的复合材料，强度在 ZrO_2 体积分数为15%时达到最大值738MPa，而韧性在 ZrO_2 体积分数为20%时达到最大值7.9$MPa \cdot m^{1/2}$。说明 ZrO_2 中 Y_2O_3 含量不同时对 Al_2O_3 基体增韧机制存在差异。随着 ZrO_2 含量的增加，抗弯强度和断裂韧性呈下降趋势。许多研究表明，ZrO_2 的各种增韧机理可以同时存在，互相叠加能产生更有效的韧化作用，但对结构陶瓷材料要求强化、韧化同时提高。

在 ZrO_2 体积分数为15%时组织细化均匀，而 ZrO_2 体积分数为30%时出现不同大小的晶间裂纹。图4-29中的裂纹比图4-34明显增多，最大尺寸可达3~4μm，并有裂纹偏转。大裂纹的出现可能是聚集的大尺寸 ZrO_2 在冷却过程中发生 t→m 相变或断裂，构成中微裂纹，合并聚集成较大裂纹。此外，还存在基体相和增韧相的热胀失配引起残余应力场的变化，导致裂纹的产生。这与图5-2和图5-4中 ZrO_2 含量增加引起强度、韧性的变化规律相一致。文献[169]报道，ZrO_2 含量过高能引起残余微裂纹的连接和合并，明显降低材料的断裂强度，同时断裂韧性随着微裂纹的增多而增强，然而过高的微裂纹密度将导致断裂韧性下降[172]。

综上所述，制备复合陶瓷材料要求高密度、细晶粒、无气孔的显微组织，特

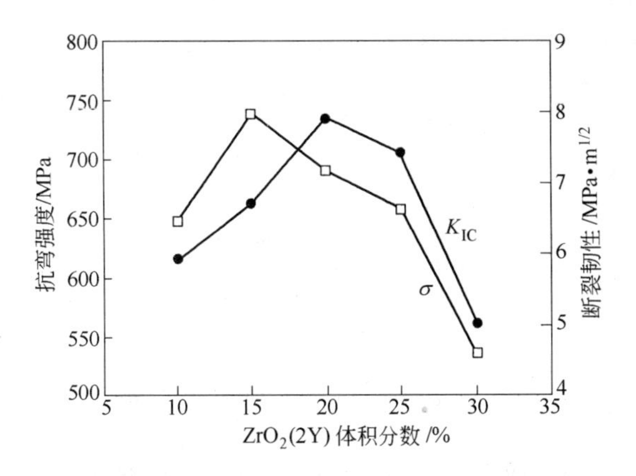

图5-4 ZrO_2（2Y）体积分数与断裂韧性、抗弯强度的关系

别是结构陶瓷。合理选择增韧相的含量和优化烧结工艺，对提高复合陶瓷材料的力学性能非常重要。

5.3 Al_2O_3 和 Al_2O_3/ZrO_2（Y_2O_3）刀具材料的可靠性分析

根据 Griffith 微裂纹的理论，断裂起源于材料中最危险的裂纹。由于材料中裂纹的长度是随机分布的，所以临界应力具有分散的统计性。对于归一化体积为 V 的事件，在应力 σ 作用下不断裂的几率为[187]：

$$Q_v = e^{-Vn(\sigma)} \tag{5-4}$$

式中，$n(\sigma)$为应力分布函数。Weibull 提出了材料应力分布状况的半经验公式，即著名的 Weibull 函数[187]：

$$n(\sigma) = \left(\frac{\sigma}{\sigma_0}\right)^m \tag{5-5}$$

式中，σ 为作用应力；σ_0 为经验常数；m 是表征材料均一性的常数，称为 Weibull 模数，m 越大，材料越均匀，材料的强度分散性越小。Weibull 模数可根据实际强度数据求得。如：一批事件共计 N 个，进行断裂试验，得到由小到大排列的断裂强度 σ_1，σ_2，…，σ_n，…，σ_N，应力小于 σ_n 的事件的断裂概率 S 为：

$$S = \frac{n}{N+1} \tag{5-6}$$

单个事件与整批事件的断裂概率 P_v 应该相等，所以：

$$S = P_v = 1 - Q_v = 1 - e^{-Vn(\sigma)} \tag{5-7}$$

移项，两边取对数得：

$$\ln\frac{1}{1-S} = Vn(\sigma)$$

将式 5 -5 代入取对数：

$$\ln\ln\frac{1}{1-S}=\ln V+m\ln\sigma-m\ln\sigma_0$$

由于 $S=\frac{n}{N+1}$，则：

$$\ln\ln\frac{1}{1-S}=\ln\ln\frac{N+1-n}{N+1}$$

所以有：

$$\ln\ln\frac{N+1-n}{N+1}=\ln V+m\ln\sigma-m\ln\sigma_0 \tag{5-8}$$

$\ln\ln\frac{N+1-n}{N+1}$与 $\ln\sigma$ 成线性关系，直线的斜率为材料的 Weibull 模数 m。

每种试样取 20 个强度数据为一组，三种陶瓷试样的三点弯曲强度测试结果列入表 5 -2 中。由表可知，本实验中 Al_2O_3 陶瓷最大和最小强度值分别为 388MPa、286MPa，相差 1.37 倍。Al_2O_3/15% ZrO_2（2Y）（体积分数）陶瓷各试样的断裂强度值在 581 ~738MPa 之间，最大值是最小值的 1.27 倍；而 Al_2O_3/15% ZrO_2（3Y）（体积分数）陶瓷试样的断裂强度值在 752 ~884MPa 之间，最大值是最小值的 1.18 倍。显然，Al_2O_3 陶瓷以及 Al_2O_3/ZrO_2（2Y）陶瓷各试样强度的实测值较 Al_2O_3/ZrO_2（3Y）陶瓷的离散性大。

表 5 -2 Al_2O_3 和 Al_2O_3/ZrO_2（Y_2O_3）陶瓷试样的抗弯强度 （MPa）

编 号	Al_2O_3	Al_2O_3/ZrO_2（2Y）	Al_2O_3/ZrO_2（3Y）
1	286	581	752
2	297	591	763
3	349	598	766
4	350	599	781
5	356	618	789
6	357	639	791
7	358	682	793
8	363	683	795
9	364	685	803
10	364	685	819
11	366	689	824
12	367	693	825

续表 5-2

编 号	Al_2O_3	Al_2O_3/ZrO_2（2Y）	Al_2O_3/ZrO_2（3Y）
13	370	693	827
14	371	696	839
15	374	698	847
16	375	717	857
17	377	718	857
18	378	721	872
19	387	726	880
20	388	738	884
平 均	361	637	779

以三种材料的 $\ln\ln\frac{N+1-n}{N+1}$ 与 $\ln\sigma$ 做图，得到 Al_2O_3、Al_2O_3/ZrO_2（2Y）和 Al_2O_3/ZrO_2（3Y）陶瓷试样的 Weibull 模数 m 分别为 5.6、10.2 和 11.7，含 ZrO_2（3Y）陶瓷试样的 m 大于含 ZrO_2（2Y）的试样，这也证明了 Al_2O_3/ZrO_2（3Y）陶瓷的强度均匀性优于前者。Al_2O_3 和 Al_2O_3/ZrO_2（2Y）、Al_2O_3/ZrO_2（3Y）陶瓷试样的断裂几率与断裂应力的对数关系如图 5-5 ~ 图 5-7 所示。

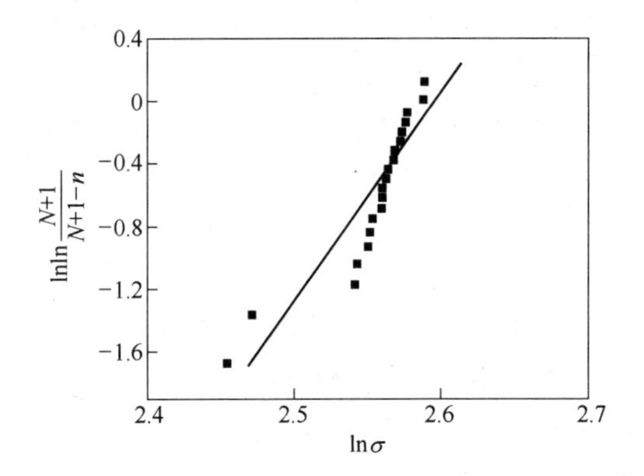

图 5-5 Al_2O_3 的 Weibull 断裂几率图

随断裂应力的提高，材料的断裂几率增大，在相同的断裂几率下，Al_2O_3/ZrO_2（3Y）陶瓷试样的断裂应力明显高于 Al_2O_3/ZrO_2（2Y）陶瓷的断裂应力。Al_2O_3/ZrO_2（3Y）复合材料的 Weibull 模数 m 为 11.7，比相同条件 Al_2O_3/ZrO_2（2Y）陶瓷的 m 增大 1.2 倍，比 Al_2O_3 陶瓷的 m 大 2.1 倍，可见 Al_2O_3/ZrO_2（3Y）材料可靠性比前者有很大的提高。

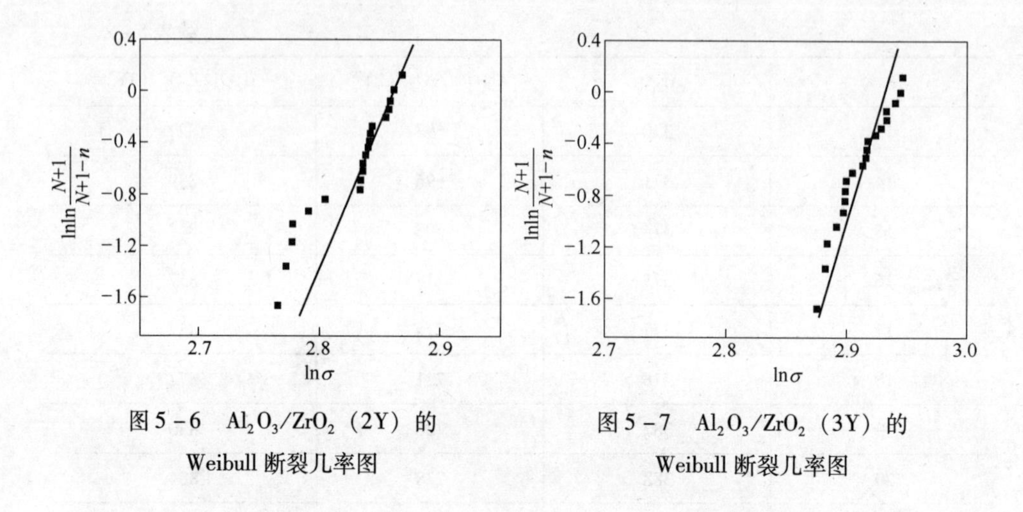

图 5－6　Al_2O_3/ZrO_2（2Y）的 Weibull 断裂几率图

图 5－7　Al_2O_3/ZrO_2（3Y）的 Weibull 断裂几率图

5.4　Al_2O_3/ZrO_2（Y_2O_3）刀具材料的强韧化与相变行为

5.4.1　ZrO_2（Y_2O_3）在 Al_2O_3 基体中的相变条件及晶粒尺寸影响

多年来，由于发现了 ZrO_2 弥散相在陶瓷基体中起了改善韧性的积极作用，因此借助于相变弹性压应变能 γ_T 来提高断裂能 γ_f 观点得到广泛重视[167]。ZrO_2 具有在1150℃左右发生 m→t 的可逆相变特征，伴有 3%～5% 的体积变化。当 ZrO_2 弥散于 Al_2O_3 基体中，上述相变就受到抑制，并导致相变温度 T_m 向低温偏移。温度偏移的幅度随着 ZrO_2 颗粒的减小而加剧，当 ZrO_2 颗粒小到足以使相变温度偏移到常温之下，即四方相 ZrO_2 一直保持到常温，则陶瓷基体中就储存了相变弹性压应变能 γ_T。仅当基体受到了适量的外加张应力，其对 ZrO_2 的束缚得以解除才触发 t→m 相转变。如果 ZrO_2 颗粒尺寸稍大（即大于相变临界尺寸），则其相变温度处于常温以上。在样品冷却至室温之前，t－ZrO_2 已自发地转化为 m－ZrO_2。相变伴有的体积膨胀所诱导出的微裂纹，也将在主裂纹前端吸收部分能量并为断裂能的提高做出贡献，这种机理称为微裂纹韧化。

一般来说，陶瓷基体中四方 ZrO_2 是高温稳定相，单斜 ZrO_2 是低温稳定相，在低于相变温度的条件下，受到 Al_2O_3 基体的抑制，未转化的四方 ZrO_2 以亚稳状态保持，一旦基体的约束力在外力的作用下减弱或消失，亚稳的 ZrO_2 粒子就将从高能态的四方相转化为低能态的单斜相，相变反应过程中的能量变化发生相变，如图 5－8 所示。

ZrO_2 发生相变时的自由能平衡关系式为[168]：

$$G_{m/t} = -\Delta G_{chem} + \Delta U_T - \Delta U_a + \Delta S \qquad (5-9)$$

式中，$\Delta G_{m/t}$ 为单位体积 t－ZrO_2 向 m－ZrO_2 转化引起的自由能变化；ΔG_{chem} 表示

m - ZrO_2 和 t - ZrO_2 之间的化学自由能差；ΔU_T 为相变弹性应变能的变化；ΔU_a 为激发相变外应力所付出的能量；ΔS 为 m - ZrO_2 与基体间的界面能和 t - ZrO_2 与基体间的界面能之差。

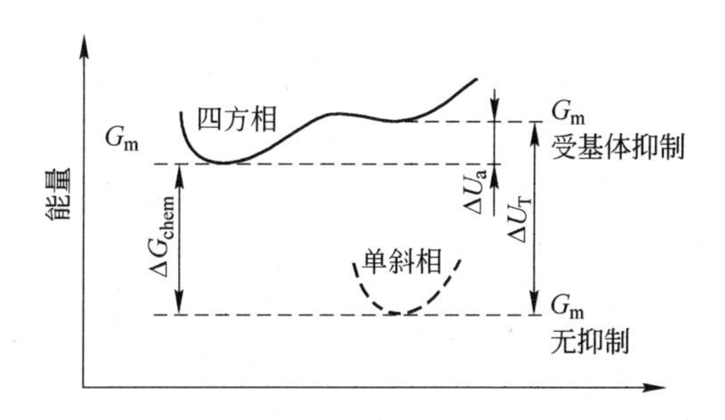

图 5-8 相变反应过程中的能量变化

t - ZrO_2 与 m - ZrO_2 的转化能否发生，取决于转化后系统的自由能是否下降，于是：

$$G_{m/t} \leqslant 0 \tag{5-10}$$

即

$$\Delta G_{chem} \geqslant \Delta U_T - \Delta U_a \tag{5-11}$$

式 5-9 中 ΔS 远小于其他相，可略去。由此可知，单斜和四方 ZrO_2 的化学自由能 ΔG_{chem} 是相变的基本动力，而相变弹性应变能的变化 ΔU_T 是相变的阻力。当 ΔG_{chem} 不足以克服 ΔU_T 的抵制作用时，要使亚稳四方 ZrO_2 发生相变只能借助外力。因此，陶瓷基体中相变的阻力 ΔU_T 的存在，将有利于断裂能的提高。

另外，由于：

$$\Delta U_T = \frac{1}{2}E\varepsilon^2 \tag{5-12}$$

式中，E 和 ε 分别为 t 相和 m 相 ZrO_2 的平均弹性模量和相变一起的应变。当借助外力 σ_a 激活 ZrO_2 相变的状态时，激发相变外应力所付出的能量为：

$$\Delta U_a = \frac{1}{2}\sigma_a \varepsilon V \tag{5-13}$$

式中，单位体积 $V=1$，则：

$$\sigma_a = \frac{2\Delta U_a}{\varepsilon} \tag{5-14}$$

由式 5-14 和式 5-11 得到：

$$\sigma_a \geqslant \frac{\Delta U_T - \Delta G_{chem}}{\frac{\varepsilon}{2}} \tag{5-15}$$

式 5-13 和式 5-15 就是引起 ZrO_2 相变的能量和外加应力条件，也就是保留到室温的亚稳 t－ZrO_2 相要借助外应力的作用才能相变。

另外，ZrO_2 中随 Y_2O_3 稳定剂含量的增高，相变点 M_s 降低，一般情况下 t→m 相变的 t 相中的 Y_2O_3 摩尔分数为 0～4%。当 Y_2O_3 含量相同时，强烈影响 M_s 点的另一个重要因素就是晶粒尺寸。这主要是界面能作用的结果。晶粒越小，界面能越大，相变阻力越大，所需驱动力越大，即 M_s 点越低。对于室温组织存在一个临界直径 d_c，经文献报道为 0.2～0.8μm[60]。当大于 d_c 时，冷却到室温则转变为 m 相；当小于 d_c 时，冷却到室温仍为 t 相，这种室温下的亚稳 t 相对提高韧性将产生很大的作用。

ZrO_2 体积分数为 15% 中 Y_2O_3 摩尔分数为 2% 和 3% 的试样经热蚀后的背散射照片如图 5－9 所示。从中可观察到，ZrO_2（3Y）比 ZrO_2（2Y）临界尺寸的晶粒多（临界尺寸 0.2～0.8μm[32]）。随着含量的增加，晶粒尺寸也增大。ZrO_2（3Y）和 ZrO_2（2Y）以相同含量的对比发现，存在的临界尺寸前者比后者多（分别见图 4－19～图 4－22 和图 4－14～图 4－17），同时 Al_2O_3 的晶粒得到了细化，含 ZrO_2（3Y）比 ZrO_2（2Y）的复合材料中 Al_2O_3 晶粒更小一些，这说明固相烧结 Al_2O_3/ZrO_2（Y_2O_3）复合材料时，ZrO_2 中 Y_2O_3 的稳定作用及 ZrO_2 含量对力学性能有明显的影响。

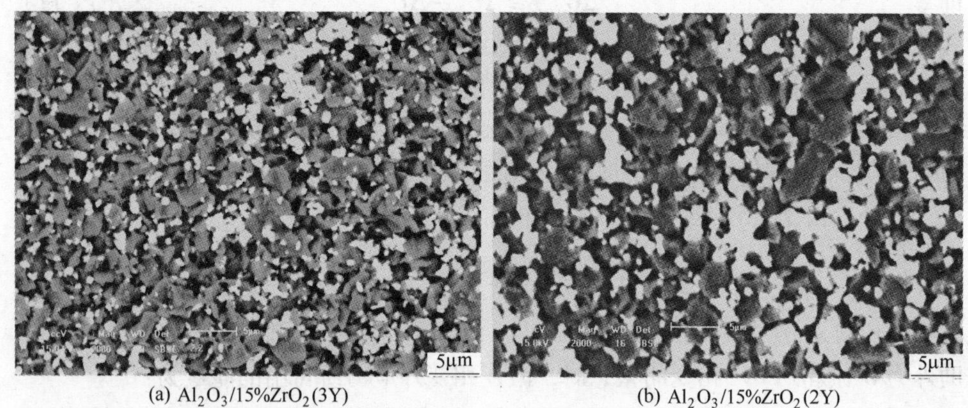

(a) $Al_2O_3/15\%ZrO_2(3Y)$ (b) $Al_2O_3/15\%ZrO_2(2Y)$

图 5－9 $Al_2O_3/15\%ZrO_2$（3Y）和 $Al_2O_3/15\%ZrO_2$（2Y）材料经热蚀后的形貌（SEM 背散射照片）

文献［60］曾报道，当 Y_2O_3 摩尔分数为 3% 时，ZrO_2 材料的抗弯性能最大；当 Y_2O_3 含量为 2% 时，ZrO_2 材料的断裂韧性最高。尽管氧化锆作为增韧相受到基体材料应力场的各向异性约束，但与上述报道在改善性能方面有相似之处。本章通过实验和理论分析得出，在添加体积分数 15% ZrO_2（Y_2O_3）时会细化 Al_2O_3 晶粒。所以，复合材料的强度和韧性比单相 Al_2O_3 的性能有了很大的提高。

5.4.2 ZrO_2（Y_2O_3）含量对相变增韧机制的作用

由于应力诱导微裂纹是断裂过程产生的[170]，烧结体冷却后，保留下来 t-ZrO_2 相的小颗粒一般小于临界相变室温尺寸，当受外部的应力和前述 Al_2O_3 基体中存在的残余张应力作用时，t→m 相变能诱发出极细小的微裂纹。由于受弹性应变能和裂纹扩展到应力诱导微裂纹形成区的作用，使 Al_2O_3 基体的韧性有较大的提高，其强度相应也得到提高。

研究表明，含 Y_2O_3 的 ZrO_2 在 Al_2O_3 基复合材料中 t→m 相变有两种情况：即在冷却过程中的相变和使用过程受外力作用下的相变。前者是温度诱导，后者是应力诱导。它们相变的结果都可使材料得到增韧，从增韧机理分类称作微裂纹增韧和应力诱导下相变增韧。施剑林等人根据 Lange 和 Claussen 的报道[60,53]，推出材料断裂时应力诱导相变量 $V_{t\to m}$ 对其断裂韧性的贡献可表示为[183]：

$$K_{IC} = K_{IC}^0 + AV_{t\to m} \tag{5-16}$$

或：

$$K_{IC} = [(K_{IC}^0)^2 + BV_{t\to m}]^{1/2} \tag{5-17}$$

式中，K_{IC}^0，K_{IC}分别为无相变效应和存在相变效应的断裂韧性（或临界应力强度因子）；A，B 为与材料性质和相变过程有关的常数；$V_{t\to m}$ 为应力诱导下的相变量。

表 5-3 为复合材料试样在断裂前后相变量的定量计算结果。

表 5-3 Al_2O_3/ZrO_2（Y_2O_3）复合陶瓷断裂前后的 m 相和 t 相体积分数

ZrO_2 体积分数/%		m 相和 t 相体积分数/%		相变量 $V_{t\to m}$（体积分数）/%
		断裂前	断裂后	
$Al_2O_3-ZrO_2$(2% Y_2O_3 摩尔分数)	10	$V_m=1.2$ $V_t=98.8$	$V_m=11.9$ $V_t=88.1$	9.89
	15	$V_m=0$ $V_t=100$	$V_m=10.6$ $V_t=89.4$	10.6
	20	$V_m=8.3$ $V_t=91.7$	$V_m=26.7$ $V_t=73.3$	18.4
	25	$V_m=13.2$ $V_t=86.8$	$V_m=15.9$ $V_t=89.1$	2.7
	30	$V_m=15.5$ $V_t=84.5$	$V_m=17.4$ $V_t=82.6$	1.9
$Al_2O_3-ZrO_2$(3% Y_2O_3 摩尔分数)	10	$V_m=8.9$ $V_t=81.0$	$V_m=50.1$ $V_t=49.9$	41.2
	15	$V_m=10.6$ $V_t=89.4$	$V_m=54.4$ $V_t=45.6$	43.8
	20	$V_m=13.2$ $V_t=86.8$	$V_m=48.0$ $V_t=52.0$	34.8
	25	$V_m=17.7$ $V_t=82.3$	$V_m=27.8$ $V_t=72.2$	10.1
	30	$V_m=23.2$ $V_t=76.8$	$V_m=31.5$ $V_t=68.5$	8.3

5.4.3 ZrO_2（2Y）含量对应力诱导相变增韧的影响

体积分数分别为 15% 和 30% ZrO_2（2Y）的 Al_2O_3 基复合陶瓷在 1550℃烧结

后，断裂前后试样表面和断口处的 XRD 图分别如图 5－10 和图 5－11 所示。可以看出，衍射峰强度在断裂前后变化不明显。定量计算 15% 含量中未断裂试样表面和断裂后试样断口 t 相与 m 相的变化量为 $V_{t\to m}=10.6\%$；而 30% 含量中未断裂试样表面和断裂后试样断口 t 相与 m 相的变化量 $V_{t\to m}=1.9\%$。

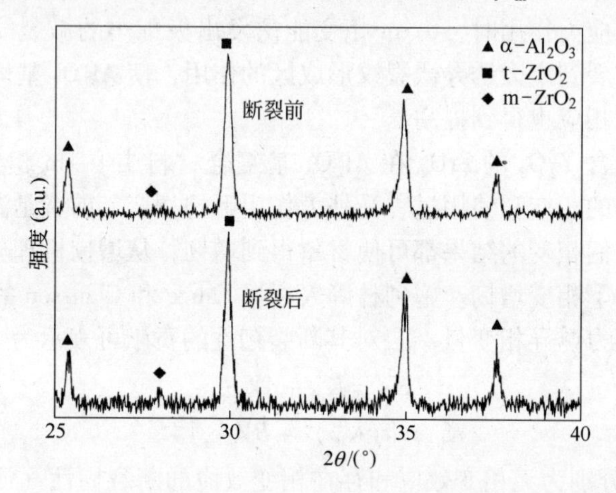

图 5－10　Al_2O_3/15% ZrO_2（2Y）断裂前后的 XRD 图

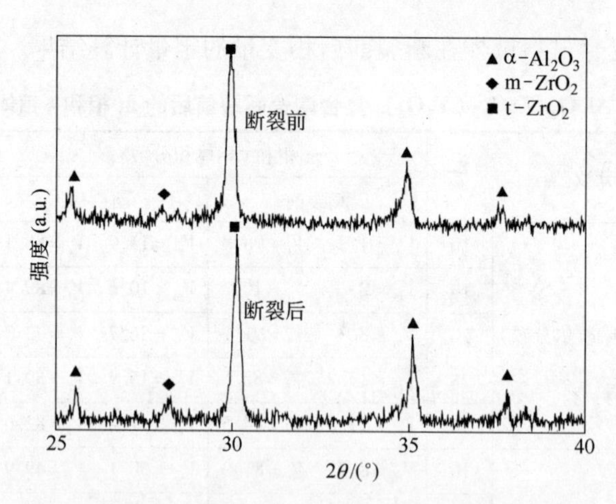

图 5－11　Al_2O_3/30% ZrO_2（2Y）断裂前后的 XRD 图

图 4－15 和图 4－18 分别为含 15% 和 30% ZrO_2（2Y）的 Al_2O_3 基复合材料背散射电子像。与图 4－20 和图 4－23 的对应比较，15% 含量两种材料的背散射电子像，ZrO_2（3Y）样品晶粒细化及分布程度明显优于 ZrO_2（2Y）的样品，使 ZrO_2（3Y）试样的强度高于 ZrO_2（2Y）的试样。对于 30% 含量两种材料，ZrO_2（2Y）的大尺寸晶粒比 ZrO_2（3Y）的样品多，导致它们的强度、韧性都有所

降低。

5.4.4 ZrO_2（3Y）含量对应力诱导相变增韧的影响

体积分数分别为15%和30% ZrO_2（3Y）的 Al_2O_3 基复合材料在1550℃烧结后的XRD图分别如图5－12和图5－13所示。从图5－12看出，m－ZrO_2 相有两个峰的强度在断裂后比断裂前有明显增加。结果在表5－3给出，可以看到15% ZrO_2 含量试样在断裂前后试样中的相变量 $V_{t\to m}$ =43.8%。而图5－13反映出m－ZrO_2 相也有两个峰的强度在断裂后比断裂前增加，试样在断裂前后的相变量 $V_{t\to m}$ =8.3%。说明 ZrO_2（3Y）体积分数在15%～30%的增加过程中，复合材料性能的降低受到应力诱导相变过程中 $V_{t\to m}$ 变化大小的影响。含3% Y_2O_3 的 ZrO_2 应力诱导相变能力明显高于2% Y_2O_3 的 ZrO_2 在 Al_2O_3 基复合材料中的增韧作用。

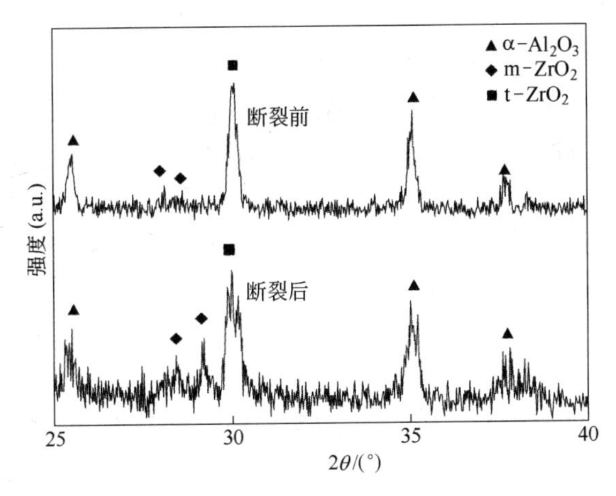

图5－12 Al_2O_3/15% ZrO_2（3Y）断裂前后的XRD图

图4－20和图4－23分别为体积分数为15%和30% ZrO_2（3Y）的 Al_2O_3 基复合材料背散射电子像。可以看出，含15% ZrO_2（3Y）样品中，ZrO_2 晶粒尺寸范围在0.1～1μm之间（见图4－20），马氏体相变的临界尺寸为0.2～0.8μm[60]，Al_2O_3 基陶瓷中保存有大量临界尺寸的 ZrO_2 晶粒。在30% ZrO_2（3Y）样品中（见图4－23），ZrO_2 晶粒有异常大晶粒，这些降低了应力诱导相变能力。比较两种含量试样中t→m相变量的数值，可以认为随着 ZrO_2（3Y）含量的增加，基体中保留临界相变尺寸的t相含量明显减少。在30%的样品中t相含量只是15%的样品中t相含量的19%，经计算得出15% ZrO_2（3Y）含量的复合材料在断裂过程中发生的t→m相变是30%含量相变能力的5.3倍。说明应力诱导相变在不同含量时起到增韧作用有很大差异，这就解释了30% ZrO_2（3Y）

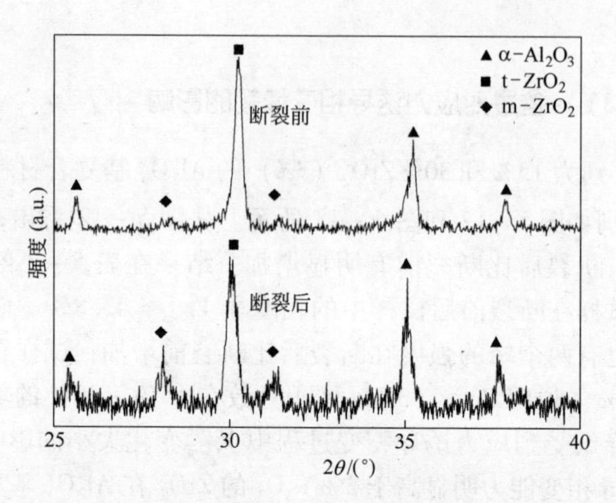

图 5 – 13　Al_2O_3/30% ZrO_2（3Y）断裂前后的 XRD 图

含量的 Al_2O_3 基复合材料韧性最低的原因。

图 5 – 14 表示复合材料在断裂过程中相变量受到 ZrO_2（Y_2O_3）含量影响较大，并且稳定剂 Y_2O_3 摩尔分数为 3% 比 2% 的 ZrO_2 对基体材料的增韧效果大很多，主要是应力诱导相变的作用。对 ZrO_2 中含不同 Y_2O_3 的两种试样，经计算和 XRD 分析，在断裂后相变量的峰值分别出现在体积分数为 15% 和 20% 处（见图 5 – 14），含 15% ZrO_2（3Y）试样相变量是含 20% ZrO_2（2Y）试样相变量的 2.4 倍。从而验证了它们的增韧机制所起的主导作用是不同的（见图 5 – 2、图 5 – 4 所示的韧性值），对复合材料中 ZrO_2（3Y）相变量的临界值为 15% 含量，ZrO_2（2Y）相变量的临界值为 20% 含量，前者增韧机制应力诱导相变为主，后者可能是微裂纹相变增韧为主。当基体在一定范围内增加 ZrO_2 含量，会在裂纹扩展中引起的 ZrO_2 相变量也将增加，使得 ZrO_2 应力诱导相变增韧作用逐渐被增强，

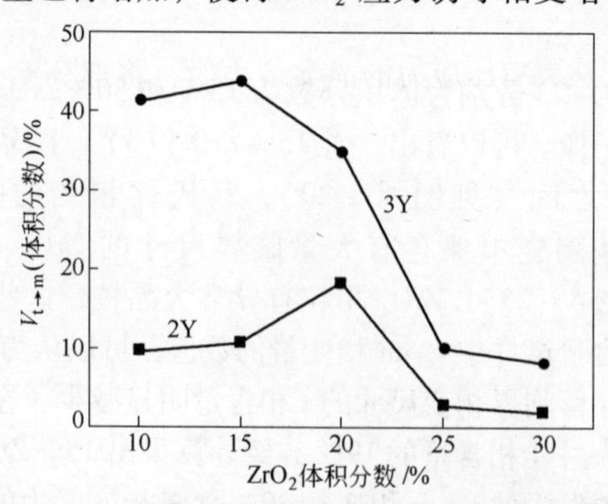

图 5 – 14　ZrO_2（Y_2O_3）含量与材料断裂相变量的关系

试样的强度、韧性也随之增大[169]。许多研究表明，ZrO_2 的各种增韧机理可以同时存在，互相叠加能产生一定的韧化作用，但对结构陶瓷材料要求强化，韧化同时提高。

5.5 其他增韧机制

Green 等人 1989 年发表了所谓氧化锆“相变增韧”的综述[184]，共同阐述了在立方氧化锆基体中四方氧化锆颗粒的存在而引起韧性和强度的增加来自几方面的原因，包括裂纹偏转（在所有的两相陶瓷中都发现裂纹偏转）、相变增韧和微裂纹增韧。

由于微裂纹增韧包括相变增韧和非相变增韧，对于非相变第二相颗粒增韧，影响叠加相颗粒复合材料增韧效果的主要因素为基体与第二相颗粒的弹性模量 E、热膨胀系数 α 以及两相的化学相容性。其中，化学相容性是复合的前提，两相间不能存在过多的化学反应，同时必须具有一定的界面结合强度。弹性模量 E 只有在材料受外力作用时产生微观应力在分配效应，且这种效应对材料性能影响较小。热膨胀系数 α 失配，在第二相颗粒及周围基体内部产生残余应力场，是陶瓷得到增韧补强的主要根源。

当复合材料中多相组元不存在过多化学反应时，基体相的含量比例为总量的 2/3，其他相则以颗粒形式存在于主相中，并起到颗粒增强增韧的作用。

基于上述原因：在 Al_2O_3/ZrO_2（Y_2O_3）复合材料中 Al_2O_3 的弹性模量 $E=380GPa$，含 2Y 和 3Y 的 ZrO_2 弹性模量分别是 $E=148GPa$、217GPa，热膨胀系数 $\alpha_A=8.9\times10^{-6}℃^{-1}$，$\alpha_Z=11\times10^{-6}℃^{-1}$。设第二相颗粒与基体之间不存在化学反应及无相变的条件下，由于第二相颗粒与基体之间的热膨胀系数、弹性模量的失配，烧结体在降温过程中，在颗粒与基体之间的晶界上将产生分布不均匀的应力。当材料承受外力作用时，主裂纹扩展将会遇到来自晶界上的不同应力的相互作用，可能会出现：

（1）当主裂纹到达具有压应力的晶界应力时，将部分或全部抵消主裂纹的张应力，而致使主裂纹的尖端的应力集中减缓，甚至终止裂纹扩展；

（2）当主裂纹到达有张应力或剪切应力的晶界应力时，则可能造成沿晶界而形成的微裂纹，使主裂纹尖端的应力集中分散，而造成裂纹的偏转。

因此，晶界应力与外加应力的作用结果，将造成能量的吸收、转移或消耗的效果，因而可以期望达到对陶瓷材料强化与增韧的目的[185]。当 ZrO_2 颗粒与 Al_2O_3 之间存在热膨胀系数和弹性模量的失配。当在一均匀无限大 Al_2O_3 基体中，存在 ZrO_2 颗粒时，ZrO_2 颗粒受到一个压力 P[186]：

$$P=\frac{2\Delta\alpha\Delta TE_m}{(1+\nu_m)+2\beta(1-2\nu_m)} \tag{5-18}$$

式中，$\Delta\alpha=\alpha_p-\alpha_m$，$\alpha$ 为热膨胀系数，下标 m，p 分别表示 Al_2O_3 基体与 ZrO_2 颗粒，$\Delta\alpha$ 为 ZrO_2 和 Al_2O_3 线膨胀系数之差；ν，E 分别为泊松比和弹性模量；ΔT 为基体的塑性变形可忽视的温度 T_μ 冷却室温 T_r 时的温度差；β 为弹性模量之比，$\beta=\beta_p/\beta_m$。

应力符号表示颗粒受拉应力为正号，颗粒表面受到压应力为负号，与之相对应的应力，在基体中形成径向正压力 σ_r 及切向正应力 σ_t（如图 5－15 所示）：

$$\sigma_r=P\left(\frac{r}{R}\right)^3 \tag{5-19}$$

$$\sigma_t=-\frac{1}{2}P\left(\frac{r}{R}\right)^3 \tag{5-20}$$

式中，R 为距球心的距离；r 为颗粒半径。

当式 5－19 和式 5－20 中 $R=r$ 时，应力值最大，即 $\sigma_r=P$，$\sigma_t=\frac{1}{2}P$。

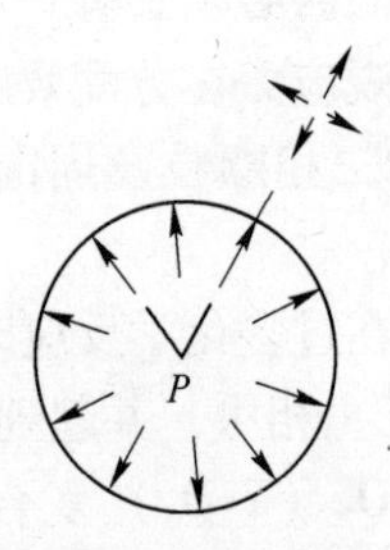

图 5－15 无限大基体中球形粒子引起的残余应力场示意图

由式 5－18 可看出：当 $\Delta\alpha>0$ 时，颗粒的热胀系数大于基体热胀系数，$P>0$，烧结体冷却过程中颗粒的收缩大于基体的收缩，第二相颗粒受到拉应力，即：$\sigma_r>0$，$\sigma_t<0$，这时基体径向处于拉伸状态，切向处于压缩状态。当应力足够高时，可能产生具有收敛性的环向微裂，如图 5－16（a）所示。当 $\Delta\alpha<0$ 时（即 $\alpha_p<\alpha_m$），$P<0$，$\sigma_r<0$，$\sigma_t>0$，第二相颗粒受到压应力状态，而基体径向受压应力，切向受到拉应力。当应力足够高时，可能产生具有发散性的径向微裂，如图 5－16（b）所示。

由于存在小于临界相变尺寸 ZrO_2 颗粒，它们在基体中并不发生相变。所以冷却过程的热膨胀失配（即 $\alpha_Z=11\times10^{-6}℃^{-1}$，$\alpha_A=8.9\times10^{-6}℃^{-1}$），可见当 $\alpha_p>\alpha_m$ 时，由于基体中压应力 $\sigma_r>0$ 和拉应力 $\sigma_t<0$ 的共同作用使裂纹扩展前沿绕过 ZrO_2 晶粒，使基体中的扩展路径增加，增加了裂纹扩展的阻力，如图5－17 所示，从而起到增韧的作用。

上述两种的裂纹扩展阻力，由式 5－18 可知，P 与 $\Delta\alpha$、ΔT、ν、E 有关，与颗粒大小无关，但裂纹扩展阻力的大小与 ZrO_2 颗粒及其周围 Al_2O_3 基体中储存

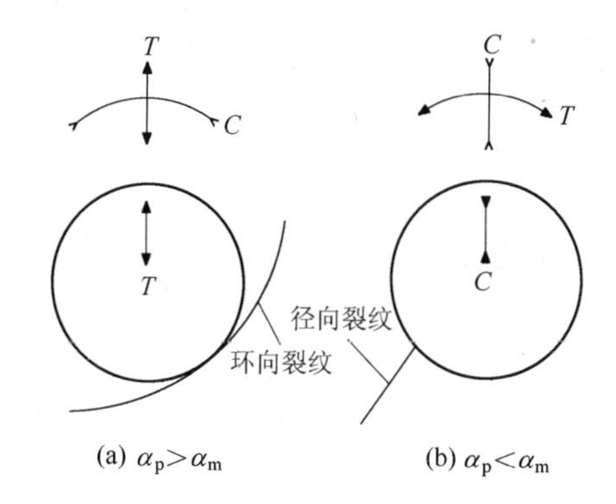

图 5－16　应力分布及在球状颗粒周围形成的裂纹

C—压应力；*T*—拉应力

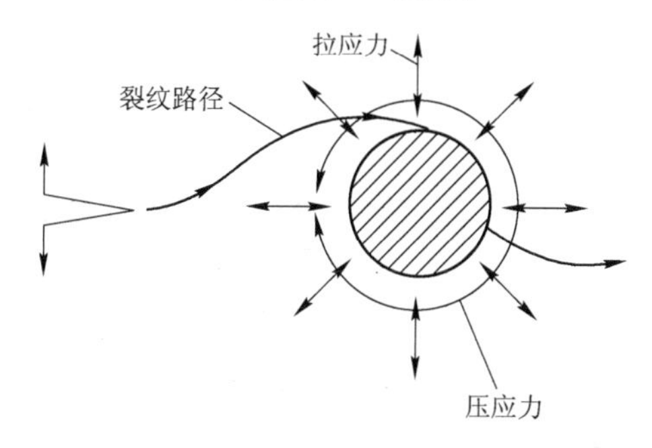

图 5－17　当 $\alpha_p > \alpha_m$ 时应力场引起的裂纹偏转[157]

的弹性应变能有关，它们分别为[186]：

$$U_p = 2\pi \frac{P^2 (1 - 2\nu_p)}{E_p} r^3 \tag{5-21}$$

$$U_m = \pi \frac{P^2 (1 + \nu_m)}{E_m} r^3 \tag{5-22}$$

储存的总弹性应变能为：$U = U_p + U_m$。由式 5－21 和式 5－22 可知，弹性应变能与颗粒 r^3 成正比，颗粒越大，弹性应变能就越大，有利于裂纹的扩展。因此，大尺寸的颗粒不利于颗粒增韧。由于残余应力场比较复杂，难以定量化，所以在提高结构陶瓷的力学性能上，对显微结构分析及细化晶粒尺寸至关重要。

以上分析表明，含不同摩尔 Y_2O_3 的 ZrO_2 对复合材料存在着不同的增韧机制，ZrO_2 含量对性能有很大影响。两种复合材料中体积分数为 15% ZrO_2（2Y）的相变能力仅为 15% ZrO_2（3Y）的 24.2%，而 30% ZrO_2（2Y）的相变能力是 30% ZrO_2（3Y）的 22.9%。这说明应力诱导相变增韧对含 ZrO_2（2Y）的复合材料作用很小，可能主要来自微裂纹增韧或其他机制，众多研究表明微裂纹增韧对复合材料起到仅限于增韧不增强的作用。15% ZrO_2（3Y）添加到 Al_2O_3 基体中，对 Al_2O_3 基体的增韧、增强是应力诱导相变起主要作用，极少量的残余微裂纹或裂纹偏转起次要作用。基于 Griffth 断裂理论，Lange 提出 ZrO_2 的 t→m 应力诱导相变，不仅导致韧化，而且也导致陶瓷基体的强化[171]。所以，复合材料在多种增韧机制中，优化材料的制备工艺使应力诱导相变发挥重要主导作用，是改善结构陶瓷材料性能的有效手段。

6 Al_2O_3/ZrO_2 （Y_2O_3） 刀具材料的抗热震性能

陶瓷材料在工程中得到广泛的应用，但温度剧变（即热震作用）的环境下，它的强度会大幅度下降，发生剥落甚至脆断，这大大降低了其服役的安全可靠性。经受热震后材料的力学性能衰减是其损伤的宏观反映；热震裂纹的成核和扩展是材料损伤的微观过程，热震损伤的动力是热震温度引起的热应力。显然，欲改善材料的抗热震性可沿着两个途径：一个是减小损伤的动力，另一个是提高材料对热震损伤的抗力，这对陶瓷是较行之有效的[188]。因此，抗热震性能成为陶瓷优异高温性能能否得到充分发挥的制约因素。对于高温结构件，如发动机燃烧室、火箭燃气喷管、火焰稳定器和航天飞机陶瓷隔热瓦等抗热震性能尤为重要。所以，改善陶瓷抗热震性成为陶瓷基复合材料研究的热点方向。

Becher 报道[189]，ZrO_2 颗粒弥散分布于基体中可有效地提高抗热冲击性。Biswas 报道[190]，Al_2O_3/ZrO_2 复合材料强度韧性的提高对增加抗热震性有较大帮助。前述表明 Al_2O_3 基体中 ZrO_2（Y_2O_3）体积分数为 15% 时力学性能最佳。在此对制备的 Al_2O_3/15% ZrO_2（2Y）和 Al_2O_3/15% ZrO_2（3Y）复合材料的抗热震性进行研究，通过计算裂纹萌生和裂纹扩展阻力，并定量分析复合材料的热震稳定性有一定意义。

6.1 刀具材料的热震损伤行为

6.1.1 刀具材料的热震残留强度

单相 Al_2O_3 陶瓷、Al_2O_3/15% ZrO_2（2Y）和 Al_2O_3/15% ZrO_2（3Y）复合材料的抗弯强度分别为 361MPa、637MPa 和 779MPa（用三点弯曲法测定试样的抗弯强度，见表 6－1）。试样经 SENB 法处理后，表面引入预裂纹，三种材料抗弯强度分别为 189MPa、474MPa 和 641MPa（如图 6－1 所示），强度分别下降了 50%、35.8% 和 27.5%。由此可知，复合材料对裂纹的敏感性较 Al_2O_3 陶瓷低得多，这与复合材料的断裂韧性（7.8MPa·$m^{1/2}$、6.7MPa·$m^{1/2}$）高于 Al_2O_3 陶瓷（3.2MPa·$m^{1/2}$）的结果一致。在不同淬火温度下，一次和五次热震的实验结果如图 6－1 所示。

表 6-1　Al_2O_3 陶瓷和复合材料的物理及力学性能

材　料	E/GPa	λ/W·(m^2·K)$^{-1}$	α/℃$^{-1}$	ν	σ_f/MPa	K_{IC}/MPa·$m^{1/2}$
Al_2O_3	380*	29.0*	8.237×10^{-6}*	0.26	361	3.1
ZrO_2（3Y）	217*	3.3*	9.9×10^{-6}*	0.25*		
ZrO_2（2Y）	148*	2.1*	10.1×10^{-6}*	0.25*		
Al_2O_3/ZrO_2(3Y)	355.6	25.145	8.412×10^{-6}	0.183	779	7.8
Al_2O_3/ZrO_2(2Y)	345.2	24.965	8.371×10^{-6}	0.183	637	6.7

注：表中标有*的来自文献［113，118］，其他是实验及计算的结果。

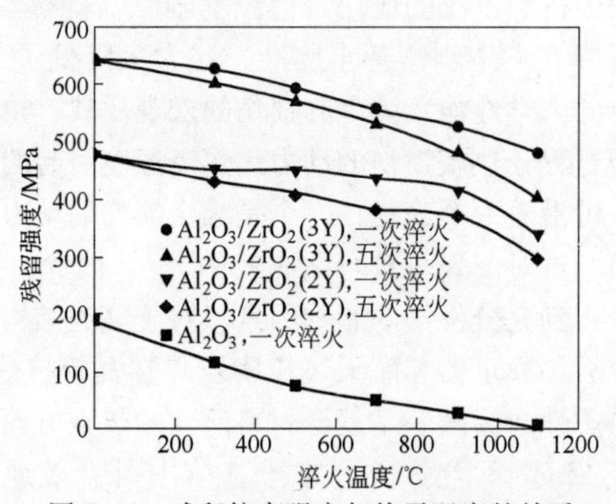

图 6-1　残留抗弯强度与热震温度的关系

这主要来自于 ZrO_2（Y_2O_3）相变增韧机制对 Al_2O_3 陶瓷所起到的增韧增强作用。两种复合材料热震曲线中残留强度的差别在于它们力学物理性能和增韧机制的差异（见表 6-1）。图 6-1 曲线变化反映出复合材料具有热震裂纹准静态扩展的特征，符合弹性应变能与裂纹扩展后新生界面的断裂能吸收的平衡条件[191]。这说明经过五次热震比一次热震的材料强度有较大的损失。

图 6-2 表明三种材料强度损失率与不同热震温度的关系。随温度的升高强度损失率上升，当温度为 900℃ 热震一次时，Al_2O_3、Al_2O_3/15% ZrO_2（3Y）和 Al_2O_3/15% ZrO_2（2Y）强度损失率分别为 85.2%、18%、12.4%，1100℃ 时两种复合材料强度损失率热震五次后达到 37.3%、37.6%。以上表明，在淬火温差范围内，从图 6-2 看到三种材料的强度损失率，复合材料的损失率很低，说明抵抗热冲击能力明显高于 Al_2O_3 陶瓷材料，并且 Al_2O_3/15% ZrO_2（3Y）与 Al_2O_3/15% ZrO_2（2Y）复合材料的抗热震性基本接近。

6.1.2　刀具材料的热震断口形态

图 6-3 分别表示无热震淬火和 300℃、500℃、700℃、1100℃ 经热震淬火的 Al_2O_3 陶瓷的断口形貌（SEM）。可以看到，未经过热震的试样断口表面平整，

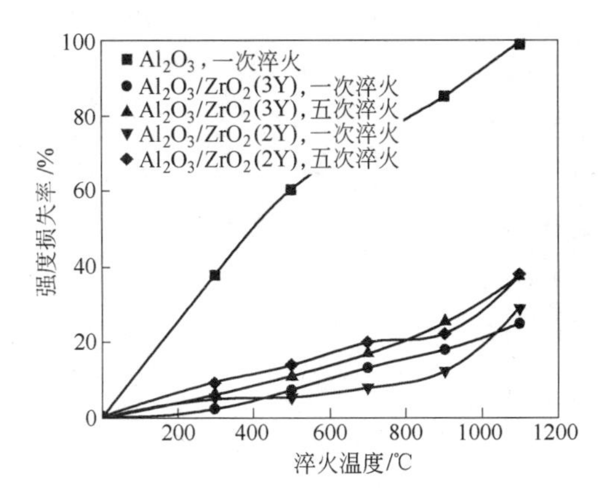

图 6-2 抗弯强度损失率与热震温度的关系

为明显的单裂纹断裂形貌。随着热震温度的提高，试样经 700℃、1100℃淬火后断口表面逐渐变得起伏凸凹不平，Al_2O_3 陶瓷断口表面出现多裂纹断裂痕迹，甚至材料表面可观察到宏观裂纹，与图 6-2 中强度损失率相对应，抗弯强度实验时试样断裂为几部分。这说明经热震后试样受到热应力场剧烈变化使晶界强度降低，出现了图 6-3（d），（e）所示的形貌。

(a) 无热震淬火　(b) 300℃热震淬火

(c) 500℃热震淬火　(d) 700℃热震淬火

(e) 1100℃热震淬火

图 6－3　Al_2O_3 无热震淬火和热震淬火的 SEM 断口形貌

图 6－4 和图 6－5 分别为 Al_2O_3/15% ZrO_2（3Y）和 Al_2O_3/15% ZrO_2（2Y）复合材料无热震和 300℃、500℃、700℃、900℃、1100℃经热震淬火的断口形貌。观察显示，未经热震时，复合材料的断口表面也较平整，材料的增韧相分布清晰可见；经过热震后，一般认为复合材料的相变增韧通过 TEM 可以观察到显

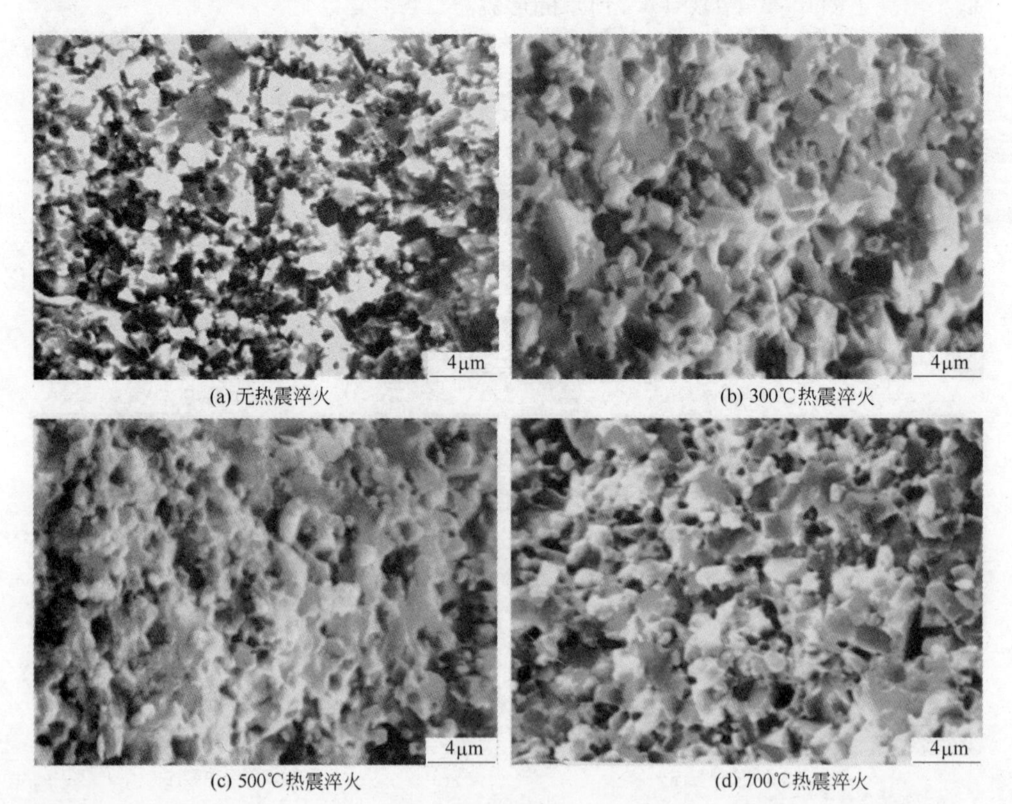

(a) 无热震淬火　(b) 300℃热震淬火

(c) 500℃热震淬火　(d) 700℃热震淬火

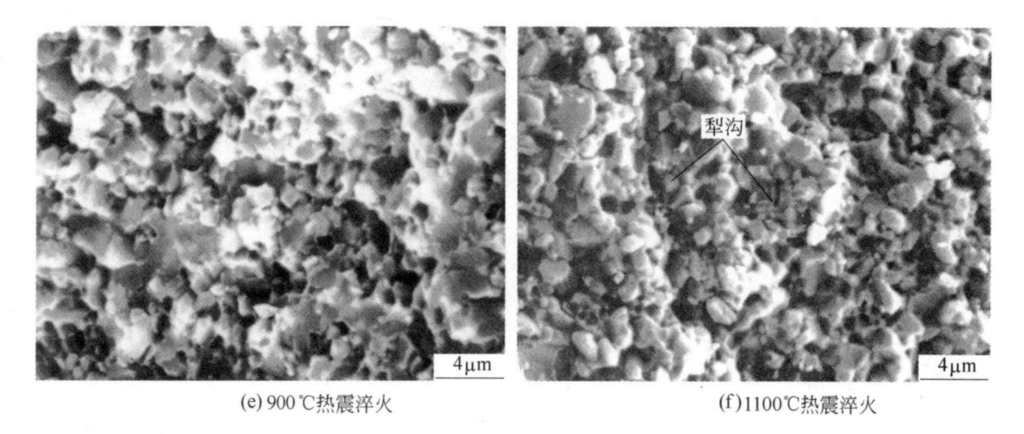

(e) 900℃热震淬火　　(f) 1100℃热震淬火

图 6-4 Al_2O_3/15% ZrO_2 (3Y) 无热震淬火和热震淬火的 SEM 断口形貌

微结构中出现的微裂纹分布，在热震温度较高时，强度实验时试样虽未发生断裂为几部分的现象，但由于其发生多次裂纹断裂，断口表面难以观察到材料的宏观裂纹。

经 300℃淬火后表面没有裂纹产生，而 Al_2O_3 陶瓷表面已出现较多热裂纹；热震温差加大到 1100℃时，复合材料表面热裂纹也不明显，而 Al_2O_3 陶瓷表面的

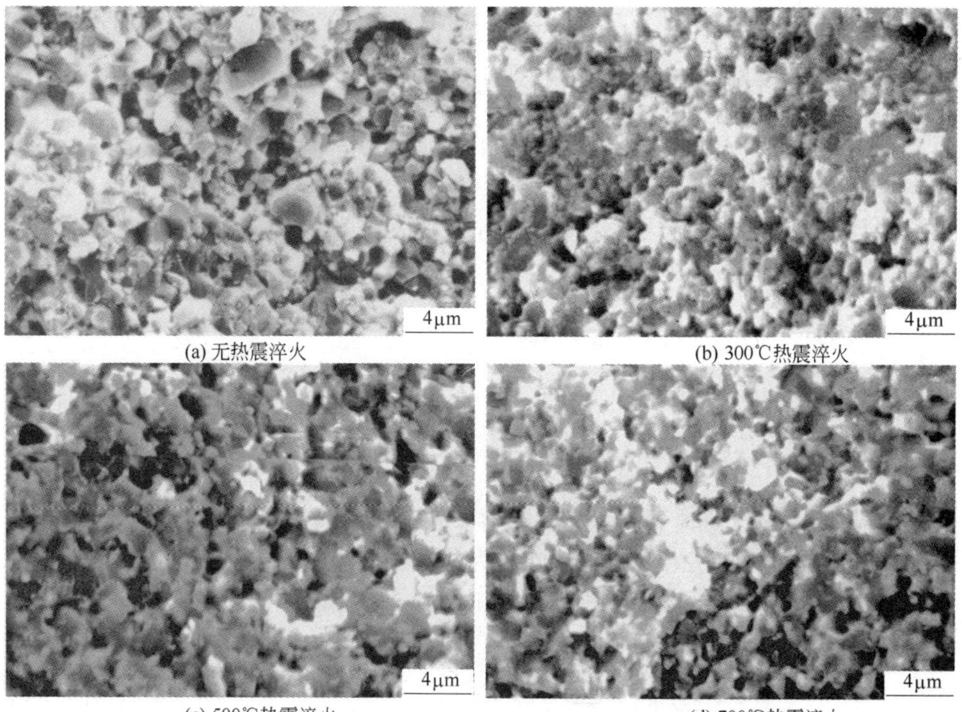

(a) 无热震淬火　　(b) 300℃热震淬火

(c) 500℃热震淬火　　(d) 700℃热震淬火

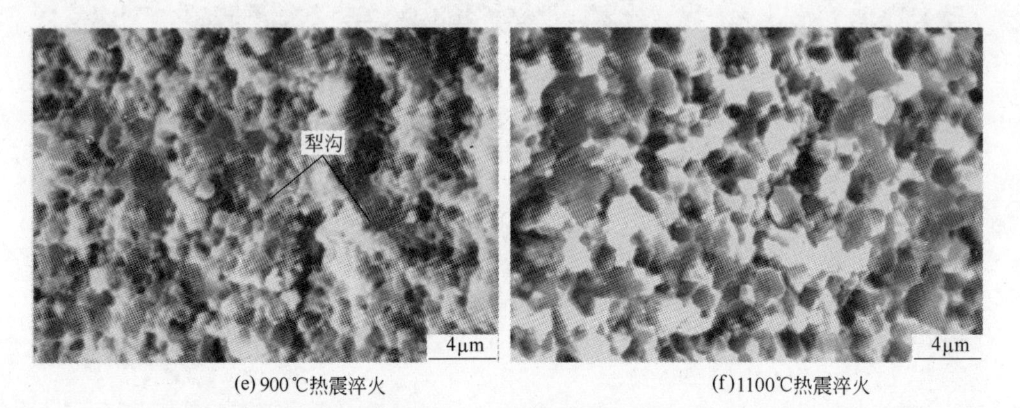

(e) 900℃热震淬火　　(f) 1100℃热震淬火

图 6-5 $Al_2O_3/15\%ZrO_2$（2Y）无热震淬火和热震淬火的 SEM 断口形貌

热裂纹则增多且裂纹张开位移增大。从两种复合材料的断口上可观察到未经热震的断口较均匀的沿晶和穿晶混合断裂，断口较平整。而经高温热震后出现明显的凹坑是晶粒沿晶断裂的特征，断口出现几处犁沟。说明相变增韧而产生的微裂纹在晶界处有吸收应变能的作用[60]，另外受到材料热应力作用后在犁沟处的微裂纹密度较大，当超过临界能量时，会使基体与增韧相之间结合强度的下降导致该特征的出现。

6.2 刀具材料抗热震因子及断裂功计算

根据热震理论对陶瓷材料抗热震性的评价有两种观点。从热弹性力学观点出发，以强度—应力为判据，认为材料中热应力达到抗张强度极限后，材料产生开裂，一旦有裂纹成核就会导致材料的完全破坏。据此，提出的抗热震断裂因子 R 如下[192]：

$$R=\frac{(1-\nu)\sigma_f}{E\alpha} \tag{6-1}$$

式中，σ_f 为弯曲断裂强度；ν 为泊松比；E 为弹性模量；α 为热膨胀系数。

$\frac{(1-\nu)\sigma_f}{E}$是材料断裂时的热弹性应变，故 R 表示材料能够承受的最大热震温度差 ΔT_{max}，它反映了材料抗热冲击的能力。由于热应力引起材料的断裂破坏还受材料的热导率和冷却速率的影响，为此提出抗热震因子 R' 和 R''[164]：

$$R'=\frac{\lambda(1-\nu)\sigma_f}{E\alpha} \tag{6-2}$$

$$R''=\frac{\lambda}{\rho c_p}\frac{(1-\nu)\sigma_f}{E\alpha}=\frac{\gamma(1-\nu)\sigma_f}{\alpha E} \tag{6-3}$$

式中，λ 为热导率；$\gamma = \frac{\lambda}{\rho c_p}$称为导温系数或热扩散率；$\rho$ 和 c_p 分别为密度和比热容。

R''表示材料所能承受的最大升温或冷却速率，一般适用于尺寸较大的构件。按照断裂力学的观点，材料的损坏不仅要考虑材料中裂纹的产生情况（包括材料中原有的裂纹情况），还要考虑在应力作用下裂纹的扩展、蔓延情况，因此与材料积存的弹性应变能和裂纹扩展的断裂表面能有关。当材料中积存的弹性应变能较小，裂纹蔓延时，断裂表面能较大，材料的热稳定性就好。因此，抗热震损伤性正比于断裂表面能，反比于应变能释放率。所以提出了抗热应力损伤因子[193]：

$$R''' = \frac{E}{\sigma_f^2(1-\nu)} \tag{6-4}$$

$$R'''' = \frac{EW_f}{\sigma_f^2(1-\nu)} = \frac{2E\gamma_f}{\sigma_f^2(1-\nu)} \tag{6-5}$$

式中，W_f 为断裂功；$2\gamma_f$ 为新生裂纹面的表面能（形成两个断裂表面）。

R'''实际是弹性应变能释放率的倒数，用来比较具有相同断裂表面的材料；R''''则用来比较具有不同断裂表面的材料。根据式 6－1，为了提高材料抗热震性，需要高强度、低弹性模量；而由式 6－5，则要降低强度、提高弹性模量，所以对于大多数材料，同时提高抗热震断裂因子 R'和损伤因子 R''''是很困难的。但是如果材料的断裂功显著增加，则同时提高材料的 R'和 R''''是可以实现的。

基于热弹性和断裂力学观点提出的抗热震断裂因子 R'和抗热震损伤因子 R''''的物理意义分别表示裂纹萌生阻力和裂纹扩展阻力，故通过计算抗热震因子 R'和 R''''可以定量且直观地研究材料的抗热震能力及其机制：

$$R' = \frac{\lambda(1-\nu)\sigma_f}{E\alpha} \tag{6-6}$$

由于 $K_{IC} = \sqrt{2E\gamma_f}$，式 6－5 可改写为：

$$R'''' = \frac{K_{IC}^2}{\sigma_f^2(1-\nu)} \tag{6-7}$$

式中，σ_f 为弯曲断裂强度。

依据式 6－6 和式 6－7 可分别计算材料的抗热震断裂因子 R'和抗热震损伤因子 R''''。在第二相与基体不发生化学反应的前提下，颗粒增韧复合材料的弹性模量 E_R、热导率 λ、泊松比 ν 可由加和定律确定[193]：

$$E_R = E_2(1-\varphi_1) + E_1\varphi_1 \tag{6-8}$$

$$\lambda = \lambda_2(1-\varphi_1) + \lambda_1\varphi_1 \tag{6-9}$$

$$\nu = \nu_2(1-\varphi_1) + \nu_1\varphi_1 \tag{6-10}$$

复合材料的热膨胀系数 α 由下式计算[194]：

$$\alpha = \frac{\alpha_2 K_2 (1 - \varphi_1) + \alpha_1 K_1 \varphi_1}{K_2 (1 - \varphi_1) + K_1 \varphi_1} \tag{6-11}$$

式中，下标 1 和 2 分别表示增韧相、基体相；φ_1 为增韧相的体积分数；K 为体积收缩系数，其中 $K_2 = \frac{E_2}{3(1 - 2\nu_2)}$，$K_1 = \frac{E_1}{3(1 - 2\nu_1)}$。

Al_2O_3 陶瓷及 Al_2O_3/ZrO_2（3Y）和 Al_2O_3/ZrO_2（2Y）复合材料的几项物理、力学性能参数经计算已列于表 6－1，其中抗弯强度和断裂韧性分别通过实验测得。

计算所得的 R' 和 R'''' 值列于表 6－2 中。由表可见 Al_2O_3/ZrO_2（3Y）和 Al_2O_3/ZrO_2（2Y）复合材料的裂纹萌生阻力 R' 和裂纹扩展阻力 R'''' 均高于 Al_2O_3 陶瓷，其中裂纹萌生阻力 R' 分别是 Al_2O_3 陶瓷的 2.16 倍和 1.82 倍，裂纹扩展阻力 R'''' 分别是 Al_2O_3 陶瓷的 1.23 倍和 1.37 倍。这表明复合材料的抗热震性显著高于 Al_2O_3 陶瓷，这与热震实验中复合材料的残留强度高于 Al_2O_3 陶瓷的实测结果相对应。抗热震断裂因子和抗热损伤因子的计算结果与图 6－1 和图 6－2 的抗热震性曲线是相一致的。

表 6－2 Al_2O_3 陶瓷和复合材料的抗热震因子

材 料	R'/J·$(m^2 \cdot s)^{-1}$	R''''/μm
Al_2O_3	2475	99.6
Al_2O_3/ZrO_2（3Y）	5350	122.7
Al_2O_3/ZrO_2（2Y）	4496	135.9

前已述及，期望变化强度和弹性模量而使材料的 R' 和 R'''' 同时提高，并以此来改善材料的抗热震性是不现实的。但如果材料的断裂功显著增加，同时提高 R' 和 R'''' 则是可能的，本复合材料在断裂韧性已知的前提下，断裂功可以由平面应变状态下裂纹扩展的能量释放率 ΔG 替代[195]：

$$\Delta G = K_{IC}^2 (1 - \nu^2) / E_R \tag{6-12}$$

式中，K_{IC} 为断裂韧性；E_R 为复合材料的弹性模量；ν 为泊松比。

经计算，在实验中 Al_2O_3 陶瓷和 Al_2O_3/ZrO_2（3Y）、Al_2O_3/ZrO_2（2Y）刀具材料的断裂功分别为 $24J/m^2$ 和 $165J/m^2$、$126J/m^2$，可见该复合材料的抗热震性正是通过大幅提高断裂功来实现的。这是因为在该刀具材料中，由于应力诱导相变增韧、微裂纹增韧和微裂纹转向增韧作用，裂纹扩展过程中阻力显著增大，对材料的抗热震性改善做出贡献。

7 仿真技术在切削加工中的应用

金属的切削过程是一个刀具与工件相互运动和相互作用的过程，切削运动指的是利用刀具切除工件上多余金属层，以获得所要求的尺寸、形状精度和表面质量的运动。具体细节为，由于刀具的作用，工件表面内部产生较大的应力而引起断裂，把不需要的部分作为切屑而剥离下来，加工出所需形状的崭新表面，在此过程中会伴随着切削变形、切削力、切削热与切削温度、刀具磨损与耐用度等各种现象的发生，且这些现象对生产的进行、产品的质量及生产成本等有着严重影响。在实际研究中，切削过程是一个很复杂的工艺过程，是多学科的交叉内容，如弹塑性力学、断裂力学、摩擦学、热力学、材料学等。影响着切削质量的因素有刀具形状、应力和温度分布、切屑流动、刀-屑间的摩擦系数、热流和刀具磨损等。切削表面的残余应力和残余应变严重影响了工件的精度和疲劳寿命，由此可见金属切削的重要性和复杂性。为了提高零件的加工质量和降低加工投入的成本，提高生产效率和经济效益，各国及各个企业都投入了大量的人力、物力和财力对其进行研究，以便可以更好地掌握金属切削过程的内在规律和现象，更好地利用这些规律和现象去进一步促进生产的发展。

在 Al_2O_3/ZrO_2（Y_2O_3）陶瓷刀具对金属材料切削过程中会产生大量的切削热和较大的应力梯度。大量切削热产生的高温不仅会影响陶瓷刀具的力学性能，而且对刀具寿命、材料加工表面质量和加工精度都带来不同程度的损伤。合理选择陶瓷刀具切削参数对刀刃与加工材料接触表面引起的温度场、应力场梯度变化的稳定性至关重要，并且是评价和诊断刀具耐用度的主要因素。系统研究切削过程中刀具与加工材料的温度场和应力场的作用行为，可实现并解决影响刀具磨损及寿命的瓶颈问题。以往用传统的切削实验手段很难准确得到应力场和温度场的变化梯度，近些年随着计算机应用技术的发展，有限元仿真方法逐渐渗入到众多的工业领域实现了用模拟计算解决关键技术的诊断与评价。

7.1 仿真技术在切削中应用基础

7.1.1 仿真技术的发展

有限元仿真技术是随着计算机技术的进步而产生的，它使得在不进行实际实验或者进行少量实验的情况下得到与实际实验接近的数据成为可能。仿真把科学工作者从重复繁杂的数学计算中解脱出来。同时可以动态的得到过程模拟的瞬态数据，使得人们可以分析瞬发事件中的中间状态的各个物理量。

美国发现仿真技术在工业中的重要价值，在20世纪80年代末提出了系统总体技术、管理技术、支撑技术、制造工艺与装备技术、设计制造一体化技术的五大技术群在内的先进制造技术的概念。经过几十年发展的五大技术群[196]，使仿真伴随着制造技术的发展历程及其在产品生命周期中所应用的阶段可归纳如图7－1所示。图7－1中横轴代表产品的生命周期、纵轴代表年代，从市场需求形成开始，经过概念设计、初步设计、详细设计、工艺设计、生产计划制定、生产，一直到销售、维护，涉及生产企业和研究的各个部门。

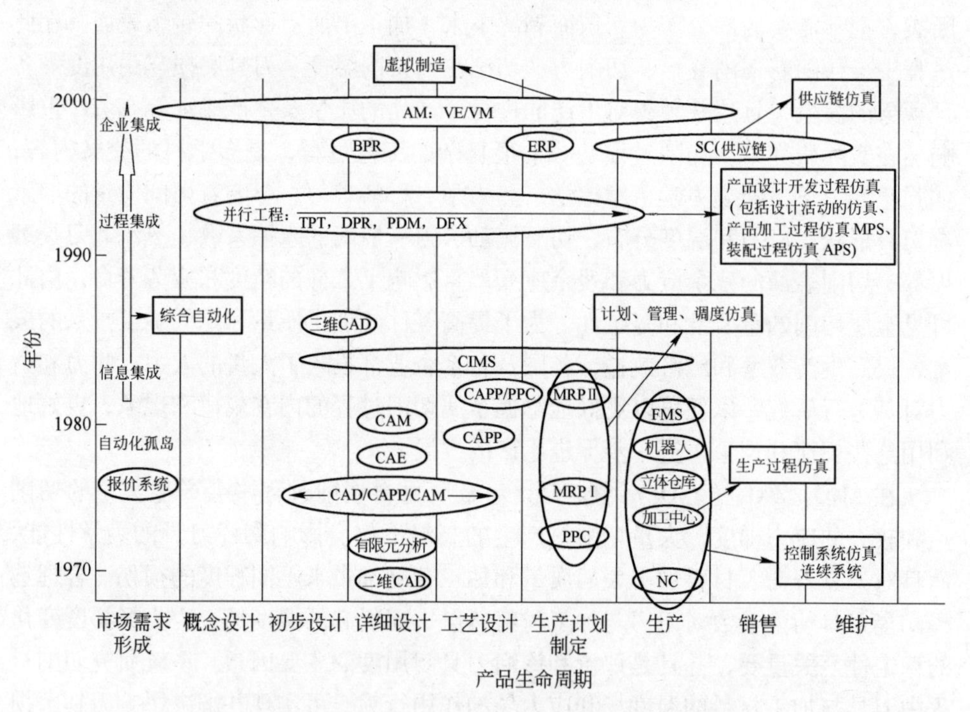

图7－1 制造技术的发展历程及计算机仿真的应用概况

7.1.2 仿真技术在切削中研究现状

国外研究有限元仿真技术第一次在切削过程中应用是在1973年，它大大提高了分析的精度。1973年，B. E. Klamecki首次系统地研究了金属切削加工中切屑形成的机理[197]。1980年，美国North Carolina大学的M. R. Lejczok在其博士学位论文中应用有限元方法研究切削加工中的一些问题，分析了一些基础的切削问题[198]。1982年，Shirakashi和Usui学者建立了稳态的正交切削模型，提出了刀面角、切屑几何形状和切屑流线等概念，分析得到了应力、应变、温度这些参数[199]。1984 年，Iwata 等人将材料假定为刚塑性材料，利用刚塑性有限元方法分析了在低切削速度、低应变速率的稳态正交切削[200]。但是他们都没有考虑弹性变形，所以没有计算出残余应力。

Srebjiwsjum 和 Carroll[201]将工件定为弹塑性材料，模拟到了稳定切削形成的过程。他们采用等效塑性应变作为切屑分离的准则，在模拟中等效应变的选择会影响应力分布。Strenkowski 和 Moon 模拟了切屑形状，用 Euler 有限元模型研究正交切削，忽略了弹性变形，预测了工件、刀具以及切屑中的温度分布[202]。Usui 等人应用了 JC 模型来表示应力、应变、温度、应变速率之间的关系，模拟了连续切削中产生的积屑瘤，而且在刀具和切屑接触面上采用库仑摩擦模型（用正应力、摩擦应力和摩擦库仑系数之间的关系）模拟了切削工艺[203]。Hasshe 等用临界等效塑性应变准则模拟了切削的过程，主要模拟了切屑的连续和断屑现象[204]。KomvoPoulos 用库仑摩擦定律通过正交切削解析的方法得到了刀具与其切屑之间的摩擦力和法向力。用弹塑性有限元模型研究了钢质材料正交切削中刀具积屑瘤、侧面磨损等[205]。Furukawa 和 Moronuki 用实验方法研究了精密切削中影响加工质量的一个主要因素：表面的光洁度。Ikawa 和 Shimada[206,207]对精细加工的切屑形态进行了研究。上述报道的研究主要针对切削现象的仿真模拟。

近几年来国际上对切削建立不同模型进行讨论的相关成果也很多。日本的 Sasahara[208]和 Obikawa 使用弹塑性材料模型，在不考虑温度和应变速率影响的前提下，模拟出了低速连续切削时被加工工件表面的应变和残余应力[209]。T. Altan 和 E. Ceretti 等人对切削工艺进行了大量的有限元模拟研究[210~214]。Ceretti E[215]分析了对不同的分离准则进行了深入的研究。

国内在切削有限元仿真方面研究也取得了很大的进展。台湾科技大学的 Zone - Ching Lin[216]等人对 NIP 合金的正交超精密切削中的切削深度和切削速度对残余应力的影响做了详细研究。李一民报道对高速切削钛合金 Ti6Al4V 时的 WC - Co 类硬质合金刀具前刀面的扩散磨损率进行了预测，分析了切削介质的冷却与润滑作用对刀具扩散磨损率的影响[217]。汪世益报道应用平面热源法，建立了刀具后刀面与工件摩擦面的切削热模型，对影响后刀面切削热的主要因素进行了分析[218]。

纵观基于仿真切削技术的发展，其仿真模拟软件在逐年完善和进步。早期切削模拟使用 Lagrange 法以及 Eulerian 法进行模拟[219~211]，近些年较多使用 ALE 法[212~214]和 SPH 法[215]。

研究采用有限元分析的逐级分步原理，使用 Lagrange 法和 ALE 法对正交车削加工过程进行了数值建模仿真，模拟出在不同切削速度和切削进给量的

Al_2O_3/ZrO_2（Y_2O_3）刀具切削刃的温度场和应力场分布，仿真模拟出刀具材料的磨损形态，对可靠性进行了评价，优选出加工条件，为制造领域的数控加工过程合理、高效选用陶瓷刀具的切削参数提供了理论依据和有价值的数据。

目前国内对这方面的研究还比较少，大多是通过实验手段获得不同陶瓷刀具的加工数据。

7.1.3 仿真分析选择

有限元分析法是在给定外界条件或抽象物理化学条件下，对材料的加工进行模拟计算和优化，这个过程叫做 CAE（Computer Aided Engineering）[216]。在通过有限元方法得到模拟的结果数据以后，再指导设计去修改加工的模型，这个过程就是计算机辅助设计 CAD。将计算机与加工工件的机床连接，还可根据设计得到的结果控制加工机床来指导加工工件，这便是计算机辅助制造 CAM（Computer aided manufacturing）[217]。这样就形成了现在 CAE 技术的基本流程[218]。

随着工业加工过程的越来越复杂，实际实验成本的越来越高，通过不断的实际实验来修正生产加工参数显得费时，会大大增加产品的研发生产周期。有限元软件是将数学的有限元分析法、各种力学方法和计算机软件技术相结合，这要求它拥有很强的矩阵计算能力。有限元软件中目前最流行的有 ADINA、ANSYS、MSC、ABAQUS，其中，ADINA、ABAQUS 较多用于非线性有限元分析，ANSYS、MSC 在国内有较高的知名度，而且尤其是在高校中应用广泛。目前在结构、流体、热的耦合分析方面，几大有限元分析软件都可以做到。

在金属切削的仿真中，使用最多的通用有限元软件主要是 ANSYS(LS_ DYNA)、MSC_ MARC、ABAQUS 等，它们都有成熟的前处理和后处理模块，这些软件都提供了成熟的建模模块或者与 CAD 软件的接口，可以实现与其他 CAD 软件的数据交互，使得从 CAD 到 CAE 交互修改的过程更加流畅。在模具制造、零件加工、汽车制造、飞机制造以及高校教学等领域中，这些通用有限元软件都得到了比较成功的应用。

随着有限元技术的发展，出现了对各个行业针对性很强的有限元分析软件，有着相对专业的建模环境，与通用有限元软件、专业的有限元软件简化了建模过程，节省了许多前处理的时间。在金属切削和成型的研究领域中，应用较广泛的是专用于塑性金属材料有限元分析的 Deform2D 和专用于切削加工的 AdvantEdge。所有金属切削的仿真运算和分析都是采用通过专用有限元软件 Deform2D 来实现。

7.2 数值模拟方法

7.2.1 有限差分法

有限差分法（FDM）早期是在导热问题的数值模拟中被提出并逐渐广泛应

用的一种数值计算方法。有限差分法的物理基础是能量守恒定律，数学基础是用差商代替微商，它可以直接从已有的导热方法及其边界条件得到差分方程。也可以在物体内部任取一个单元体，通过建立该单元的能量平衡得到差分方程。但是无论何种方法，其基本思想都是把本来求解物体内温度随空间、时间连续分布的问题，转变为在空间领域与时间领域的有限个离散点上求解温度值的问题，并且用这些离散点上的温度值去逐点逼近连续的温度分布。

有限差分法由于差分公式导出容易，因而获得了广泛应用。但是，由于有限差分法用差商代替微商，其应用受到一定的限制，特别是在处理形状复杂的工件时，往往会使曲面域的求解问题与实际相差较远，而且与网格的尺寸也有关系。一般而言，网格尺寸分割越小，计算形状越容易接近真实状态，但又会导致计算量过大，增加了计算时间。

7.2.2 有限元法

与有限差分法一样，有限元法早期也是在导热问题的数值模拟基础上逐渐被广泛应用。有限元法是把物理系统划分成若干个子区域来组成的网格，并将在网格系统内寻求近似解。这些子区域就成为有限元，与此有关的数值方法被称为有限元法（Finite Element Method，FEM）。以求解物体温度场为例，有限元法的步骤可归纳如下：首先对求解区域进行离散化，通常是分割成一系列的三角形或四边形网格，并对所有的单元与节点进行编号；根据原微分方程及其边界条件建立单元的泛函表达式，随后在建立单元内部的温度插值函数；对单元进行变分计算，求得单元上的泛函极值条件的代数方程表达式；然后将各单元的方程进行总体合成，构成代数方程组，再求解该方程组，算出各离散点的温度近似函数值，得到区域的温度场。

随着有限元技术的发展，有限元的概念逐渐地与变分法及其他一些方法联系起来，逐渐变得适合于求解描述场变量与传输现象的微分方程组，从而在众多领域应用日趋广泛。有限元法的最大特点是单元形状和疏密程度可以任意变化，因而对具有复杂形状和条件的物体极为适用。

7.2.3 拉格朗日法

拉格朗日（Lagrange）法又称轨迹法。拉格朗日法主要研究流体质点的运动，跟踪每个流体质点的运动全过程并描述运动过程中各质点、各物理量随时间变化的规律。

在拉格朗日法中，坐标系是建立在流体质点上，网格跟随质点一起运动。采用这种方法可以精确地处理自由表面，有效地跟踪流体质点变形始末，方便实现网格的优化。但由于质点的运动会导致网格的缠结、扭曲，从而需要不断地重新进行网格剖分，造成计算量增大，在计算过程中会因网格相交而使计算精度下降，甚至不能进行继续计算，因此，该方法一般应用在二维形状的流体计算中。

7.2.4 欧拉法

欧拉法又称流场法。欧拉法着眼于空间质点，从空间的每一点进行描述流体运动参数随时间的变化情况，并通过各空间点的每个流体质点的物理量变化来描述整个流场的运动情况。

欧拉法实质上是固定的坐标系下观察流场的变化情况，对流场的计算是在固定的网格上进行，通过标识粒子或流体体积函数的变化确定自由表面，特别适用于具有较大变形的流动分析，欧拉法具有使用方便、计算量小、编程简单等优点，因此在计算流体力学领域得到广泛应用。

7.2.5 模拟切削方法对比

从图 7－2 看出，选择 Lagrange 和 ALE 混合方法为瞬态模拟切削模型提供了依据，选用 Euler 法为建立稳态切削模型奠定了基础。

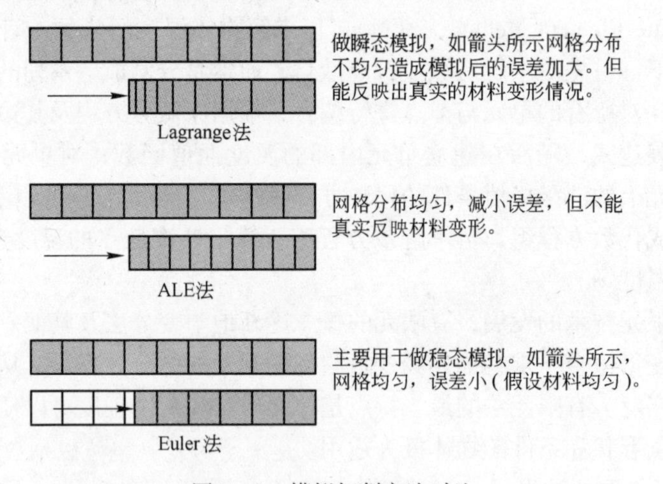

图 7－2 模拟切削方法对比

7.3 Deform2D 简介

最初 Deform2D 的软件只能分析等温的平面问题和轴对称等问题，随着数学工具的成熟和强大，Deform2D 软件也在不断发展完善。目前，Deform2D 软件已经能够成功用于三维变形和分析热力耦合的非等温变形问题。此外，Deform2D 软件可视化的操作界面以及强大而完善的网格自动再划分技术，这一进步使得

Deform2D 这一商业化软件在现代工业生产中变得更加实用而可靠。

Deform2D 软件以数值计算和有限元方法为算法支持，以金属切削理论、弹塑性力学、热学等学科为理论基础，实现对金属各种加工过程的物理仿真，是一款理想的分析工艺参数对加工过程影响的软件[219]。它是 Deform2D 中众多产品中的一个。Deform2D 是一套由美国 SFTC 公司（Scientific Forming Technologies Corporation）开发的一款金属塑性成型仿真软件。通过使用 Deform2D 对已知材料性能参数的模拟和分析模拟结果数据，可以给工艺的分析人员提供有价值的工艺数据，从而可以帮助企业节省大量的实际试验费用，缩短新产品的开发周期。Deform2D 能够完成实际情况中不便进行或者成本高昂的试验，获得实际切削试验难以提供的数据，从而推动金属切削基础理论的研究。

7.3.1 Deform2D 的模块结构

Deform2D 同其他有限元分析软件一样拥有三个相互关联的模拟处理模块：前处理器、模拟处理器和后处理器。Deform2D 都可以由用户使用建模软件如 CATIA、Pro/E 等建模软件提供几何实体模型，然后导入到 Deform2D 中进行其他操作。

前处理器包括三个子模块：（1）数据输入模块，便于数据的交互式输入，如初始速度、温度场、边界条件、冲头行程以及摩擦系数等初始条件；（2）网格的自动划分与自动再划分模块；（3）数据传递模块，当网格重划分后，能够在新旧网格之间实现应力、应变、速度场、边界条件等数据的传递，从而保证计算的连续性。

真正的有限元分析过程是在模拟处理器中完成的，Deform2D 运行时，首先通过有限元离散化将平衡方程，本构关系和边界条件转化为非线性方程组，然后通过直接迭代法和 Newton - Raphson 法进行求解，求解的结果以二进制的形式进行保存到数据库文件中，用户可在后处理器中打开数据库同时获得想要的结果信息。

后处理器用于显示计算结果，结果可以是图形形式，也可以是数字、文字混编的形式。可获取的结果可为每一步的：（1）有限元网格锻件应力、锻件应变以及破坏程度的等高线和等色图；（2）速度场；（3）温度场；（4）压力行程曲线。此外，用户还可以列节点进行跟踪，对个别节点的轨迹、应力、应变破坏程度进行跟踪观察，并可根据需要抽取数据。

7.3.2 Deform2D 的主要功能

（1）材料成型分析。Deform2D 可以进行大多数的冷、温、热锻的成型和热传导耦合分析，同时为模拟提供了丰富的材料数据库，包括各种钢、铝合金、钛合金和超合金。由于材料的多样性，Deform2D 材料库并不能囊括所有的材料，所以它允许用户自行输入材料数据库中没有的材料。同时提供材料流动、模具充填、成型载荷、模具应力、纤维流向、缺陷形成和韧性破裂等信息。它提供的刚性、弹性和热黏塑性材料模型，特别适用于大变形成型分析，而弹塑性材料模型适用于分析残余应力和回弹问题，烧结体材料模型适用于分析粉末冶金成型。

Deform2D 允许用户自定义子函数以及压力模型、破裂准则、材料模型和其他函数。后处理中的网格划线和质点跟踪可以分析材料内部的流动信息及各种场量分布、应变、温度、应力、损伤及其他场变量等值线的绘制，这些功能都使后处理简单明了。接触的自动调整和网格的自动或者用户自定义重画，使得在成型过程中即便遇到了应力集中网格畸变，Deform2D 模拟也可以进行多变形体模型和多个成型工件或者耦合分析模具温度和应力。

（2）材料热处理分析。Deform2D 可以通过模拟正火、退火、淬火、回火、渗碳等工艺过程得到硬度、晶粒组织成分、扭曲和碳含量等模拟结果数据。Deform2D 提供了相变、蠕变、硬度和扩散材料模型用于模拟和计算，可以通过输入淬火数据来预测最终产品的硬度在材料中的场分布。由于混合材料的特性取决于热处理模拟中每步各种金属相的百分比，通过模拟分析各种材料晶相的弹性、塑性、热和硬度属性可以得到材料的各项指标性能。Deform2D 可以分析变形、热处理、传热、相变和扩散之间复杂的相互作用，各种现象之间相互耦合。通过耦合分析可以得到：由于塑性变形功引起的加热软化、升温、相变内能、相变控制温度、相变塑性、应力对相变、相变应变的影响和碳含量对材料属性产生的影响。

（3）Deform2D 拥有很强的前、后处理功能，通过前处理的交互或者批处理的方式可以准确直观地建立所需的有限元分析模型；后处理中可以以各种表格、曲线以及图形的方式输出模拟数据结果，以便对模拟方案的正确性以及计算结果的精确度做进一步的分析研究。

7.4 金属切削变形及有限元的基本理论

金属切削过程是切屑从工件被刀具剥离的挤压剪切变形过程，出现复杂的非线性物理化学现象，需要考虑众多的影响因素，涉及切削原理、弹性力学、材料力学、有限元等理论。如果要仿真模拟金属切削的过程，就要正确认识理解关于刀具的切削刃及刀面对工件表面形成的挤压、摩擦，切屑变形规律的内容，同时将自由直角切削简化到切削变形的过程。

7.4.1 金属切削层的变化规律

在切削理论中，切屑和工件被分为三个主要切削区域，如图 7－3 所示。I

区又称为第一变形区，工件发生塑性变形，工件受到刀具挤压晶粒发生剪切滑移。切屑沿着前刀面流出时进入第二变形区（Ⅱ区），在这里切屑会进一步受到前刀面的挤压和摩擦使靠近前刀面处金属纤维化，基本上和前刀面相平行。工件与后刀面的挤压和摩擦也会产生变形，这个区域被称为第三变形区（Ⅲ区）。

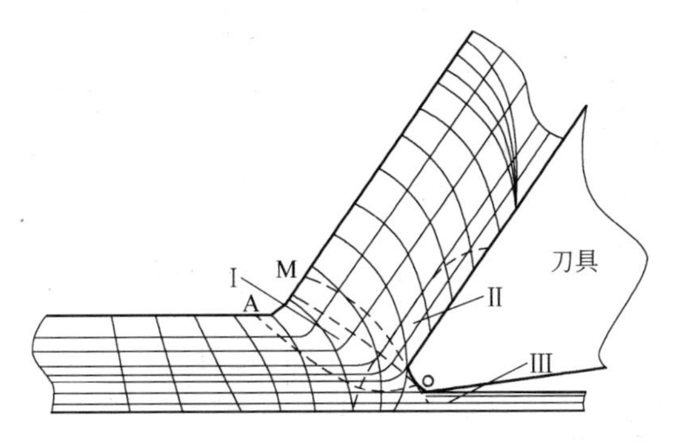

图7-3 工件切削区域分布

第一变形区的大小与切削速度有很大关系。当切削的速度较小时，第一变形区比较宽。而当切削的速度较大时，这一区域变得稍窄，可能只有0.2～0.02mm，所以在切削宽度上可以用一剪切面来表示这一区域。剪切角中的大小与切削变形和切削力的大小有直接的联系，它是衡量切削变形的一个重要标志，剪切角用剪切面与切削速度方向之间的夹角表示。

相对滑移（ε）和变形系数（ξ）是衡量切削变形程度的另外两个参数。它们相关的表达式如下：

$$\varepsilon = \frac{\cos\gamma_0}{\sin\varphi\cos(\varphi - \gamma_0)} \tag{7-1}$$

$$\xi = \frac{\cos(\varphi - \gamma_0)}{\sin\varphi} \tag{7-2}$$

式中，φ 为剪切角；γ_0 为刀具前角。

虽然剪切角可以用来衡量变形的大小，但是使用传统方法很难测量。变形系数可以更加直观地反映切屑的变形程度，并且容易测量。切屑越厚越短，变形越大，则 ξ 越大。在切削过程的仿真计算中，通过有限元软件在后处理模块中，可以很方便地测量出剪切角的大小，变形程度一目了然。但这三个参数都只能是一个相对的判断，它们是从纯挤压、纯剪切的观点出发提出来的，并不能全面反映变形的实质。

7.4.2 刀面与刀尖和已加工表面间的挤压与摩擦

第一变形区和第二变形区的特征是：靠近前刀面的切屑纤维化，流动速度会减缓，由于摩擦较大可能还会出现短暂的滞留，使切屑发生较大变形产生弯曲，而由于摩擦产生的热使刀具前刀面与切屑接触面温度升高等。同时，由于前刀面的挤压与摩擦使得切屑排出不畅，加剧了摩擦区的滑移变形，从而影响了剪切角。因此，如果要正确地模拟切削过程，必须正确地理解前刀面上的摩擦。另外，在后刀面与已加工表面处的挤压与摩擦虽然对切屑的形成影响不大，但它对已加工表面的表面质量有着很直接的影响。

对前刀面上摩擦更详尽的分析如下：

在金属切削过程中，由于前刀面的压应力很大（可达 1.96 ~ 2.94GPa 以上），且由于摩擦温度很高，很容易出现切屑与前刀面粘结的冷焊现象，使部分切屑不能很快流出，进而产生了积屑瘤。在粘结的区域，前刀面与切屑之间的摩擦已不是滑动摩擦，而是切屑在刀具的粘结层与其上层金属之间的内摩擦。这种摩擦其实是剪切滑移与接触面积有关，所以不能用考虑一般摩擦问题的方式去考虑。但是，在第二变形区由于温度相对较低，而且压应力相对较小，可以用分析一般摩擦的方式去分析这个区域。这样切屑与前刀面接触面就分为两个区域，出现粘结现象的区域为粘结摩擦区，这部分的单位切向力等于材料的剪切屈服强度，粘结区以外的部分为滑动区，该区域的单位切向力逐渐减小到零。切屑和前刀面摩擦的应力分布如图 7－4 所示。图中正压力分布曲线表明在切削刃处的应力最大，随着切屑沿前刀面流动而逐渐减小，当切屑离开前刀面时正应力为零。单位切向力的分布则是：在粘结部分的单位切向力就等于工件材料的剪切屈服强度 τ_r，而在滑动部分则逐渐减小。在实际切削过程中由于内摩擦力远大于外摩擦力，所以在研究摩擦系数 μ 时，应以内摩擦系数为主要依据。据估计，内摩擦力约占总摩擦力的 85%。综上所述，可知前刀面上的摩擦系数在各点是变化的，尤其是内摩擦部分的摩擦系数远大于外摩擦部分的摩擦系数。令 μ 代表前刀面上的平均摩擦系数，则按内摩擦规律：

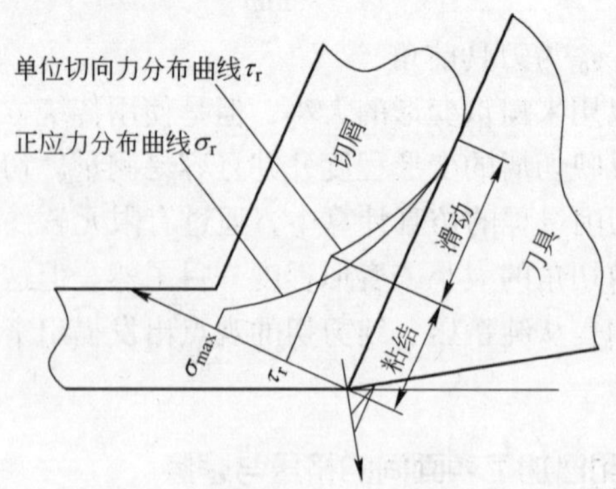

图 7－4 前刀面主应力、剪应力分布

$$\tan\beta=\mu=\frac{F_f}{F_n}=\frac{\tau_r A_{f_1}}{\sigma_r A_{f_1}}=\frac{\tau_r}{\sigma_r} \tag{7-3}$$

式中，A_{f_1}为内摩擦部分的接触面积；σ_r 为该部分的平均正应力；τ_r 为工件材料的剪切屈服强度；β 为摩擦角。

由于 τ_r 随着温度的上升略有下降，而 σ_r 随材料特性、切削厚度、切削速度以及变形程度等的变化而变化，因此，可以说，μ 是一个变量，这也说明摩擦系数变化规律和外摩擦的情况很不相同，在使用它的时候要特别注意。

平均摩擦系数只能是定性的分析，切屑底层与前刀面摩擦系数在仿真时不用平均摩擦系数，而采用更符合实际情况的解。

7.4.3 切屑变形的变化规律

在分析了摩擦区和变形规律以后，可以发现，要想获得理想的金属切削过程，其关键在于减小摩擦和变形的影响，其影响因素主要有以下四个方面：

（1）工件材料。从式 7－3 可以看出材料强度与摩擦成反比，材料强度越高则摩擦越小，切屑排出时则更容易，剪切角越大，因此变形系数会减小，所以工件材料强度越高切屑变形越小。

（2）刀具前角。挤压程度直接受前角大小的影响，前角的方向影响切屑流出的方向，也同时影响着切削合力。前角增大，切屑的流出更加顺畅，剪切角随之变大，变形系数随之变小。因此，可以说刀具前角越大，则切屑变形越小。

（3）切削速度。当切削速度比较小时，金属的流动速度会大于其变形速度，使得第一变形区向后移动，剪切角变大。切削速度增大，则切削力和摩擦系数、变形系数都会随之减小。因此，切削速度越大，则切屑变形越小。

（4）切削厚度。由式 7－3 知，切削厚度越大，则前刀面上的摩擦系数越小，切角增大，切屑变形量随之越小。

所以，必须控制以上几个方面来获得一个较为理想的切削过程仿真模型。观察切削过程中应力场、切屑变形的变化过程的较为理想的切削模型是连续切削时形成带状切屑时的模型，所以要想获得这种模型必须对以上四个方面以及切屑厚度加以控制来获得这种模型。

7.4.4 加工变形与传热问题的基本理论

切削过程中材料温度变化和材料力学性能是一个相互影响的关系。切削材料变形过程中的温度变化会改变材料的力学性能，材料力学性能的变化又会影响到材料的变形过程；同样，材料的变形产生热量又会影响材料的温度。在切削变形过程分析中，是通过影响材料的本构关系以及热应变来实现温度场和传热过程的耦合。在传热过程的分析中，变形场是通过改变传热空间、边界条件和能量转化来实现和变形过程的耦合。

在干式切削加工过程中，工件和刀具有两种主要的热交换的方式，一种是通过其自由表面以对流和辐射的方式与周围的环境进行热交换，另一种是通过其接触表面以传导方式向刀具传热。随着切削过程的进行，自由表面和接触表面不断发生变化，工件的散热条件也在不断发生变化，直到稳态切削状态。与此同时，工件内部所消耗的塑性变形功绝大部分转变为热能，会引起工件温度的升高。

7.4.4.1　传热问题的基本方程

在金属切削过程中，工件内部所消耗的塑性变形功绝大部分转变为热能，少部分转化为其他形式能，同时工件与刀具和环境之间存在温度差，使得工件在塑性变形的同时，将以传导、辐射等形式与刀具及周围环境进行热交换，所以，金属切削过程的传热问题属于非稳态热传导问题，其内热量是由工件的塑性变形能转换而来的。在这里假设材料导热各向同性，则工件瞬态温度场 T（x，y，z，t）在直角坐标系中应满足微分方程：

$$k\left(\frac{\partial T_x}{\partial x^2}+\frac{\partial T_y}{\partial y^2}+\frac{\partial T_z}{\partial z^2}\right)+\dot{q}-\rho c\,\frac{\partial T}{\partial t}=0 \tag{7-4}$$

式中，k 为材料的传热系数；T_x，T_y，T_z 为 x，y，z 方向的热流密度；ρ、c 分别为材料的密度和质量热容；$\dot{q}$ 为单位体积内的热生成率，可用下式表示：

$$\dot{q}=k_{\mathrm{p}}\bar{\sigma}\,\dot{\bar{\varepsilon}}/J \tag{7-5}$$

式中，$\dot{\bar{\varepsilon}}$ 为等效应变速率；$\bar{\sigma}$ 为等效应力；J 为热功当量系数；k_{p} 为塑性功和热能的转化比例系数，一般取0.9，称为塑性变形热排出率；塑性功大部分会转化为热能，另一部分塑性变形功则消耗在材料微观变化上如位错密度、晶界和相变等。

7.4.4.2　初始加工条件和热边界条件

初始条件一般指切削未开始进行时工件的初始温度分布，一般需要表示为在一个可控制体积V内。

$$T(x,y,z,t)_{t=0}=T_0(x,y,z) \tag{7-6}$$

式中，T_0（x，y，z）表示时间为零时刻即初始状态时所定义的工件或者环境中的温度分布。

热边界条件用来描述内部导热之间及其外部换热规律，经常使用而且简单易行的边界条件有三类：

第一类热边界条件——已知物体边界上的温度分布，且可以使用一个函数表示，用公式表示为：

$$T(x,y,z,t)\mid\Gamma_1=T_{\mathrm{a}} \tag{7-7}$$

式中，T_{a} 为已知温度值；Γ_1 为物体边界。

第二类边界条件——已知物体边界上的热流密度，且可以使用一个函数表示，用公式表示为：

$$k\frac{\partial T}{\partial n}\bigg|\Gamma_1 - q = 0 \tag{7-8}$$

式中，Γ_1 为物体边界；q 为已知热流密度；k 为材料的热传导系数；n 表示外界面任意点的外法线方向。

第三类边界条件——给定周围介质的物体表面间的热交换规律和温度变化规律，用公式表示为：

$$k\frac{\partial T}{\partial n}\bigg|\Gamma_1 - h(T - T_c) = 0 \tag{7-9}$$

式中，Γ_1 为物体边界；T_c 为环境温度；h 为放热损失系数。

根据换热方式的不同，换热又分对流和辐射和热传导三种方式。

对流换热指的是流体流经固体表面与固体接触时流体与固体表面之间的热量相互传递的现象。对流换热用公式表示为：

$$q_d = h_d(T - T_c) \tag{7-10}$$

式中，h_d 为对流换热系数。

辐射换热是指两个不互相接触且温度不同的物体或介质之间通过电磁波进行的换热。辐射换热遵循斯忒藩－玻耳兹曼定律，公式表示为：

$$q_f = \eta\varphi(T^4 - T_\infty^4) \tag{7-11}$$

式中，η 为材料表面的辐射系数；φ 为斯忒藩－玻耳兹曼常数。

7.4.4.3 传热问题的变分原理

要求变形工件的温度场分布问题，就是在给定初始边界条件下和动态得到的边界条件下，求热平衡方程的解。通常的解法是采用变分法把求解微分方程的问题转化为求解泛函极值的问题，即：

$$\varphi = \frac{1}{2}\int_V k\left(\frac{\partial T}{\partial x^2} + \frac{\partial T}{\partial y^2} + \frac{\partial T}{\partial z^2}\right)\mathrm{d}V + \int_V \rho c\frac{\partial T}{\partial t}T\mathrm{d}V - \int_V qvT\mathrm{d}V - \int_{\Gamma_2} qT\mathrm{d}S + \int_{\Gamma_3} h\left(\frac{1}{2}T^2 - T_cT\right)\mathrm{d}S \tag{7-12}$$

当式中的泛函 φ 的值取极值时，所得的温度场 T（x，y，z，t）在变形体 V 内满足初始边界条件及热平衡方程。

7.4.5 热力耦合分析方法

在金属塑性成型仿真中，黏塑性有限元法中解出材料塑性变形的速度场、应力场及应变场是采用增量变形分析逐步进行的；使用时间差分格式逐步积分得到材料的温度场。这样可以在一个时刻分别计算材料的变形和温度，然后将计算结果带入本构关系，将变形和传热的相互影响同时考虑，即可实现塑性成型过程的热力耦合分析。

热力耦合分析有两种常用方法：一是增量区间的耦合迭代法[216]；另一种是准静态迭代法[217]。耦合迭代分析法即在进行耦合分析时，将速度场和温度场独立进行计算求解。温度对变形的影响是通过温度对流动应力的影响加以考虑，变形对温度的影响是将内热源产生的热流矢量加入求解方程中。耦合迭代法的特点是耦合度也比较高，求解精度高，但是求解过程复杂。与耦合迭代法相比，准静态迭代法求解温度场时没有使用计算温度对时间的导数求解，使得计算过程更加简洁。由于温度的计算没有采用与速度同时迭代求解，变形过程的耦合计算程序编写也更为简单，且其耦合迭代法和计算精度相同[218]。准静态迭代法被 Deform2D 采用。

7.4.6 热力耦合控制方程

在热力耦合过程中需要一个热力耦合控制方程[219]，它反映的是变形体内部各物理量与外部载荷之间在剧烈运动中的相互变化关系，是切削过程中热力耦合的理论基础。根据大应变、大变形理论，应用虚功原理，得到欧拉描述的切削单元控制方程。它有效地反映了变形体内部各物理量与外部载荷之间在剧烈运动中的相互变化关系。切削单元控制方程为：

$$\int_V \tau_{ij}\delta\varepsilon_{ij}\mathrm{d}V = \int_V Q_i\delta u_i\mathrm{d}V + \int_S F_i\delta u_i\mathrm{d}S \tag{7-13}$$

式中，δu_i 为虚位移；V，S 为现时构形中体积和表面积；Q_i、F_i 为单位体积力载荷矢量和表面力载荷矢量；$\delta\varepsilon_{ij}$为定义在现时构形中的无限小应变；τ_{ij}为欧拉应力张量。

由于欧拉描述的单元控制方程其边界条件是未知的，因此，需要将欧拉单元控制方程转换为拉格朗日描述方程。经过理论推导，再对工件所有单元的控制方程进行集合运算，得到切削加工工件和刀具的整体的有限元控制方程：

$$\sum\int_{V_0} B^{\mathrm{T}}S\mathrm{d}V_0 = \sum\int_{V_0} N^{\mathrm{T}}Q_i^0\mathrm{d}V_0 + \sum\int_{S_0} N^{\mathrm{T}}F_i^0\mathrm{d}S_0 \tag{7-14}$$

式中，V_0，F_i^0，Q_i^0，F_0 分别为单元体在初始构形中占据的体积、表面积、单位体积载荷矢量、表面积载荷矢量；N 为单元形函数；B 为单元应变矩阵。

8 构建 Al_2O_3/ZrO_2 （Y_2O_3） 刀具与加工材料的切削模型

8.1 干式切削加工热力耦合分析过程

金属切削过程是典型热力耦合作用过程，并且伴随着高应变、高应变率和瞬间高温等问题，刀具和工件接触挤压，发生相对运动引起工件微观组织各部分的应力变化和接触界面摩擦热变化，挤压区的高应力引发的摩擦生热与塑性应变产生的热共同影响着切削区温度场，温度场又会反过来通过材料本构关系影响着切削区的应力场。在早期由于耦合计算过程复杂且硬件条件有限所以分析过程费时费力难以实施，随着电子计算机技术的快速发展，热力耦合分析成为了现实，并且为能够更好的研究金属切削加工机理起到了非常重要的作用。

在绿色切削的过程中，不用添加切削液，剧烈的摩擦和刀具工件挤压引起的断裂将使切削部分区域的温度瞬间升高，使得加工材料力学性能受到影响，同时也会影响到新形成的工件表面的质量和刀具的磨损情况。由切削力导致工件的大变形和断裂的表现形式是随着温度的变化而变化的，单纯的分析应力场和温度场是与现实切削区别很大的，所以，必须将切削的温度场与切削应力场进行耦合分析，才能得到比较精确且符合现实情况的结果。

在进行绿色切削加工仿真过程中，要考虑加工过程的热量传导的问题，需要从以下三个方面进行分析：

（1）工件和刀具表面与外界以对流和辐射两种方式进行热量的交换。对流换热是通过设置对流系数和环境温度来实现的，在本研究中设环境温度统一为20℃，对流系数为20W/（m·℃）。而辐射过程包括刀具对外界的辐射和工件的辐射，其中的刀具和工件的辐射值取0.75。

（2）工件与刀具相互作用的接触传热。其中，刀具的热传导系数取59W/（m·K）。刀具和工件的比热在物理模型中定义。

（3）加工过程中塑性功转变成热能，本研究中功能转化率取0.9，也就是将变形能的90%作为一个稳定的热源存储于传热计算中。

8.1.1 三维到二维切削模型的转化

如果使用三维模型进行切削计算，其运算时间和计算量要远大于二维模型。由于三维网格粒度相比二维状态大很多，造成运算结果的准确度降低。在目前计算机速度的情况下简化运算时间及复杂程度已提高模拟精度，需综合考虑计算精度和时间，为了获得切削过程中相关数据（如切削力、切削温度的变化规律），要对三维模型进行二维简化，使相对复杂的三维切削过程简化成为二维直角正交切削。

图 8－1～图 8－3 分别为三维切削过程与三维及二维简化切削过程示意图。分析图 8－1 知直角正交切削过程中，工件被切削部分与刀具之间的有一个相对一致的运动状态。在刀具的主运动的切线方向去看，在平行于基面的平面上，工件材料截面是一个矩形平面，在切削深度的方向上。如图 8－2 所示，由于切削刃上各点切屑流出方向近似可以认为相同，所以切削刃上的各个点都是等效的。由广义等效方式，可以把三维的六面体或四面体单元转化为二维的四边形平面单元进行处理，这样可以把复杂的三维问题转化为二维平面问题。用金属刀具切削材料时的有限元模拟，当切削深度远远大于进给量的时候就可以忽略切削深度对切削过程的影响，一般切削深度是进给量的 5～10 倍[220]。由于陶瓷刀具的耐用度模型与金属刀具模型的不同[20]，选取切削深度为进给量的 2～5 倍。进而把三维的直角正交切削过程转化为简化二维正交状态的切削过程（如图 8－3 所示），作为建模基础。

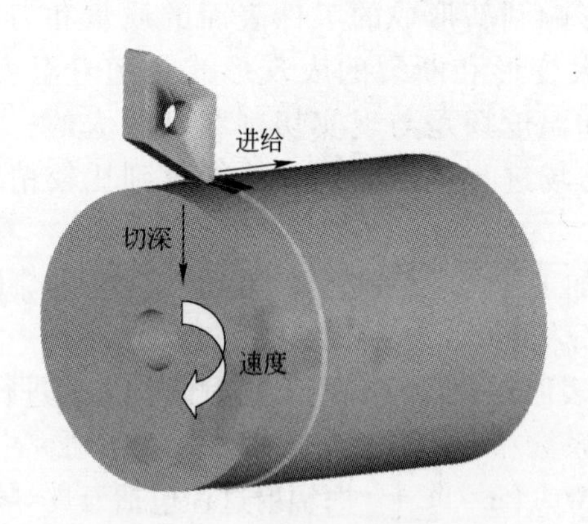

图 8－1 三维状态下切削过程

8.1.2 模拟方法

建模过程考虑到结构变形产生热，而也须同时观察应力、应变、温度等变化，所以采用热－固耦合进行分析。应用切削模拟中最广泛的三种有限元分析方

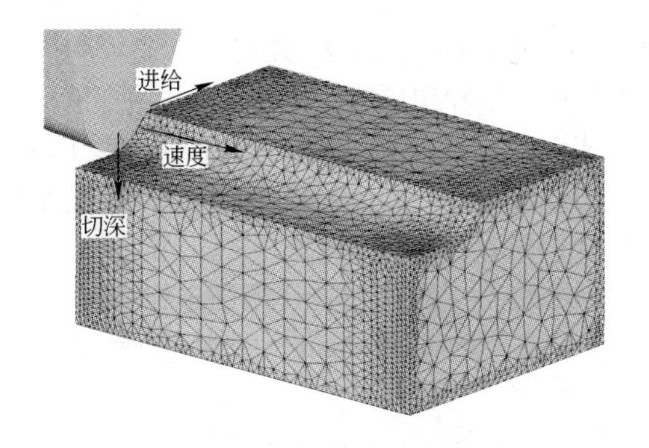

图 8－2 简化的三维切削过程

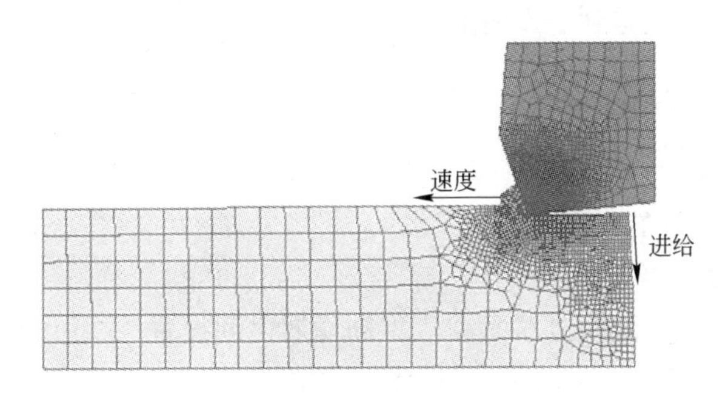

图 8－3 简化二维状态切削过程

法：ALE、Lagrange、Euler。而这些算法主要区别是对工件的处理和切削过程中对工件的影响。

Lagrange 法是以物质坐标为基础的方法，大多用于固体结构的力学分析和一些热流分析，其划分的网格单元在切削过程中的表现为网格随着物质点一起移动，所以采用 Lagrange 法描述的网格和分析的结构可以理解成是网格刻在工件上。在切削中采用这种方法，可以完整地分析切削过程中工件的变形和切屑的形成过程，并且物质不会在单元之间流动。但是切削过程是一个高速变形的过程，很容易出现严重的网格畸变现象，因此不利于切削计算的进行。

Euler 法以空间坐标为基础的方法，在这种方法中划分的网格单元和所分析的物质结构不是完全相互依赖的，网格的各个节点在整个分析过程中始终保持最初的空间位置，网格也不会变形。由于该算法的这个特点，网格的大小形状和空间位置不变，在整个数值模拟过程中，整个模拟的所有迭代过程的计算数值的精度是一致的。但是在切削模拟中，很难准确地自定义出这种方法需要的模型，所以大多是通过某种方法得到模型然后再通过这种方法继续切削过程。

ALE 法吸收了 Lagrange 法和 Euler 法的优点，还是以切削为例，即首先在工件边界运动的处理上它引进了 Lagrange 法的特点，因此在切削过程中就可以有效地跟踪物质结构的边界的运动和切屑的变形过程。在内部网格的划分时，让内部网格单元独立于物质实体，但在切削过程中它又不完全和 Euler 网格相同，网格根据定义的参数在求解过程中适当调整位置，避免出现严重的畸变。这些特性使得这种方法更加适用于切削的有限元模拟。

Deform 对拉格朗日法进行了改进使得在切削过程中可以根据某些物理条件（应力、应变、应变率、温度等）的权值进行网格的不断重新修正，可以看作是对拉格朗日法的进一步优化，从而使得模拟进行得更加顺利，模拟的精度也进一步增加。

研究中使用更新的拉格朗日法进行瞬态分析得到稳态切削模型，然后使用 Euler 法进行稳态模拟得到稳态时的应力场和温度场。

8.1.3 瞬态切削几何模型

瞬态模型的模拟作用主要是为稳态提供初始模型，同时通过瞬态模拟结合切削原理证明模拟过程的合理性。

8.1.3.1 破坏单元模型

如图 8 - 4 所示的建模方法是在工件和切屑之间设置一层可以被消除的网格。消除的规则即断裂准则，断裂准则有多种设置方式（几何断裂准则、物理断裂准则、人为干扰断裂，也可以组合使用）。

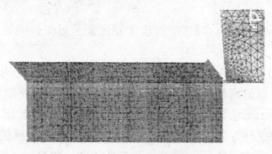

图 8 - 4 破坏单元模型

这种模型的优点：由于分离准则是自定义的，所以可以由自定义的方式简化工件和切屑的分离准则。为了实现锯齿状切屑会把分网的网格做成与切屑流出方向呈一定角度的斜角平行四边形，可以缩短计算时间。

与之对应的缺点是：自定义的分离规则不能完全反映切削过程，所以计算精度不高。虽然可以实现锯齿切屑，但是这与实际的金属晶粒不规则排列差距很大。所以这种模拟的结果只能当做实现特殊切屑的特殊处理方式，这种方法可以相对正确的模拟出形成过程和切屑的形状，并不能代表普遍现象。被破坏的单元会消失，这样首先影响了总体质量，其次与切削理论背离。由于分离切屑和工件之间分离层材料物理属性不同，所以不能完全传递切削中产生的力。切削位置不易调整模型构建困难。破坏的单元会减少模型体积。

8.1.3.2　分离线模型

经典几何分离模型如图8－5所示。分离线模型的建模方法是在工件和切屑之间设置一条由单元边界构成的分离线，分离线上的单元顶点分离规则即断裂准则，这个断裂准则设置的种类与破坏单元中相同。

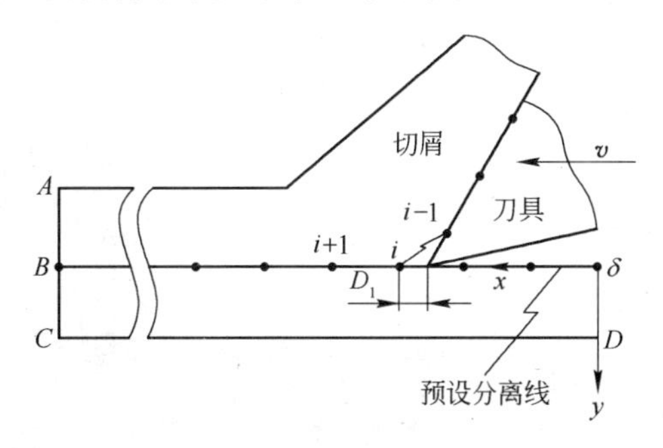

图8－5　经典几何分离模型

这种设置方式除了具有第一种模型的优点外，还修正了缺点：同样实现了工件与切屑分离，但是不会减少模型体积，更加接近真实切削模型，但是仍然与切削理论不符。

8.1.3.3　整体模型

整体模型如图8－6所示。从图8－6可以看到此方法的建模方式比较符合客观实际，较为普遍，工件为传统的矩形，由于不用设置分离线和破坏单元，主要依据材料的本构关系和断裂准则使切屑和工件分离，所以这种模型更具有一般性和普遍性。这种模型的缺陷是不能模拟特殊切屑形状。

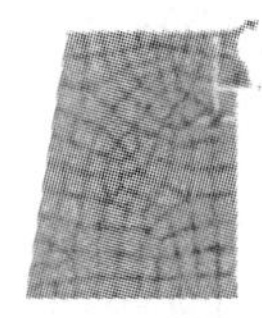

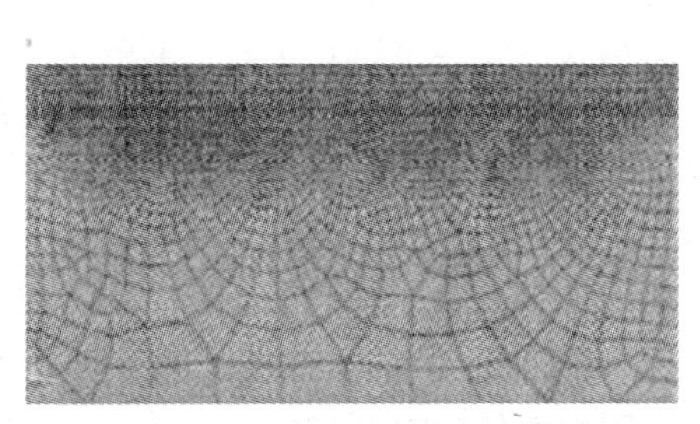

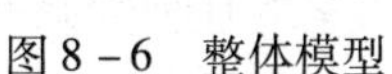

图8－6　整体模型

8.1.4 稳态切削几何模型

由于瞬态切削模拟的工件长度会很短，很难达到温度场均匀分布时间，并不能得到刀具最终的温度场分布，所以需要做稳态分析来得到稳态时的温度场和应力场。一般稳态模拟模型如图 8 - 7 所示。

在刀尖与工件相互作用过程中，当刀尖最近点的某一个或者某几个物理量（如应变、应力、温度等）超过材料规定的破坏值时，则仿真过程认为该点被破坏（见图 8 - 7）。

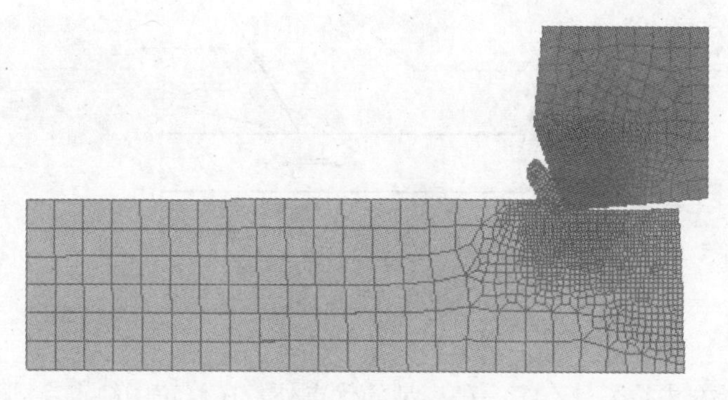

图 8 - 7 稳态模型

即采用欧拉法进行模拟，基本模型从瞬态模拟中获得然后将切屑删除部分网格，把工件当成流体处理，定义好工件材料的流入和流出方向，欧拉法的思路是，单元网格固定，材料在网格内部流过。这样做的好处是，只要有模型就可以得到稳态温度场和应力场，不用把工件做得太长，这样计算很快，大大缩短了计算时间。

8.1.5 材料的本构方程

材料的本构关系就是指在特定材料的微观组织下，材料的流动应力由应变、温度、应变速率等热力学参数所构成的热力学状态所做出的响应。这种变化规律会随着不同的材料的变化而变化，但是一般都会是一条曲线的形式表现出来，所以可以用某种方程去拟合材料实际测试得到的曲线，这样就得到了一个方程，而这个方程就是该材料的本构方程。

材料本构模型用来描述材料的力学性质，表征材料变形过程中的动态响应。在材料微观组织结构一定的情况下，流动应力受到变形程度、变形速度及变形温度等因素的影响非常显著。这些因素的任何变化都会引起流动应力较大的变动。

材料本构方程有很多种，常用于塑性材料的有 Bodner - Paton 模型、Follansbee－Kocks 模型、Johnson－Cook 模型、Zerrilli－Armstrong 等模型，如图 8－8 所示。每种模型的侧重不同，有的甚至忽略了很多影响因素，所以要具体情况具体分析，选择适当的模型。

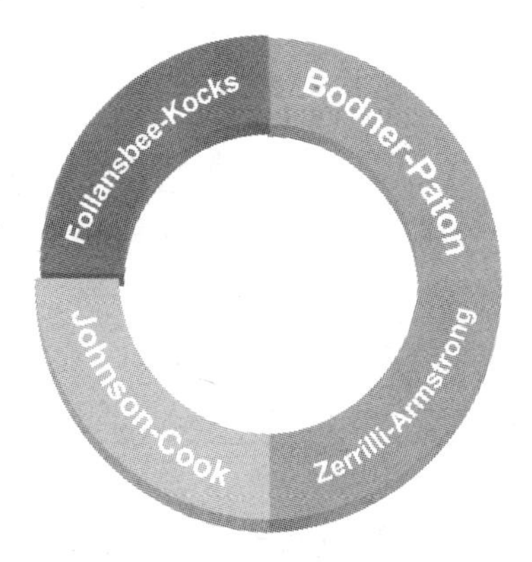

图 8－8 常用于塑性材料的本构方程

在切削过程中，工件在高温、大应变下发生弹塑性变形，被切削材料在刀具的作用下变成切屑时的时间很短，而且被切削层中各处的应变、应变速率和温度并不均匀分布且梯度变化很大。只有 Johnson－Cook 模型可描述材料高应变速率下热黏塑性变形行为。Johnson－Cook 模型认为，材料在高应变速率下表现为应变硬化、应变速率硬化和热软化效应。Johnson－Cook 模型见式 8－1：

$$\sigma = (A + B\varepsilon^{n})\left[1 + C\ln\left(\frac{\psi}{\psi_0}\right)\right]\left[1 - \left(\frac{T - T_{\mathrm{r}}}{T_{\mathrm{m}} - T_{\mathrm{r}}}\right)^{m}\right] \tag{8-1}$$

式中，第一项描述材料的应变强化效应；第二项反映流动应力随对数应变速率增加的关系；第三项反映流动应力随温度升高指数降低的关系。ψ 表示参考应变速率；T_{m}，T_{r} 分别为参考温度和材料熔点。A，B，n，C，m 是 5 个待定参数，其中 A，B，n 表征材料应变强化项系数，C 表征材料应变速率强化项系数，m 表征材料热软化系数。

8.1.6 接触模型

接触在仿真中的定义是指当两个单元相互接触或者满足相应的接触容差时，按照一定的接触规则进行相互作用，从而对应力、应变以及温度产生影响。所以对于接触的定义很重要，它的正确与否直接关系到结果的精度和对错。图 8－9 所示为刀具与工件接触的三个接触对。切削过程中两个主要的接触对为：

（1）刀具、切屑接触对。在模拟中表现是切屑与前刀面的接触，这个接触对主要设置摩擦模型和接触容差，决定切削中产生的热量和摩擦力，是切屑形成和分离的主要原因。

（2）工件、切屑接触对。在实际切削仿真中，切屑不容易实现像实际切削那样脱离工件或者自由卷曲（一般模拟为了节约时间也不会把工件做的太长），而容易直接插入工件，所以需要这个接触对来预防此种情况的产生，让结果容易收敛。同时让过程尽量符合现实切削。

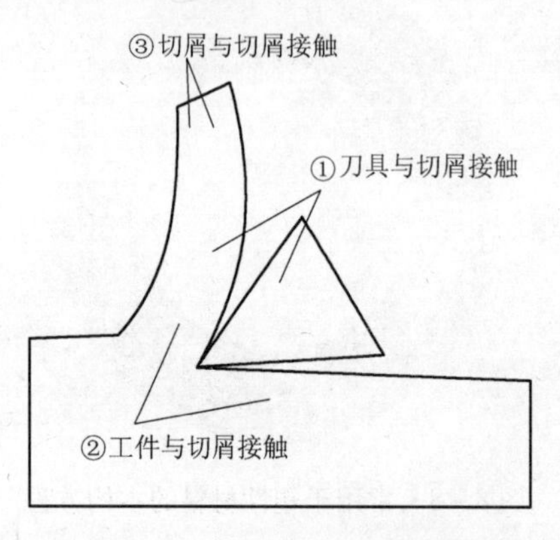

图 8-9 刀具与工件的接触模型

8.1.7 摩擦模型

摩擦模型主要作用在材料与弓箭接触和相互作用的过程中，它决定了机械能转化为热能的多少。摩擦模型涉及很多方面的问题，它是一个系统的属性，它的决定因素有很多（直接影响因素包括表面正压力、温度、表面几何特征、相互接触的材料特性等），在接触中会产生最大的变形，也是热产生的主要原因，同时会发生热交换，对整个切削过程很重要。所以，选择合适的切削模型和参数对切削模拟的精度至关重要。

在实际切削和计算机模拟切削过程中，切屑与前刀面的接触区域是一个高应力高温区域，前刀面会与切屑粘结。切屑与前刀面的摩擦由于其粘结会产生两个摩擦区域：粘结摩擦区、滑动摩擦区，如图 8-10 所示。

粘结摩擦区在 $0<l<L_p$ 部分，由于高温使金属工件软化，高应力使切屑与刀具前刀面粘结，也可能嵌入刀面的不平的表面里，从而形成长度为 L_p 粘结摩擦区，其中的材料基本处于塑性状态，实际切削中切屑可能会带走刀具材料，所以这部分也是引起刀具磨损的主要区域。

滑动摩擦区域（$L_p<l<L_p+L_c$）主要在粘结区之后和切屑脱离前刀面之前，由于这个区域没有粘结，所以情况相对于粘结摩擦区简单，其摩擦力可以应用修正的库仑定律计算。经典库仑定律计算公式如下：

$$\mu=\frac{F_f}{F_n}=\frac{\tau_s}{\sigma_{av}} \tag{8-2}$$

但是，由于实际切削较为复杂，也为了数据更为精确，所以较多使用修正的

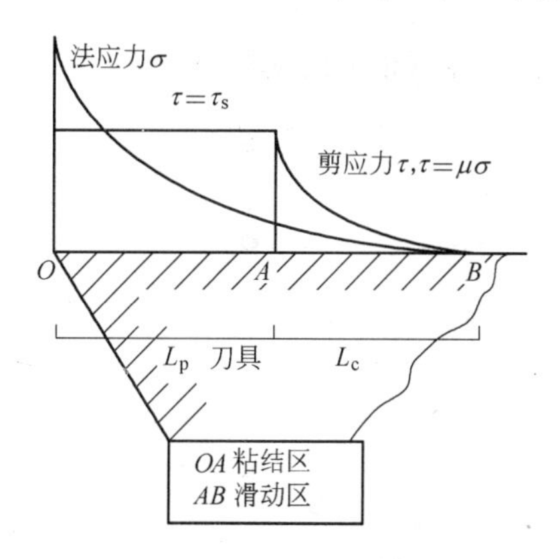

图 8-10 切削摩擦区域分布

库仑定律：

$$\tau_f = \min(\mu\sigma_n, \tau_s) \tag{8-3}$$

式中，τ_f 为接触面滑动的临界剪应；μ 为摩擦系数；σ_n 为接触面上的压力；τ_s 为软材料的临界剪切屈服强度。

由于滑动摩擦区的长度和粘结摩擦区的位置很难确定，所以一般根据经验得到，按接触区总长度的一半处理。由于理论上粘结摩擦力很大，一般把力或者摩擦系数设为定值，一般设置为 1。由于滑动摩擦区中刀面和切屑相对速度很高而且应力相对较小，所以需要一个较小的值，一般取 0.3～0.4。

8.1.8 分离准则

工件与刀具作用的过程表现为：工件接触刀具，工件发生弹性形变，当刀具进一步切入工件时工件发生塑性形变，刀尖以上的工件部分与工件基体分离形成切屑。这也是切屑的形成过程。

需要合理分离准则来描述整个分离过程。分离准则有很多种，如 Shear damage、Johnson-Cook，但是从最终理论上分，一种是几何分离准则，另一种是物理分离准则。

8.1.8.1 几何分离准则

所谓几何分离准则，即当前面两个节点前面两个点的距离大于某一个指定距离的时候认为两个点分离。几何断裂准则一般是定义一条由可分离单元或者单元边界构成的路径，如图 8-11 所示刀尖一直沿着 *BA* 直线方向进行切割，当刀尖接近 *B* 点，小于某个预定的距离时 *B* 点分离成两个点（*GB*），工件会随着 *B* 点的分离而成为两部分，一部分会留在工件上（*GFEA* 部分），而另一部分（*BCDA* 部分）构成切屑，即几何分离准则的节点分离过程。这个将要分离节点与刀尖的距离需要不断调整实验，很难得到一个准确的值，而且并不能得到一个普遍的值使其适合所有的材料，因此有很大的局限性。

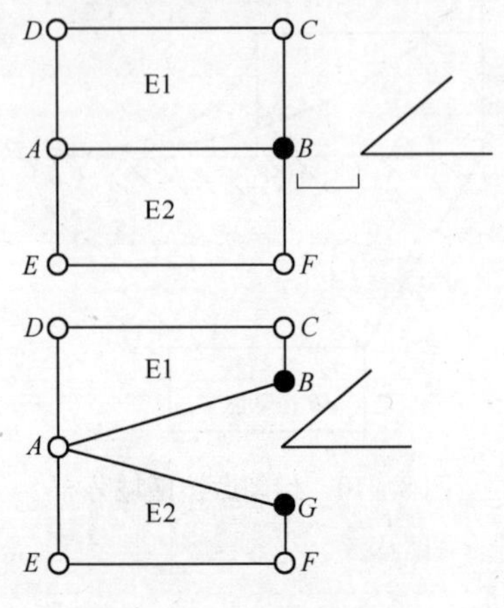

图 8－11　几何分离准则

8.1.8.2　物理分离准则

在刀尖与工件相互作用过程中，当刀尖最近的点的某一个或者某几个物理量（如应变、应力、温度等）得到材料的规定的破坏值时则仿真过程认为该点被破坏。考虑到实际切削过程和实际材料的破坏过程，该准则更适合切削过程，模拟结果也更有说服力，但是对于高速过程很难得到这个值，所以其各个参数的值也较难确定。在已经应用的例子中，Carroll 等使用了等塑性应变的分离标准，即规定在刀尖行进的路径上，距刀尖前缘最近节点的等效塑性应变如果达到临界值，则该单元节点分离。

对 Deform2D 中的默认使用剪切的失效模型来模拟干硬车削过程中切屑同工件的分离。由于金属切削过程是一个大变形高速应变的过程，切屑产生了大变形，应力与时间并不是单值关系，因而采用应变作为分离标准。在 Johnson－Cook 剪切失效（shear failure）模型中，当 w 的值大于 1 时，则假定为材料失效。如果在单元网格的所有积分点都发生失效，则该单元将被从网格中删除。失效参数定义如下：

$$w = \sum \frac{\Delta \varepsilon^{\mathrm{pl}}}{\varepsilon_{\mathrm{f}}^{\mathrm{pl}}} \tag{8-4}$$

临界等效塑性应变 $\varepsilon_{\mathrm{f}}^{\mathrm{pl}}$ 的值依赖于无量纲塑性应变率无量纲应变率$\frac{\varepsilon^{\mathrm{pl}}}{\varepsilon_0}$和无量纲偏压应力率$\frac{\sigma_{\mathrm{n}}}{\sigma_{\mathrm{Mise}}}$（$\sigma_{\mathrm{n}}$ 是压应力，σ_{Mise} 是 Mises 应力）以及无量纲温度，这个温度在 Johnson－Cook 模型中给出定义。

8.2 基于仿真切削的基本要求及条件

8.2.1 刀具的几何参数

由于陶瓷刀具抗弯强度比硬质合金刀具抗弯强度低，切削淬火钢等硬度较高的工件过程中受到较大的应力和振动冲击，容易产生刀刃的破损和崩裂，一般选用一定的倒棱角和负前角。倒棱角不仅可以增加刀尖强度，而且可以提高加工表面的精密度。

刀具的几何参数会根据不同的工件材料和切削方式发生变化，在具体的实验中会进行具体的选择。

8.2.2 工件的几何参数

由于在模拟过程中 Deform 会不断地根据目前的切削状态和参数进行网格的再划分，所以工件的大小对计算时间有重要的影响，同时越长的工件，在对稳态模拟模型的选择提供更多的分析步骤。工件的高度不宜太小，工件高度太小则不易观察切屑附近的温度场，研究统一取 10mm，所以高度应该至少大于进给的 2 倍。

8.2.3 有限元模型和边界条件

抽象出切削模拟的 2D 模型和初始网格采用了刚度较低，大应变不易自锁的四边形单元。并且在初始网格中工件和刀具接触区域进行了局部网格的多层细化，细化的网格可以提高计算精度，减小实验误差，同时控制了网格畸变，提高了模拟的可靠性。

立式车削有限元模型及边界条件如图 8－12 所示，有限元模型中所有边界条件都为节点边界。速度边界条件：刀具固定不动，即 bc 边界速度自由度的值都为 0，工件以给定的速度向刀具方向运动，即 a 边上所有节点的 x 方向速度为切

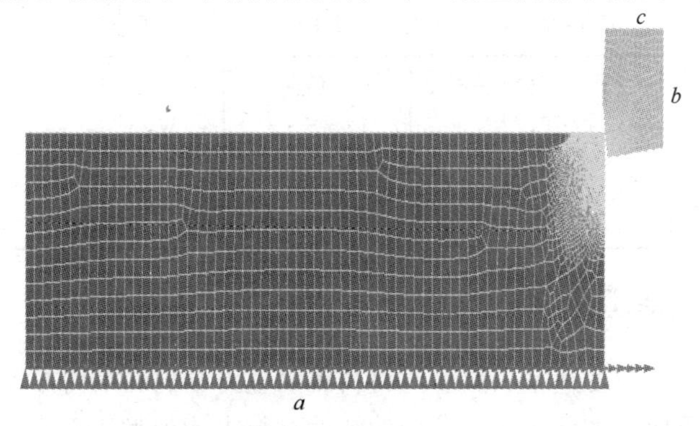

图 8－12 立式车削有限元模型及边界条件

削速度，y 方向速度为 0。温度边界条件设定：工件的 a 边和刀具的 bc 边都为绝热边界，即温度为定值，都为 20℃，其他边界都为环境自由换热条件。

8.2.4 Al_2O_3/ZrO_2（Y_2O_3）陶瓷刀具的物理参数

刀具材料为 Al_2O_3/ZrO_2（Y_2O_3）复合陶瓷材料，刀具材料的物理参数是由实验获得的数据，如表 8-1 所示。

表 8-1 Al_2O_3/ZrO_2（Y_2O_3）陶瓷刀具材料物理参数

密度 $\rho/g\cdot m^{-3}$	杨氏模量 E/GPa	泊松比 ν	比热容 $c/J\cdot g^{-1}\cdot K^{-1}$	导热系数 $\lambda/W\cdot m^{-1}\cdot K^{-1}$	线（热）膨胀系数 $\alpha/℃^{-1}$
4.98	355.6	0.3	0.474	25.145	8.412×10^{-6}

8.2.5 工件材料的选择及物理参数

研究使用 1045 淬火钢和 H13 模具钢作为仿真切削的加工材料：

（1）1045 优质碳素结构钢（1045 为美国标号，对应 45 号碳素钢）是铁碳二元合金，碳含量为 0.45%，为中碳优质结构淬火钢，其硬度为 HRC55～58，拥有完整的机械失效变化曲线，易切削加工具有良好的综合力学性能，在装备制造领域得到了广泛应用。

（2）H13（4Cr5MoSiV1）模具钢为典型的难加工材料，硬度大于 HRC50。该材料具有高的淬透性和抗热裂能力，广泛用于制造冲击载荷大的锻模、热挤压模、精锻模，铝、铜及其合金压铸模。由于该种材料含有较多的碳和钒，耐磨性好，韧性相对有所减弱，具有良好的耐热性，并且其在较高温度时具有较好的硬度、强度，优良的综合力学性能和较高的抗回火稳定性。

1045 淬火钢和 H13 模具钢的物理参数如表 8-2 所示。

表 8-2 1045 淬火钢和 H13 模具钢的物理参数

材料名称	密度 $\rho/g\cdot m^{-3}$	杨氏模量 E/GPa	泊松比 ν	比热容 $c/J\cdot g^{-1}\cdot K^{-1}$	导热系数 $\lambda/W\cdot m^{-1}\cdot K^{-1}$	线(热)膨胀系数 $\alpha/℃^{-1}$
1045 淬火钢	7.8	200	0.3	0.611	55	14.9×10^{-6}
H13 模具钢	7.8	211	0.28	0.782	62	12.7×10^{-6}

8.2.6 工件的 Johnson-Cook 模型物理参数

建立受应变、应变速率、温度对材料流动应力影响的本构方程，在切削仿真中极其关键和重要。如前所述，常用的塑性材料本构模型主要有 Bodner-Paton、Follansbee-Kocks、Johnson-Cook、Zerrilli-Armstrong 等模型，而只有 Johnson

-Cook 模型可描述材料高应变速率下热黏塑性变形行为。Johnson-Cook 模型认为材料在高应变速率下表现为应变硬化、应变速率硬化和热软化效应，Johnson-Cook 模型如式 8-1 所示：

$$\sigma = (A + B\varepsilon^n)\left[1 + C\ln\left(\frac{\psi}{\psi_0}\right)\right]\left[1 - \left(\frac{T - T_r}{T_m - T_r}\right)^m\right] \tag{8-1}$$

式中，第一项描述材料的应变强化效应；第二项反映流动应力随对数应变速率增加的关系；第三项反映流动应力随温度升高指数降低的关系。ψ 表示参考应变速率；A，B，n，C，m 是 5 个待定参数，其中 A，B，n 表征材料应变强化项系数；C 表征材料应变速率强化项系数；m 表征材料热软化系数；T_m，T_r 分别为参考温度和材料熔点。

1045 淬火钢和 H13 钢的各个参数值[196]如表 8-3 所示。

表 8-3 1045 淬火钢和 H13 模具钢的 Johnson-Cook 模型参数

材料名称	A /MPa	B /MPa	n	C	m	T_m /℃	T_r /℃
1045 淬火钢	553	600	0.234	0.013	1.0	1460	20
H13 模具钢	674.8	239.2	0.28	0.027	1.3	1478	20

8.2.7 仿真模拟过程

刀具切削过程的切削力、切削温度及应力场的数值模拟分为三步进行（见图 8-13）：

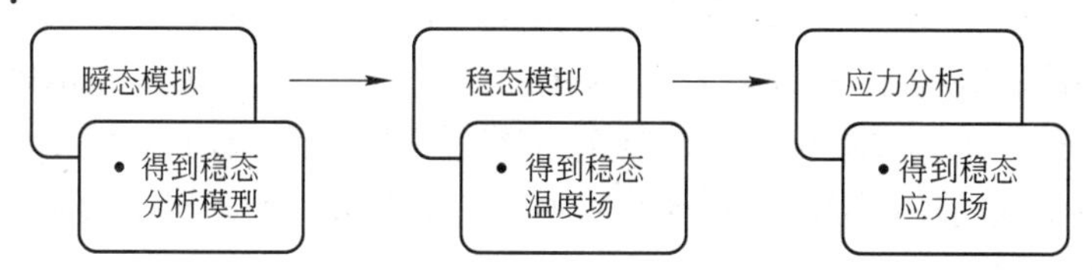

图 8-13 模拟计算关键步骤示意图

（1）把刀具定义为理想刚性体，工件为塑性体，采用更新的 ALE 法和自动更新网格来进行动态分析，使刀具切削满足加工工件要求。

（2）将刀具定义为塑性体，取进给量的 5 倍时切削状态，此时刀具切削刃边界上的受力和温度作为边界条件映射到刀具前刀面上，然后做 Euler 稳态模拟，得到稳态时的刀具的温度场。

（3）以（2）中的模拟结果为基础进行刀具的应力场模拟，获得刀具在切削稳态时的应力场。

由切削原理可知，加工过程（1）包括了切屑的形成和生长阶段，（2）和（3）为切屑的稳态生长阶段。

9 实际半精加工切削1045淬火钢与仿真切削对比

9.1 实际半精加工1045淬火钢的切削性能及耐用度

9.1.1 陶瓷刀具切削1045淬火钢的实际意义

在切削加工中淬硬钢（硬度为HRC55～65，包括普通淬火钢、淬火态模具钢、轴承钢、轧辊钢及高速钢等）是典型的耐磨结构材料。与非淬火态相比，加工淬硬钢切削力增加30%～100%，切削功率增加1.5～2倍，切削变形加剧，切削温度升高。因此，要实现淬硬钢的干式切削工艺，要求刀具材料具有良好的抗高温热磨损性能[196]，同时具备较优良的综合切削性能和合理的性能价格比[197]。

以Al_2O_3/ZrO_2（Y_2O_3）陶瓷复合材料作为刀具，根据半精加工的要求对1045淬硬钢进行较系统的切削研究。在刀具几何参数、切削用量工件材料不变的条件下，对比了Al_2O_3、Al_2O_3/ZrO_2（2Y）和Al_2O_3/ZrO_2（3Y）三种陶瓷刀具的耐磨性能；分析了Al_2O_3/ZrO_2（Y_2O_3）复合刀具在切削淬硬钢时的失效形态和磨损机理，用一元线性回归对陶瓷刀具耐用度进行了评价；得出切削用量在加工过程中优选的先后顺序，获得半精加工切削参数，为氧化物陶瓷刀具提供有价值的参考数据。

9.1.2 氧化物陶瓷刀具的性能特点

世界各国多年来对陶瓷刀具材料的研究已经验证，除断裂韧性不如硬质合金，其他的切削性能都优于硬质合金刀具。氧化物基陶瓷刀具主要性能特点表现为：

（1）很高的硬度和耐磨性。一般陶瓷刀具的硬度达到HRA91～95，超过硬质合金的硬度范围（HRA89～93）。陶瓷刀具所具有的性能更适应加工冷硬铸铁和淬硬钢。

（2）优越的高温性能。陶瓷刀具切削温度在1200℃以上，性能受到的影响几乎很小，高温切削时的硬度与200～600℃时硬质合金的硬度相当。由于陶瓷有很高的高温硬度，在540℃时硬度为HRA90，在760℃时为HRA88，在1200℃时为HRA81。虽然陶瓷刀具材料常温下抗弯强度不高，但高温下，抗弯强度降低很少。

（3）良好的抗粘结性能。氧化铝与金属的亲和力很小，它与多种金属的相互反应比很多碳化物、氮化物、硼化物都低，不容易与金属粘结，因此，具有较好的抗粘结磨损能力。

（4）很好的化学稳定性。氧化铝陶瓷的化学稳定性优于硬质合金，即使在熔化温度下也不与碳钢发生化学反应，氧化铝在铁中的溶解度比WC要低4～5倍，所以切削时的扩散磨损较小。

（5）摩擦系数较低。陶瓷刀具切削时的摩擦系数比硬质合金低，摩擦系数低的刀具材料可使切屑不易粘结刀具前刀面，减小积屑瘤，从而提高被加工材料的表面光洁度。

9.1.3 合理的选择陶瓷刀片几何形状及参数

由于陶瓷刀具抗弯强度比硬质合金刀具抗弯强度低，切削过程受到较大的拉应力和振动冲击容易产生刀刃破损，但其抗压强度却较高，接近WC基硬质合金刀具。如果选用正前角，刀尖处相当于悬挂梁，使前刀面受到很大的拉应力，容易造成崩刀。所以一般采用合理的负前角，使切削力作用于较后的刀体上拉应力变成压应力，从而发挥了陶瓷材料抗压强度的优势，并不容易造成刀具破损。但采用较大的负前角，会使切削力增大而引起加工中的振动，也会造成刀具破损，故常用的前角采用 $\gamma_0 = -5°$。

刀刃负倒棱的宽度和角度 $b_{r1} \times \gamma_{01}$ 对陶瓷刀片切削过程有很大影响，合理选择负倒棱可以增强刃口的强度、减缓冲击并有效的防止破损。大量的试验研究表明，陶瓷刀具没有负倒棱就不能进行正常的切削。常用的参数应根据加工条件来确定，如表9－1所示。

表9－1 加工条件与负倒棱、角度、刀尖半径的关系[198]

几何参数名称	符号	推荐值	加工条件
负倒棱宽度×角度	$b_{r1} \times \gamma_{01}$	0.8mm×10°	粗加工
		0.1mm×10°	半精加工
		0.05mm×20°	精加工
		不倒棱	高精加工
		0.15mm×30°	精铣
刀尖圆弧半径	r_ε	1～2.0mm	一般粗加工
		0.5～1.6mm	一般半精加工

续表 9-1

几何参数名称	符号	推荐值	加工条件
刀尖圆弧半径	r_ε	0.2~0.5mm	精加工
		圆形刀片	机床—工件—刀具系统刚性特好的粗、精加工；高强、高硬、有硬皮毛坯铸锻件粗加工

后角 α_0 的作用主要是为了减少后刀面与加工材料表面的接触和摩擦力。陶瓷刀具一般采用负前角、负倒棱及刀尖圆角等，由于刀具切削刃对加工材料表面的摩擦和挤压完成的切削过程，势必造成切削刃附近的后刀面上径向分力、切向分力增大，后角太小会加快磨损或导致崩刀现象，故合理的后角为 $\alpha_0=5°$。

主偏角 K_r 的大小影响刀尖部分的强度和散热条件，并影响各切削分力之间的比例。主偏角越小，切削条件不变的条件下切削宽度越大，切削厚度越小，刀尖角也越大，因此散热条件得到了改善，但径向力 F_r 增加较大，当加工系统的刚性不好时会引起振动，导致崩刀并影响已加工工件的表面质量。所以，应根据机床—工件—刀具系统刚性质量来选择 K_r 大小。

负偏角 K_r' 的作用主要是减少副切削刃、负后刀面与工件表面的摩擦。当负偏角减小时，刀尖角加大，增强了刀尖的强度，并减小工件加工残留面积的高度。但过小的负偏角 K_r' 会导致径向力的加大而引起振动。刀具理论设计中主偏角、负偏角、刀尖角之和为180°。刀具是正方形时，$\varepsilon_r=90°$。主偏角和负偏角的和为90°。一般常选主偏角75°，而负偏角为15°。

刃倾角 λ_s 的大小和正负直接影响切削刃的受力位置、切屑流动方向和切削分力之间的比值。正刃倾角 λ_s 在切削时刀尖所处最高位置，首先接触到加工工件，粗车和断续切削容易崩刀，并出现切屑流向待加工表面。当负刃倾角切削时刀尖处于最低位置，离刀尖稍远的切削刃先接触工件，起到保护刀尖的作用，能承受冲击作用，使切屑的流向远离加工表面，所以先用负刃倾角。陶瓷刀具采用 $\lambda_s=-5°$。

刀尖形状对于大多数陶瓷刀具均采用圆弧过渡刃，圆弧半径的大小主要根据刀尖强度和对加工表面的要求进行选择。图9-1表示不同刀尖圆弧半径和不同刀尖角度的相对强度。以车代磨的精加工要求小的半径 $r_\varepsilon=0.2\sim0.5$mm，半精车时 $r_\varepsilon=0.5\sim1.6$mm。

上压式机夹可转位陶瓷刀具如图9-2所示。

9.1.4 陶瓷刀具负倒棱在切削中的作用机理

沿着切削刃磨出负前角的窄棱面，统称为倒棱，习惯上称负倒棱（如图9-3所示）。陶瓷刀具中主要用负倒棱的参数来调节切削刃的强度，一般规定负倒棱参数是保证刀具与工件之间接处时刀尖强度增加到最大限度。所以它在切削加

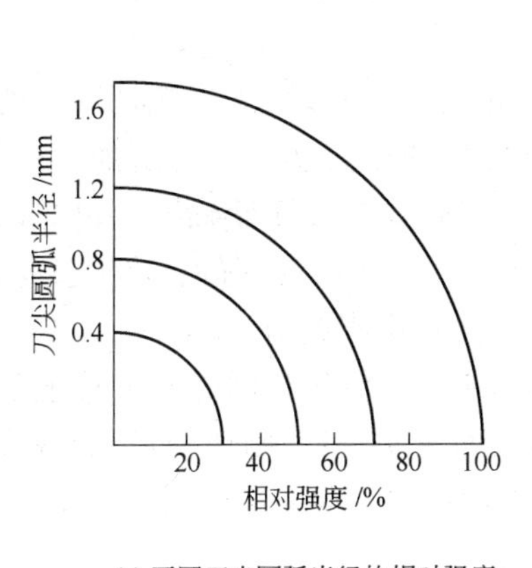

(a) 不同刀尖圆弧半径的相对强度

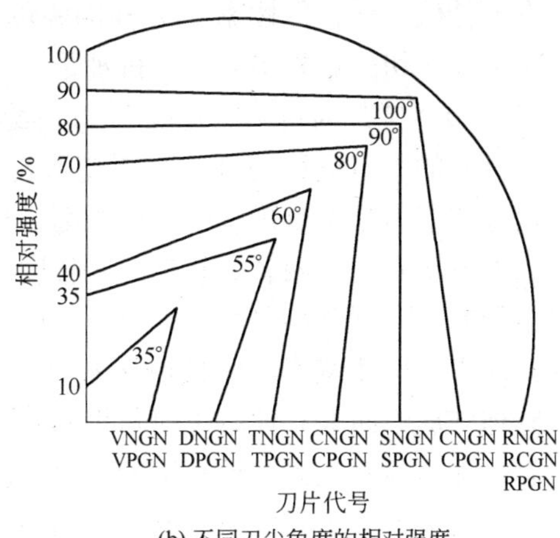

(b) 不同刀尖角度的相对强度

图9-1 不同机夹陶瓷刀片的相对强度

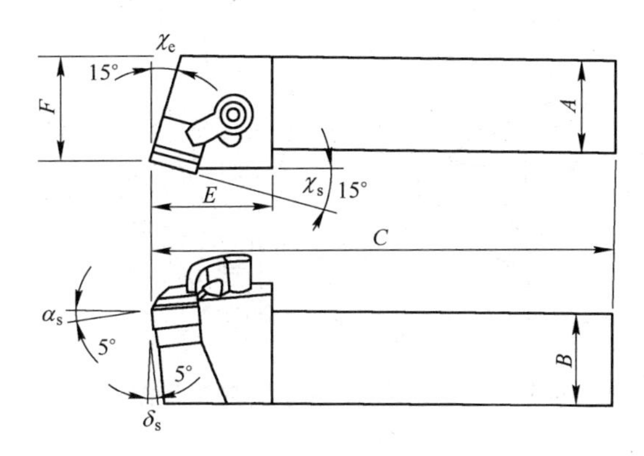

图9-2 上压式机夹可转位陶瓷刀具示意图

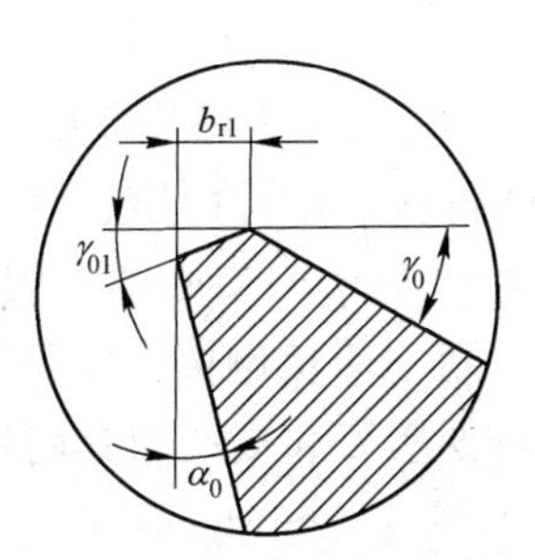

图9-3 陶瓷刀具负倒棱

工中起决定作用。主要有两个参数：倒棱宽度 b_r 和倒棱角 γ_{01}。在前角 γ_0 相同的情况下，有负倒棱的刀具比无负倒棱的刀具的切削力有所增大。但如同切削角度存在有最佳值一样，倒棱宽度 b_r 和倒棱角 γ_{01} 也有其最佳值。

负倒棱在切削过程中的作用机理是：

（1）负倒棱是通过它的宽度 b_r 对进给量 f 的比值（b_r/f）来影响切削力的。具有负倒棱的车刀进行切削，切屑变形比无负倒棱的车刀切削时有所加大，因此，增大切削力是不难理解的。在切削过程中，切屑沿着前刀面流出，并向远离前刀面的方向卷曲，两者之间有一定长度的接触区。这个接触区的长度 l 远远大于进给量 f，当切削钢料时，$l=(4\sim5)f$；当切削灰铸铁时，$l=(2\sim3)f$。因此，如果负倒棱宽度小于接触区长度，即 $b_r<1$，切削除与倒棱部分接触外，还将延伸到前刀面上，此时正前角仍起着作用。如果 $b_r>1$，则切削只和倒棱部分接触，随即卷曲过去，根本不和正前角的前刀面接触，此时正前角已经不起作用。负倒棱宽度大小与前刀面的关系如图 9－4 所示。

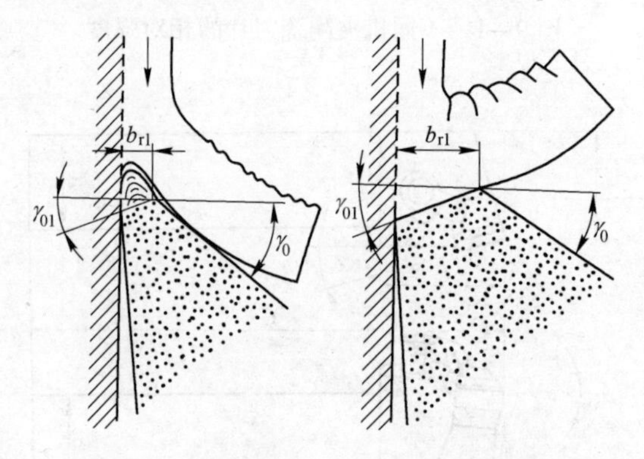

图 9－4　负倒棱宽度大小与前刀面的关系

（2）与无负倒棱的车刀相比，在各种 b_r/f 下，有负倒棱的车刀的进给抗力 F_x 增加幅度最大，切深抗力 F_y 次之，主切削力 F_z 增加幅度最小。

（3）倒棱角 γ_{01} 改变时，对 F_z 的增大幅度影响很小，但对 F_y、F_x 的增大幅度有很大的影响。所以加工硬材料（如淬硬钢、冷硬铸铁）时，倒棱宽度 b_r 和 γ_{01} 取较大值；加工软材料（如硬度 HRC＜40 的一般中硬钢、灰铸铁）时，b_r 和 γ_{01} 取较小值；对很软的材料，则不用负倒棱。可见，负倒棱的主要作用是增强切削刃，减少刀具破损。对减少崩刀和提高刀具耐用度的效果是很明显的（可提高 1～5 倍）。

陶瓷刀具负倒棱参数的具体数值推荐如下：

粗车	$b_r=0.5\sim1\text{mm}$	$\gamma_{01}=-20°$
半精车	$b_r=0.3\sim0.5\text{mm}$	$\gamma_{01}=-15°\sim-20°$
精车	$b_r=0.1\sim0.2\text{mm}$	$\gamma_{01}=-10°\sim-20°$

9.1.5 Al_2O_3/ZrO_2（Y_2O_3）陶瓷刀具切削的耐磨性能

在种类繁多的陶瓷刀具中，应根据被加工材料的特性合理选用。研究采用真空烧结的复合氧化物陶瓷材料作为切削刀具（成分及性能见表9－2），测试该刀具对1045淬火钢车削实验过程的加工性能。

刀具几何参数：$\gamma_0=-5°$，$\alpha_0=5°$，$K_r=75°$，$\lambda_s=-5°$，$r_\varepsilon=0.8$mm，$\gamma_{01}=-15°$，$b_r=0.5$mm。

在相同的切削速度下分别用三种不同的陶瓷刀具试验切削1045淬火钢时，陶瓷刀后刀面磨损遵循ISO3685—1977（E）国际标准进行评定，取刀具的磨钝标准$VB=0.3$mm。耐磨性能曲线如图9－5所示。

表9－2 试验刀具的成分及性能

刀具材料	抗弯强度/MPa	断裂韧性/MPa·$m^{1/2}$	硬度HV/GPa	制作方式	样品
Al_2O_3	361	3.2	21.12	真空烧结	所选材料
Al_2O_3/15%ZrO_2（2Y）	637	6.7	18.2	真空烧结	所选材料
Al_2O_3/15%ZrO_2（3Y）	779	7.8	18.5	真空烧结	所选材料

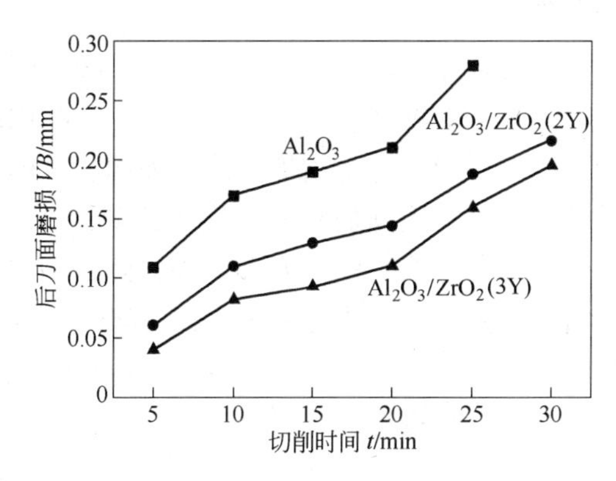

图9－5 三种陶瓷刀具材料磨损性能的比较

（切削条件：$v=290$m/min，$\alpha_p=0.5$，$f=0.1$mm/r，加工材料HRC60）

图9－5所示为在同一切削条件下三种陶瓷刀具材料的后刀面磨损曲线，三种刀具的磨损性能差异甚大。随着切削时间的延长，刀具磨损增加，三种曲线分别反映出刀具磨损过程三个阶段的趋势（初级磨损、正常磨损、急剧磨损）。Al_2O_3刀具与后两种刀具相比在较快时间内后刀面进入磨钝状态，主要原因是力学性能和热性能较差。尽管有较高的硬度和很高的抗氧化能力，但显微结构存在的大晶粒在切削过程中加快了磨粒磨损。继续切削出现因剧烈的磨损产生崩刃而失效。而含（2Y）和（3Y）的刀具磨损性能比较接近，这是因为Al_2O_3基体添

加 ZrO_2 使显微组织得到了明显的细化，性能也得到很大的提高。韧性和强度比原基体材料提高 1 倍多，Al_2O_3/ZrO_2（3Y）刀具比 Al_2O_3/ZrO_2（2Y）刀具耐磨性好，这与两种材料的力学性能是一致的。可见，高强度、高韧性和组织结构细化的复合氧化物陶瓷刀具更适合淬硬钢的干式切削。

有文献报道[200]热压烧结 Al_2O_3/ZrO_2（Y_2O_3）材料会出现 Al_2O_3 晶粒异常长大，并呈带状分布，从而降低材料的性能和可靠性。其原因是热压只产生轴向的压缩，ZrO_2 粒子在热压后期沿着热压轴方向的合并、长大或粗化远比热压平面内的快，所以 Al_2O_3 沿着轴向的生长被抑制，使晶粒沿着热压平面异常长大。可见，真空烧结制备的 Al_2O_3/ZrO_2（Y_2O_3）刀具材料有较强的抗粘结、磨粒磨损能力，前刀面有良好的抗热扩散和化学磨损能力，同时其较高的断裂韧性有利于保持刀尖及刃口强度。

9.1.6　陶瓷刀具的失效形式和磨损机理

陶瓷刀具的磨损速度和磨损量随切削速度的提高、进给量与切削深度的增加而加快，而以切削速度影响最大。根据磨损曲线可知磨损过程分为初期磨损、正常磨损、剧烈磨损三个阶段。

图 9－6 为加工后的 1045 淬火钢工件，表示了按三种不同进给量大小依次加工后排列的工件。随着进给量的增加其切屑形态特征由带状向断屑发展，这主要是陶瓷刀具的负前角造成切屑随进给量增加受到前刀面较大的剪切应变，当超出材料本身的塑性变形极限时将发生断屑现象。陶瓷刀具磨损一般存在粘结磨损、氧化磨损、硬质点磨损、扩散磨损、塑性变形磨损，经对切屑和刀具磨损表面的能谱成分分析，分析结果见表 9－3。从表中可见，复合氧化物刀具材料中 Fe 元素较少，这充分说明本研究的氧化铝基陶瓷刀具材料具有很强的抗扩散磨损能力，并且扩散磨损对该刀具几乎没有影响。

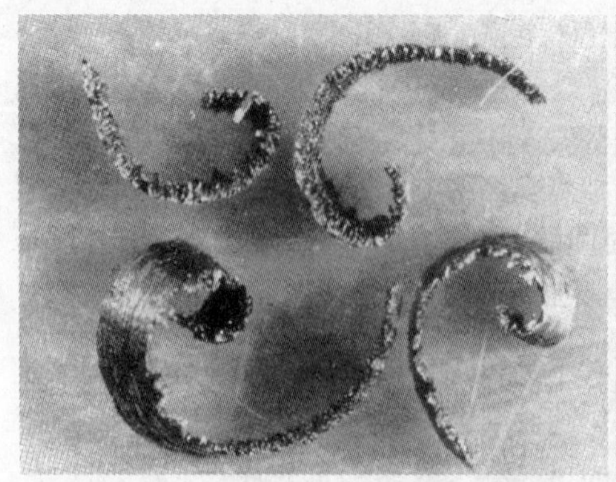

图 9－6　加工 1045 淬火钢的断屑及工件（HRC57）

表9-3 磨钝后刀具表面成分能谱分析结果 (%)

刀具材料	Al	Y	Zr	Mg	Fe
Al_2O_3/ZrO_2 (2Y)	88.63	0.955	7.64	0.25	2.06
Al_2O_3/ZrO_2 (3Y)	82.37	1.01	14.01	0.25	1.13
Al_2O_3	95.82			0.25	3.10

氧化磨损在切削中随着切削速度的提高而加剧。当切削温度达到700~800℃时，空气中的氧便与刀具材料中的钴、碳化钨、碳化钛等发生氧化作用，产生较软的氧化物（Co_3O_4、CoO、WO_3、TiO_2等）被切屑或工件擦掉而形成磨损，这称为氧化磨损。表9-4为不同刀具材料的抗氧化性能的比较。可以看出，陶瓷刀具产生氧化的温度比其他刀具高出一倍多，而氧化物陶瓷刀具不存在氧化问题。

表9-4 不同刀具材料的氧化温度[199]

刀具材料	高速钢	硬质合金	陶　瓷
氧化温度/℃	约600	约800	1750

由于所用的材料复合氧化物刀具，计算高速切削时的最高温度很困难。在切削刃上的热流和强度分布上仅能近似测量。用有限元仿真法做出热应力分析可用于确定应力集中的位置，一般近似选择在离刀刃1mm处。实验中在不同切削速度下对Al_2O_3/ZrO_2（Y_2O_3）刀具与工件接触的部位采用红外测温，得到温度范围为800~1380℃。

众所周知，氧化锆的韧性是提高氧化铝基刀具寿命的原因。氧化锆的韧性机理如前几章所述，但刀具寿命的增加不能归结到相变的作用。氧化锆能提高氧化铝基刀具的本质原因是ZrO_2阻碍烧结过程中晶粒的生长，这与MgO的作用是一致的。这两种氧化物有助于形成微细的微观组织，提高氧化铝的力学性能。此外高温下在铁中的溶解度较氧化铝要低，因而化学磨损较轻。刀具切削前后的表面依据图5-12的XRD衍射分析，可认为ZrO_2相变对于Al_2O_3基刀具寿命的影响只限于刀具工件的第一次接触，切削区温度达到1000℃以上ZrO_2的四方相结构是稳定的。

在切削加工中，几乎所有刀具切削区的显微分析结果均表明，在各种切削速度下磨损后的形貌是相同的[201]。图9-7表示在刀具达到磨钝标准时刀尖部位、主切削刃、副主切削刃和前刀面的形貌。在四个照片中都在不同程度上存在弹坑痕迹和塑性流动的迹象，表明磨粒磨损和粘结磨损的现象是刀具磨损的主要失效原因。

从失效原因分析氧化铝基刀具的后刀面的磨损主要原因是高速切削下的塑性流动。在高温、高机械应力下氧化铝的蠕变使裂纹生成、扩展，从而使后刀面磨

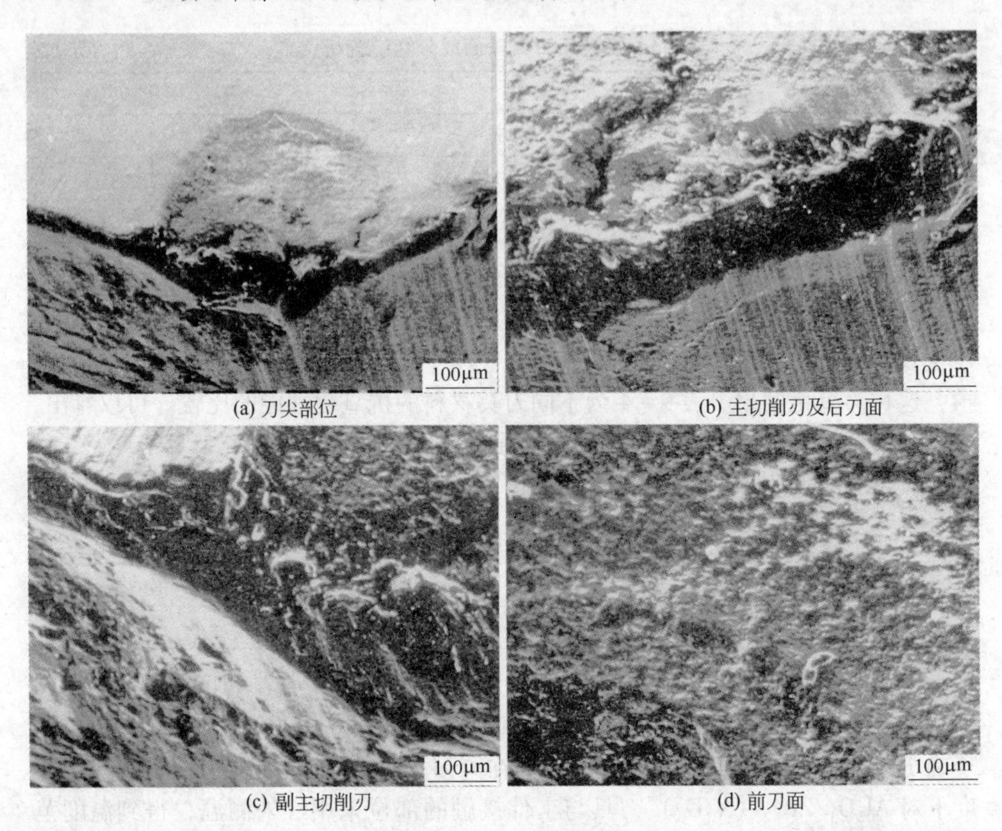

(a) 刀尖部位　(b) 主切削刃及后刀面

(c) 副主切削刃　(d) 前刀面

图9－7　陶瓷刀具磨损的形貌

损（图9－7（b））。前刀面上的月牙洼磨损抗扩展缓慢，刀尖和刃口形成的棱带逐渐变窄，最后与月牙洼接通（图9－7（a）、（b）），使刀尖和刃口结构强度显著降低，应力状态发生变化，造成破损失效，而此时后刀面尚未进入（或尚未完成）正常的磨损阶段，这是陶瓷刀具干切削淬硬钢的一个主要特点。在高速切削中靠近切削刃的部分区域被粘到陶瓷刀上的金属屑覆盖，这些金属颗粒之中许多有裂缝。这种不通常的脆裂是由于切削结束时，薄层切屑的高速冷却产生。在这种条件下，含碳0.45%的钢变成马氏体组织，由于金属与陶瓷的热胀系数不同，在刀具层上产生拉应力而导致裂纹。当连续切削由于疲劳、热应力以及刀具表层出现的结构缺陷和裂纹等原因，粘结处的撕裂也可发生在刀具这一方。于是，刀具材料的质点或微粒被切屑（或工件）逐渐粘结并带走，此时刀具表面发生的磨损为粘结磨损（图9－7中的部分区域）。随着切削流冲击前面粘到刀具表面上的颗粒并将其带走，这样就增加了磨损率，其机理如图9－8所示。

由此氧化铝基陶瓷刀具的后刀面和刀刃的磨损可解释为：在切削过程中，热

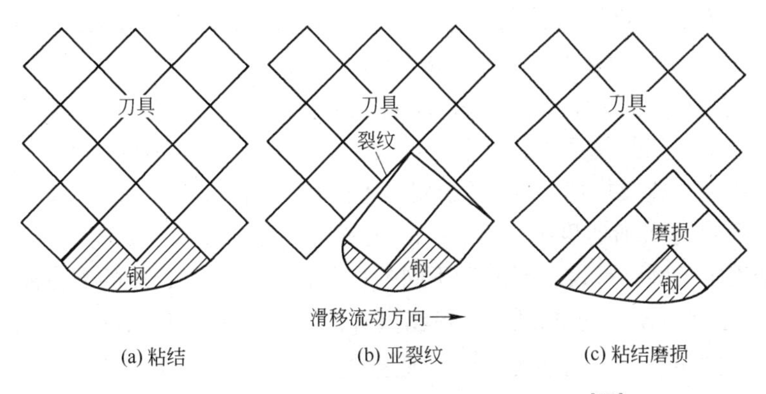

图 9-8 加工淬硬钢时粘结磨损过程的模型[202]

的金属颗粒被投射并焊接到切削刃和前、后刀面的表面上。受到热应力而产生的初始裂纹导致裂缝被工件的铁屑充满，在这种情况下氧化铝和铁发生化学反应，这样增加了粘结强度，降低了刀具的强度，反应生成物产生了碎裂和颗粒分离（见图 9-8）。尽管刀具正常磨损主要来自磨粒磨损、粘结磨损、扩散磨损、氧化磨损和化学磨损等，它们之间存在着相互的影响。对于不同的刀具材料，在不同的切削条件下，加工不同工件材料时，所发生的磨损原因是有差异的，但对一定的刀具和工件材料起主导作用的是切削温度。在低温区，以机械磨损（磨粒磨损）为主，高温度区，以热、化学磨损（粘结、扩散、氧化）为主。本研究从以上分析正常的磨损失效形态可以认为 Al_2O_3/ZrO_2（Y_2O_3）陶瓷刀具主要是伴随有微小崩刃的机械磨损和粘结磨损。

9.1.7 一元线性回归对 Al_2O_3/ZrO_2（3Y）陶瓷刀具耐用度的评价

在切削条件中 v_c、f、a_p 三要素进行单变量的实验时可以得到不同变量的三种磨损曲线，但对陶瓷刀具耐用度的评价可根据耐用度的定义："由刃磨后开始切削，一直到磨损量达到刀具磨钝标准（ISO 标准 $VB=0.3$mm）所经过的总切削时间"，来进行一元线性回归找出切削过程中的优化参数。当工件、刀具材料和刀具几何参数选定后，切削速度是影响刀具耐用度的最主要因素。提高切削速度，切削温度也增加，这对刀具磨损的影响最大，从而降低了耐用度。实验用 Al_2O_3/ZrO_2（3Y）陶瓷刀具作外圆的车削切削试验。试验中使用前述几何参数的可转位机夹刀具，在选定时间范围内切削，然后在工具显微镜上测量其后刀面磨损带宽度 VB。耐用度的评价采用刀具切削用量与耐用度的关系式，即 Taylor 公式[203]：

$$T=\frac{C_T}{v_c^{\frac{1}{m}}f^{\frac{1}{m_1}}a_p^{\frac{1}{m_2}}} \tag{9-1}$$

式中，C_T 为使用寿命系数，与工作材料、刀具材料有关；指数 $1/m$，$1/m_1$，$1/m_2$ 分别表示各切削用量对刀具耐用度影响的程度。

Taylor 公式的成立有一定的条件限制，它是在一定切削速度范围内，以刀具正常磨损为主得到的关系式。对于脆性大的刀具材料，在切削时经常发生破损，甚至以破损为主造成损坏，Taylor 公式就不适用，因此该方程的使用有一定的局限性。取不同的切削速度 v_1，v_2，v_3，…进行刀具磨损实验，得到一组磨损曲线。根据规定的磨钝标准，对应于不同的切削速度，就有相应的刀具耐用度 T_1，T_2，T_3，…。在双对数坐标纸上，定出（v_1，T_1），（v_2，T_2），（v_3，T_3），…各点。在一定的切削速度范围内，可发现这些点基本上在一条直线上[176]，该直线的方程为：

$$\log v_c = -m\log T + \log A$$

即：

$$v_c T^m = A \tag{9-2}$$

同理，固定其他切削条件，只变化 f 和 a_p 分别得到与 v_c-T 内似的关系式，即：

$$fT^{m_1} = B$$

$$a_p T^{m_2} = C \tag{9-3}$$

式9-2、式9-3中的指数 m、m_1、m_2 分别反映出对刀具耐用度的影响程度。在使用 Al_2O_3/ZrO_2（Y_2O_3）陶瓷切削1045淬火钢的试验中刀具失效形式以正常磨损为主的情况下。合理选择切削用量，刀具耐用度 Taylor 公式适用于 Al_2O_3/ZrO_2（Y_2O_3）陶瓷刀具。

由：

$$\begin{cases} v_c T^m = A \\ fT^{m_1} = B \\ a_p T^{m_2} = C \end{cases} \tag{9-4}$$

两边取对数得：

$$\begin{cases} \lg v_c = \lg A - m\lg T & (1) \\ \lg f = \lg B - m_1\lg T & (2) \\ \lg a_p = \lg C - m_2\lg T & (3) \end{cases} \tag{9-5}$$

式中，A，B，C 为常数；T 为刀具耐用度；m，m_1，m_2 为指数。

以下分别求解 m，m_1，m_2 的值：

$\lg v_c = y$，$\lg A = a$；$\lg T = x$，… $-m = b$，代入式9-5中的式(1)；得：$y = a + bx$。

$\lg f = y_1$，$\lg B = a_1$；$\lg T = x$，… $-m_1 = b_1$，代入式9-5中的式(2)；得：$y_1 = a_1 + b_1 x$。

$\lg a_p = y_2$，$\lg C = a_2$；$\lg T = x$，… $-m_2 = b_2$，代入式9-5中的式(3)。得：$y_2 = a_2 + b_2 x$。

用一元线性回归方程的最小二乘法求得（a，b），（a_1，b_1），（a_2，b_2）的估计值。其系数（a，b）的最小二乘解（设有 n 对（x，y）数据）为：

$$a = \frac{n\sum_{i=1}^{n} x_i y_i - \sum_{i=1}^{n} x_i \sum_{i=1}^{n} y_i}{n\sum_{i=1}^{n} x_i^2 - \left(\sum_{i=1}^{n} x_i\right)^2} \quad (i = 1,2,\cdots,n) \tag{9-6}$$

$$b = \frac{\sum_{i=1}^{n} y_i \sum_{i=1}^{n} x_i - \sum_{i=1}^{n} x_i \sum_{i=1}^{n} x_i \sum_{i=1}^{n} y_i}{n\sum_{i=1}^{n} x_i^2 - \left(\sum_{i=1}^{n} x_i\right)^2} \quad (i = 1,2,\cdots,n) \tag{9-7}$$

计算（a_1，b_1），（a_2，b_2）系数的解法同上。

在进给量$f=0.1$mm/r，切削深度$a_p=0.5$mm时，不同的切削速度v_c对应的刀具耐用度见表9-5。在切削深度$a_p=0.5$mm，切削速度$v_c=140$m/min时，不同进给量f值对应的刀具耐用度见表9-6。在切削速度$v_c=140$m/min，进给量$f=0.1$mm/r时，不同切削深度a_p对应的刀具耐用度见表9-7。

表9-5 不同切削速度v_c时的刀具耐用度

v_c/m·min^{-1}	T/min
140	190
240	290
300	247
195	120

表9-6 不同进给量f时的刀具耐用度

f/mm·r^{-1}	T/min
0.1	300
0.2	200
0.3	180
0.5	30

表9-7 不同切削深度a_p时的刀具耐用度

a_p/mm	T/min
0.5	300
1.0	280
1.5	310
2.0	220

一元线性回归优化的各项指数值，经计算得m，m_1，m_2的值转化后分别为：

$\frac{1}{m}=1.3$，$\frac{1}{m_1}=1.69$，$\frac{1}{m_2}=0.66$，从而得到 Al_2O_3/ZrO_2（Y_2O_3）陶瓷刀具切削1045淬火钢时的刀具耐用度模型：

$$T=\frac{C_T}{v_c^{1.3}f^{1.69}a_p^{0.66}} \tag{9-8}$$

式中，C_T 反映切削条件影响的常数；各项指数值分别反映 v_c、f、a_p 三者对 T 的影响程度。可以看出，进给量 f 对 T 的影响最大，其次是切削速度 v_c，切削深度 a_p 影响最小。这说明在高速下切削较适合精加工和半精加工，也是陶瓷刀具所具有的优势。

用YT15硬质合金刀具切削1045淬火钢时的耐用度模型为[203]：

$$T=\frac{C_T}{v_c^5 f^{2.25}a_p^{0.75}} \tag{9-9}$$

在相同加工条件下，式9-8和式9-9相比它们的各项指数明显不同，前者表明 Al_2O_3/ZrO_2（Y_2O_3）陶瓷刀具车削淬硬钢时进给量 f 对刀具耐用度的影响最大，其次是切削速度 v_c，切削深度 a_p 影响最小。而后者硬质合金刀具受切削速度影响很大，其次是进给量，然后是切削深度。这也说明陶瓷刀具在高速下切削明显优于硬质合金刀具，并且较适合精加工和半精加工，高速切削是应用陶瓷刀具的最大优势。

从图9-9（a）可以看到，切削速度对耐用度的影响是缓慢的线性降低，300m/min时仍保持较高的耐用度。图9-9（b）表示在加工中进给量的增加导致耐用度快速下降，但在0.2~0.3mm/r之间出现一个平台，这对提高加工切削率，保持最佳耐用度是可选择的参数。图9-9（c）表示切削深度对耐用度的影响，在0.5~1.5mm范围几乎影响不大。所以在优选切削用量以提高加工生产率时，对 Al_2O_3/ZrO_2（Y_2O_3）陶瓷刀具其优选顺序为：首先尽量选用大的切削深度 a_p，然后根据加工条件和加工要求选取允许的最大量切削速度，最后在刀具耐用度或加工机床所允许的情况下选取刀具磨损强度达最低值，刀具消耗小，切削路程最长，加工精度高的最佳进给量 f。

9.2 基于1045淬火钢半精加工仿真切削及稳态温度场和应力场

9.2.1 半精加工仿真参数选取

由于陶瓷刀具抗弯强度比硬质合金刀具抗弯强度低，切削淬火钢等硬度较高的工件的过程中受到较大的应力和振动冲击容易产生刀刃的破损和崩裂，一般选用一定的倒棱角和负前角。倒棱角不仅可以增加刀尖强度而且可以提高加工表面的精密度[221]。刀具几何参数选择如表9-8和表9-9所示为半精加工的仿真参数。

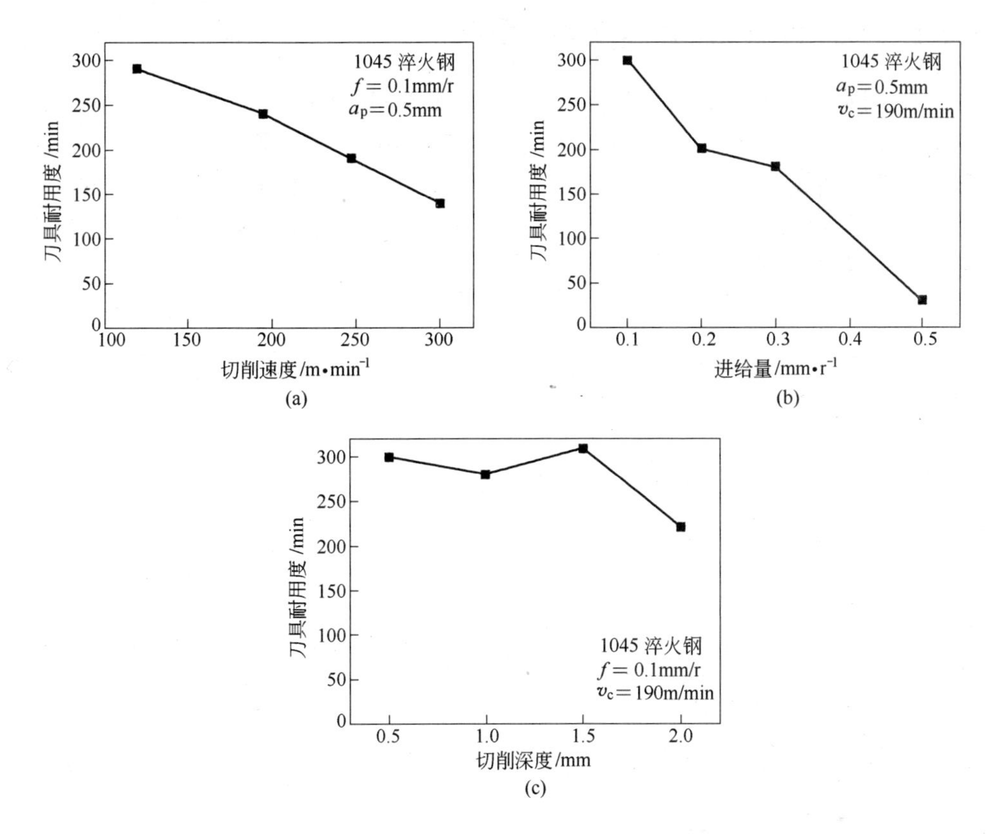

图9-9 耐用度与切削速度（a）、进给量（b）、切削深度（c）的关系

表9-8 陶瓷刀具几何参数

加工类型	前角 γ_0/（°）	后角 α_0/（°）	倒棱宽 b_r/mm	倒棱角 γ_{01}/（°）
半精加工	-5	5	0.1	-10

表9-9 仿真切削使用的参数

编　号	v_c/m · min^{-1}	f/mm · r^{-1}
1	140	0.1
2	190	0.1
3	240	0.1
4	290	0.1
5	140	0.2
6	140	0.3
7	140	0.4

9.2.2　1045淬火钢半精加工的瞬态仿真切削

在切削过程中，切削力很快到达稳态。图9－10（a）、（b）分别为切削速度140m/min，进给量0.1mm时，数值仿真形成切削x方向和y方向分力与切削深度的关系曲线。由两图可以看出，切削刃接触加工工件瞬间两个方向的切削力迅速达到最大值，分别为140kN和220kN；随着切削深度增加切削力呈现波动的变化，出现稳态趋势。

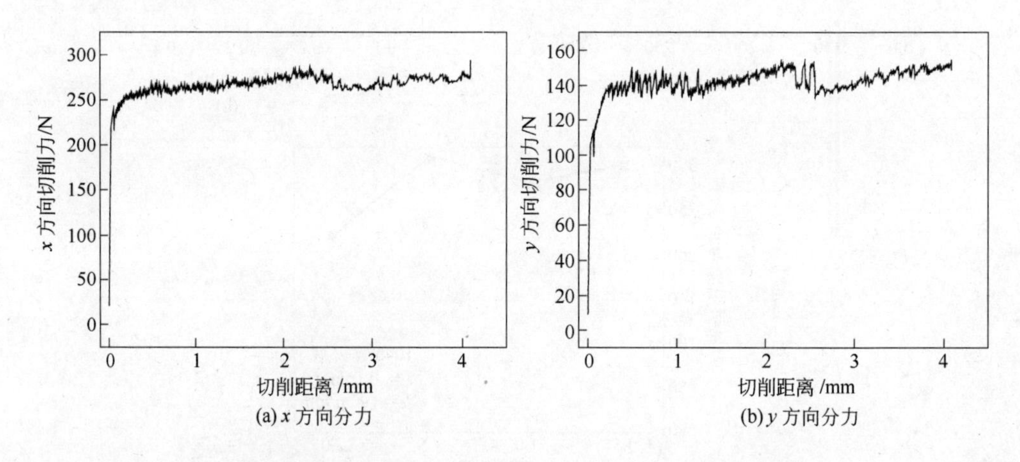

图9－10　瞬态进给量力在x方向和y方向上的分力

图9－11为车刀行进距离为10mm时的刀尖温度场分布。由图可以看出，高温区主要集中在前刀面并且成扇状向四周扩散，但是从最大温度值和温度场的分布来看还远没有达到稳态。如果要达到稳态温度状态还需要做稳态分析，通过分析切削力的波动变化可以为稳态分析的时间点的选择提供依据。

9.2.3　仿真切削过程中的切屑形成

切屑生成的形状、类型、卷曲情况和断裂受到参数、刀具尺寸、工件和刀具的材质等许多因素的影响。图9－12和图9－13分别为车刀行进距离为0.1mm和1.0mm时的网格形状。从图9－12和图9－13分别可以看出，当刀具行进0.1mm时工件开始变形，切屑被挤压部分开始受很大的压力与工件分离，当刀具继续前进使形成的切屑从刀具前刀面流出。在实际切削中金属工件表面受挤压应力作用下发生错位的严重滑移变形，如图9－12和图9－13所示刀尖处法线方向是引起金属切削层初始挤压剪切的变形区，与早期切削理论形成的切削过程中的滑移线和流线示意图是一致的（见图7－3），并且切屑的形成和流出状态与实际切削过程相吻合。

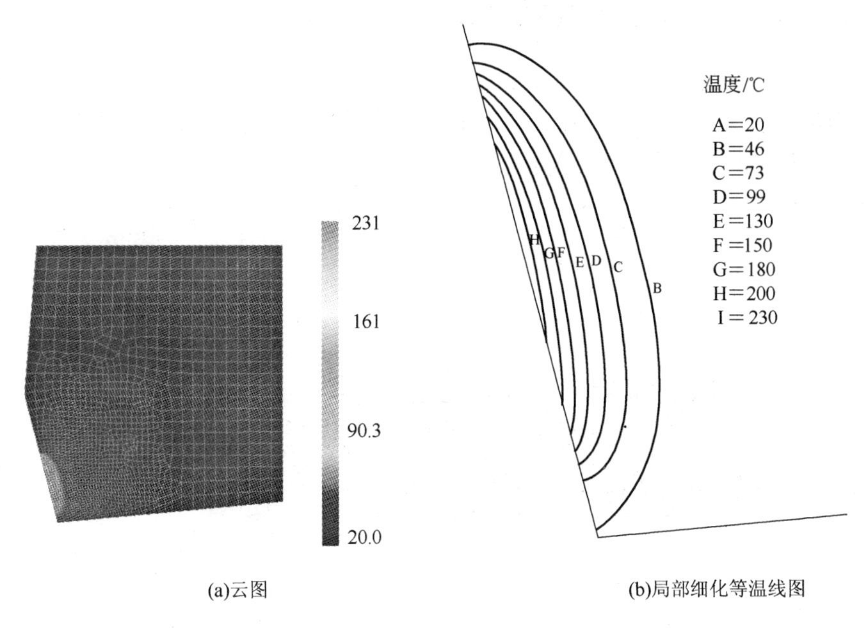

图9-11 车刀行进距离为10mm时的刀尖温度场分布

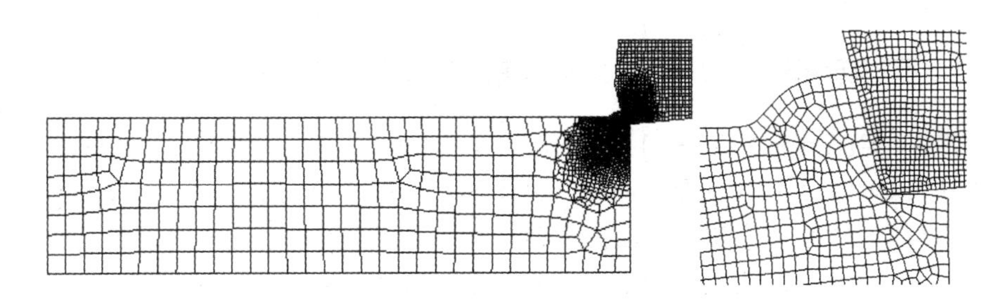

图9-12 车刀行进距离为0.1mm时的网格

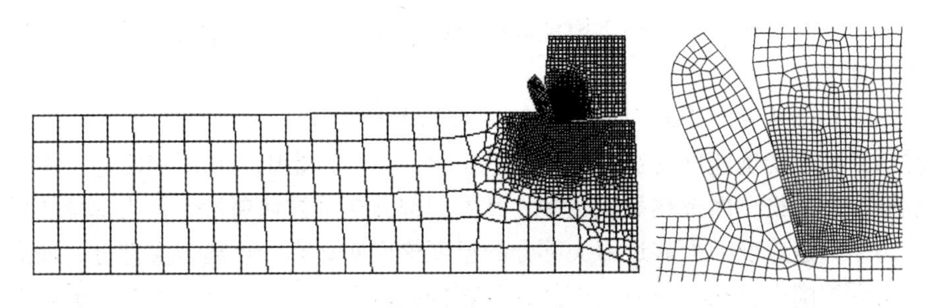

图9-13 车刀行进距离为1.0mm时的网格

9.2.4 1045淬火钢半精加工稳态仿真切削

图9－14为稳态模拟的仿真温度场的结果。可以看出，稳态温度场比瞬态温度场的扩散范围明显增大得到的温度更高，并且形成的温度梯度曲线均匀，由此选择稳态仿真切削要优于瞬态仿真切削。

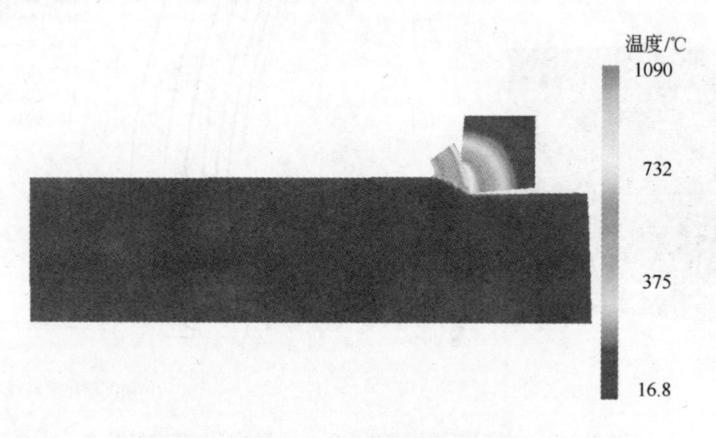

图9－14 稳态温度场

9.2.5 不同切削速度下1045淬火钢半精加工的稳态温度场

图9－15为不同切削速度下对应的温度场分布曲线。由图可见，切削速度增大使刀尖处的温度场梯度变化明显（见图9－15H、I温度线之间的温度差值）。

从图9－15可以看出，温度分布趋势从刀尖向四周扇形递减，而且刀具上温度的最高点并不在刀尖处，而是位于前刀面上距离刀尖0.175mm区域（见图9－16（a））。这是由于切屑离开工件后继续发生塑性变形，产生热量的同时切屑与刀具的摩擦也会产生大量热，使切屑温度连续上升，切屑通过热传导将热量传给刀具使最高温度出现在离刀尖一定距离的前刀面上，这个位置是刀具磨损集中区域，即出现月牙洼现象。仿真模拟数据验证了金属切削过程中刀具温度场分布规律的合理性。

不同切削速度时不同刀面的温度分布如图9－16（a）可以看出，随着切削速度的提高与温度呈正比关系。这是因为切削速度越大在刀刃接触处产生的挤压摩擦热量就越多，其中一部分热量被切屑带走，大部分热量很难传递出，造成前刀面靠近刀尖部分的温度梯度明显高于远离刀尖部分，而后刀面在实际切削中存在与前刀面相似的分布曲线（见图9－16（b）），由于后刀面与已加工表面无法接触，温度分布呈下降趋势。由于复合氧化物陶瓷具有高温抗

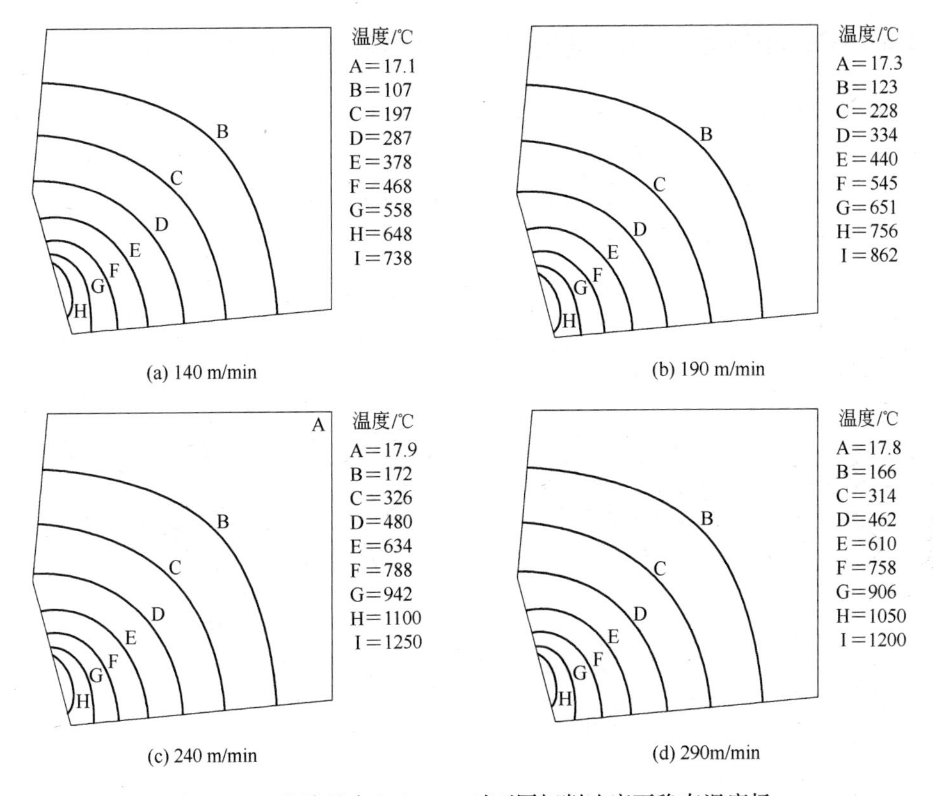

图9-15 进给量为0.1mm/r时不同切削速度下稳态温度场

氧性特点，Al_2O_3/ZrO_2（Y_2O_3）陶瓷刀具材料高速切削过程中温度场变化并不影响刀具材料的使用寿命。

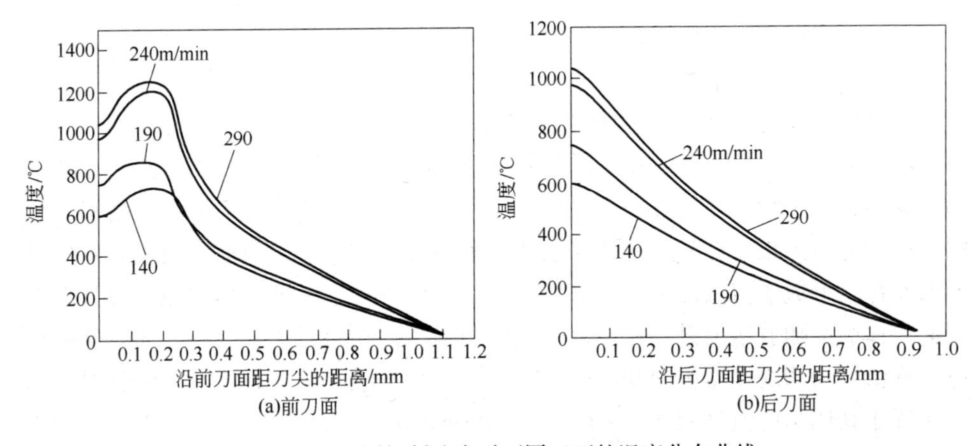

图9-16 不同切削速度时不同刀面的温度分布曲线

9.2.6 不同切削速度下1045淬火钢半精加工的稳态应力场

进给量为0.1mm/r不同切削速度时稳态模拟的应力场分布如图9-17所示。可以看出，应力分布趋势为从刀尖向四周扇形递减。图中左上和右下部分应力较大，这是由于稳态模拟边界条件设定导致的部分应力集中在两个尖角处，如果单纯考虑工件对刀具的作用可省略这部分应力集中。

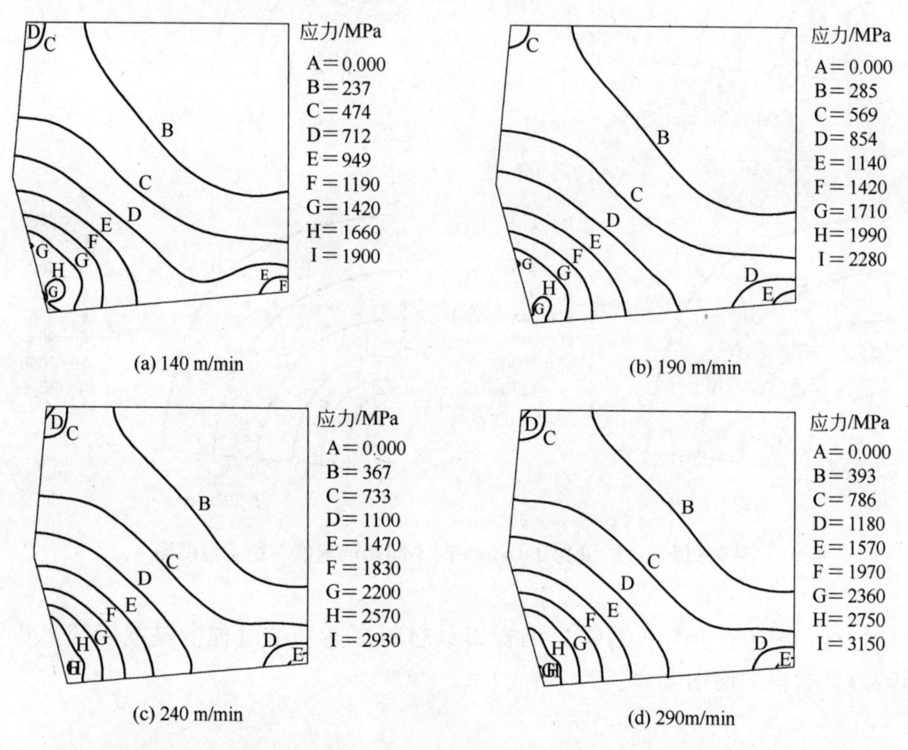

(a) 140 m/min (b) 190 m/min (c) 240 m/min (d) 290m/min

图9-17 进给量为0.1mm/r时不同切削速度时刀具的稳态应力场

不同切削速度时前刀面刀尖和后刀面的应力分布如图9-18所示。由图9-18（a）可以看出，刀尖有两处应力集中（见图9-17（a）处的最大应力峰）：第一处应力集中主要是刀具与工件的挤压作用产生，是造成崩刃和刀尖磨损的原因。第二处应力集中产生的原因是切屑在前刀面处高速流出与前刀面表面发生剧烈的摩擦，形成了刀具前刀面的磨粒磨损。从四种切削速度下的应力状态分别看到前刀面磨损随着速度升高接近刀尖处应力最大，在距刀尖0.1~0.2mm处也有应力峰值。当切削速度为190m/min时，所受的应力波动状态对刀尖和前刀面的影响优于其他速度值（见图9-17（b）190m/min对应的曲线）。表明刀具高速切削速度的最佳状态是提高刀具耐用度的重要原因。后刀面的应力影响明显低于前刀面应力状态（见图9-18（b））。仿真分析表明Al_2O_3/ZrO_2（Y_2O_3）最佳切削速度为190m/min；主要磨损机制是前刀面的磨粒磨损，解决刀尖崩刃的办法是提高刀尖圆角参数，达到降低应力集中的目的。

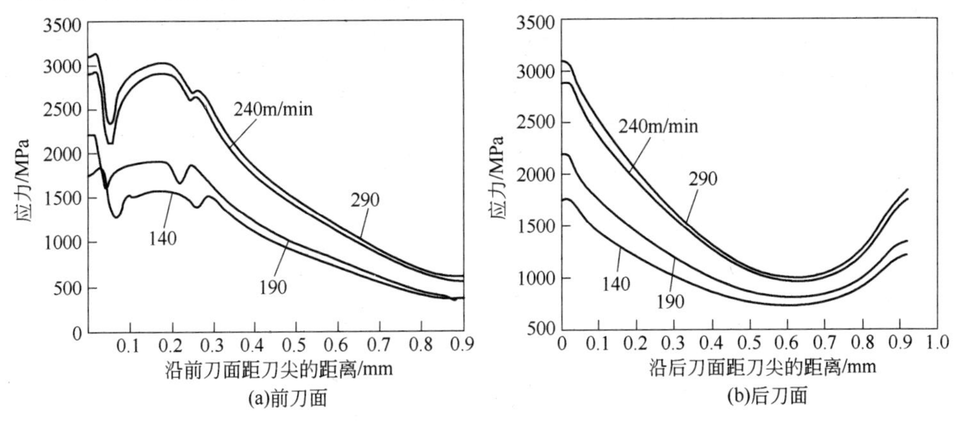

图9-18 不同切削速度时不同刀面的应力分布曲线

9.2.7 不同进给量下1045淬火钢半精加工的稳态温度场和应力场

切削速度为190m/min不同进给量时刀具的稳态温度场如图9-19所示。可以看出，不同进给量下温度最大值在进给量0.1~0.4mm范围内会随着进给量的增大，沿着前刀面向上移动。图9-20（b）为后刀面的温度状态，在最高800℃处呈下降趋势。由图9-20（a）可知，刀尖温度最大值随着进给量的增大呈增大趋势。当进给量0.1~0.4mm/r时刀尖部位的温度与进给量呈线性关系，但是当0.2mm时其温度大于其他温度而其他进给量温度差距相对很小。

切削速度为190m/min不同进给量时刀具的稳态应力场如图9-21所示。可以看出在，进给量0.1~0.4mm/r范围，随着进给量增加前刀面上的第二个应力

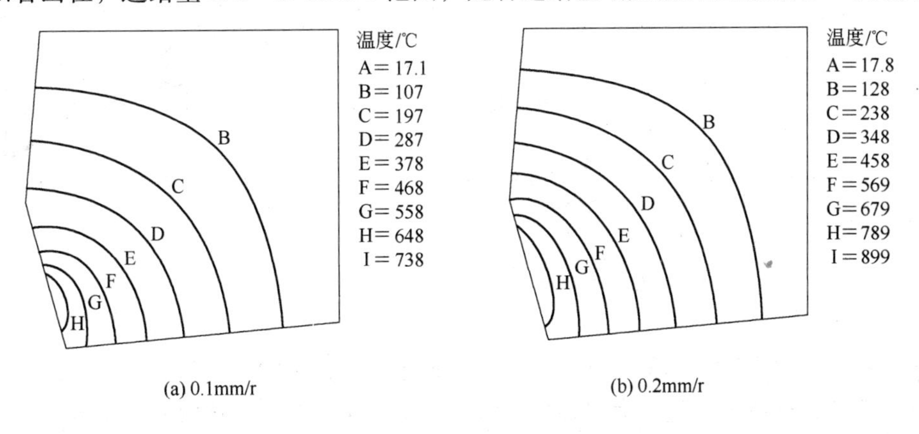

(a) 0.1mm/r (b) 0.2mm/r

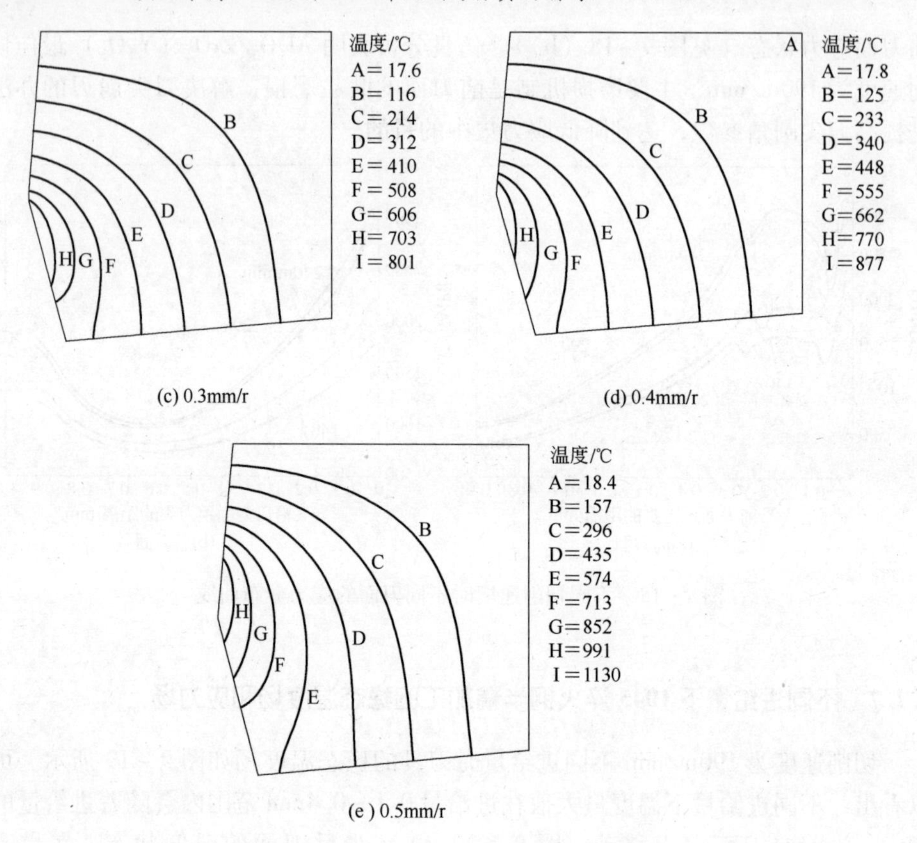

图 9-19　切削速度为 190m/min 不同进给量时刀具的稳态温度场

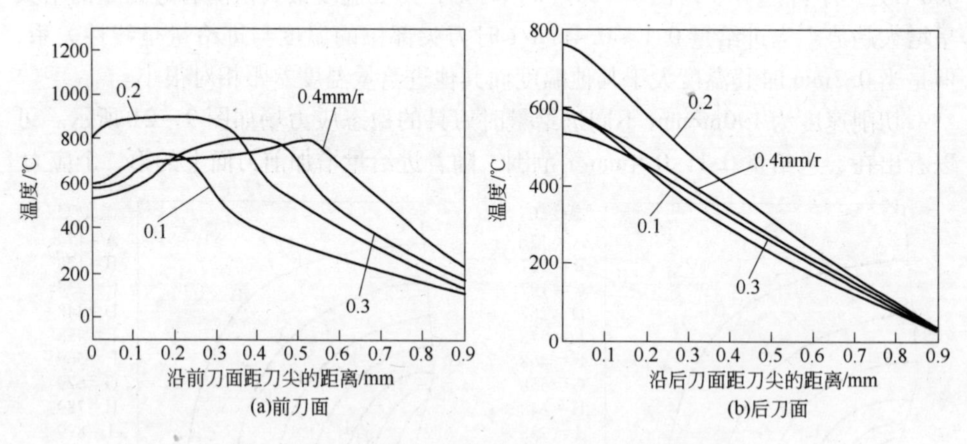

图 9-20　不同进给量时不同刀面的温度分布曲线

集中处向上发生移动，使前刀面磨损的位置逐渐远离刀尖。而第二处应力集中的极值逐渐超过第一处应力集中的极值同时减小了应力梯度，这两方面原因都会减

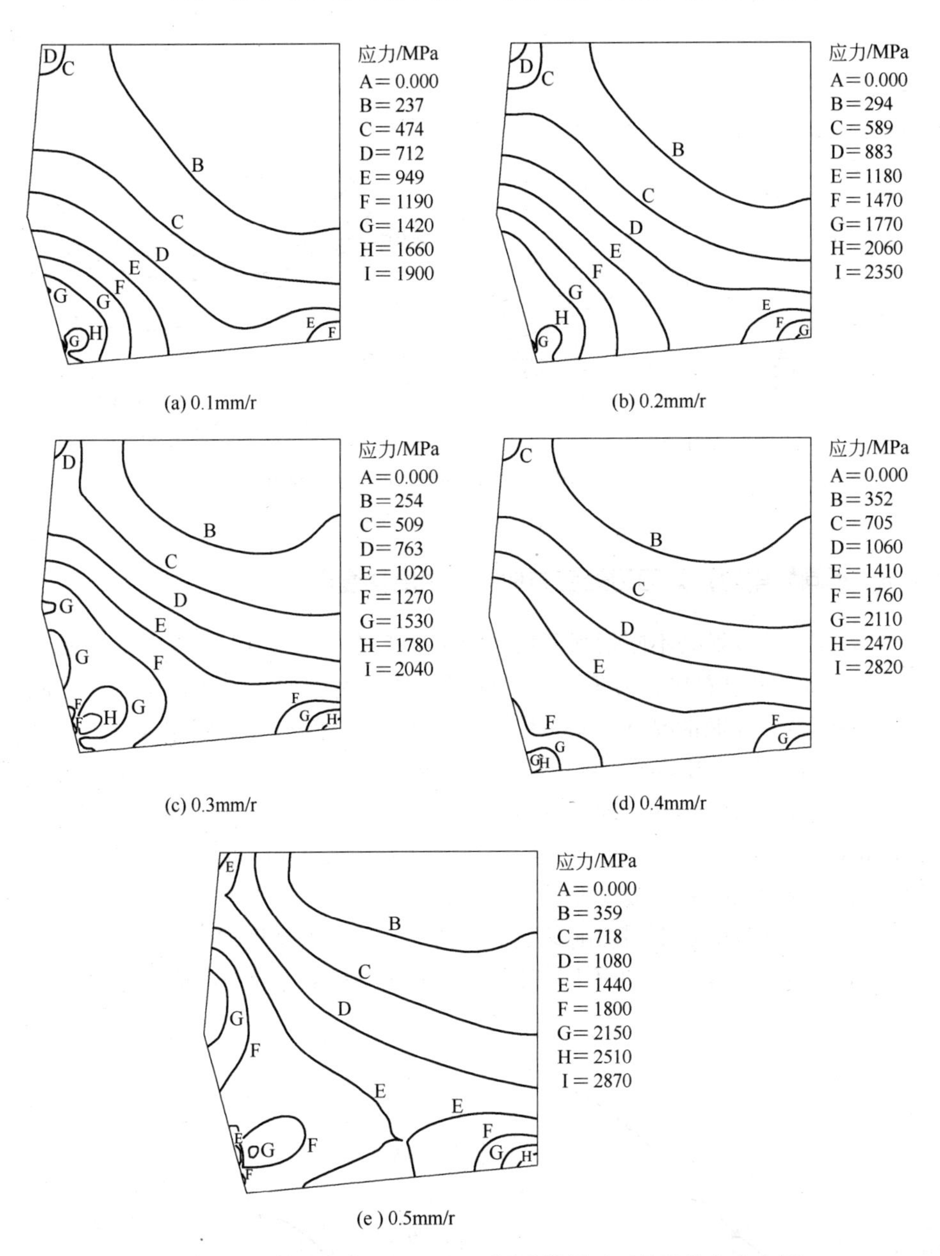

图9-21 切削速度为190m/min不同进给量时刀具的稳态应力场

小刀尖崩刃的概率。图9-22为不同进给量时前刀面和后刀面的应力分布。可以看出，不同进给量下，应力变化的最大值距离刀尖越近对刀具寿命影响越大。当进给量0.3mm/r时，距刀尖0.1~0.63mm范围，应力变化幅度平缓，属最佳加工状态。

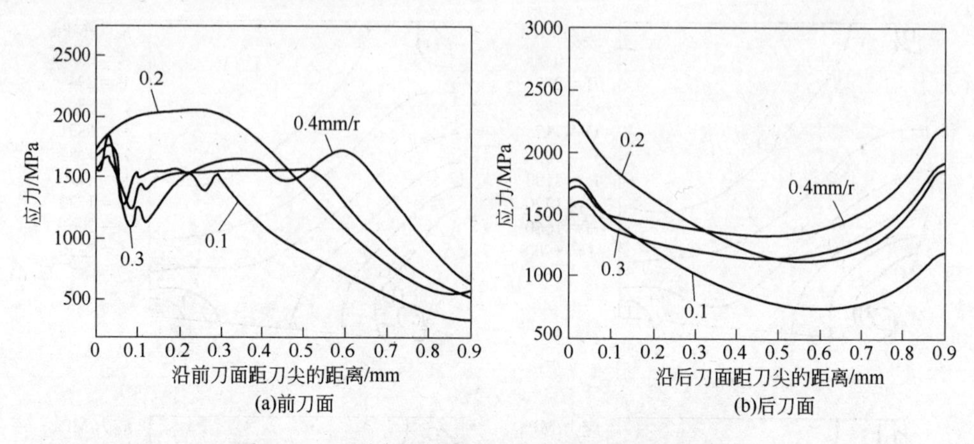

图9-22 不同进给量时不同刀面的应力分布曲线

9.2.8 不同切削用量对刀刃处应力梯度、温度梯度影响

刀刃与工件接触处不同切削参数下半精加工的应力梯度如图9-23所示。由图9-23（a）可以看出，刀尖处应力梯度随切削速度增加呈线性关系，在满足刀具材料的力学性能情况下，应力梯度290MPa时与前面分析阐述选取的切削速度190m/min可延长刀具耐用度，确保加工效率最大化。图9-23（b）表明在切削加工时进给量的增加，应力梯度在0.2~0.3mm/r之间变化呈现下降状态，在0.3mm/r时达到最小。可以认为应力梯度的变化对刀具寿命影响最大，通过应力梯度优选加工参数是提高刀具寿命的关键。

刀刃与工件接触处不同切削参数下半精加工的温度梯度如图9-24所示。由图9-24（a）可以看出，在不同切削速度下的温度梯度随着速度的增加梯度变

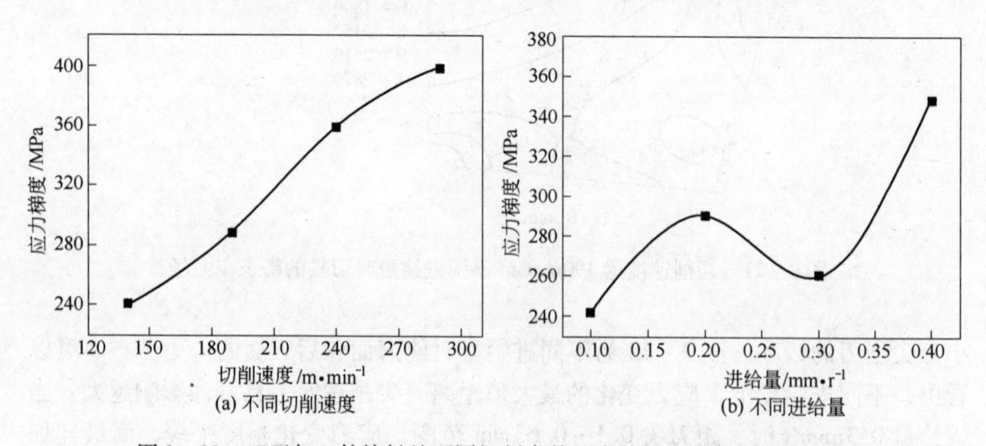

图9-23 刀刃与工件接触处不同切削参数下半精加工的应力梯度曲线

化趋于明显的增大，与图 9 - 23（a）应力梯度变化基本相似，切削速度在190m/min 处时陶瓷刀具刀刃与工件接触处所产生的应力场梯度和温度场梯度的变化较小，此时有助于提高刀具的耐用度。图 9 - 24（b）所示进给量的变化呈现出波峰波谷的凸凹现象，当选取 0.3mm/r 时温度梯度变化呈下降趋势并达到最小值，与图 9 - 23（b）应力梯度变化相一致。

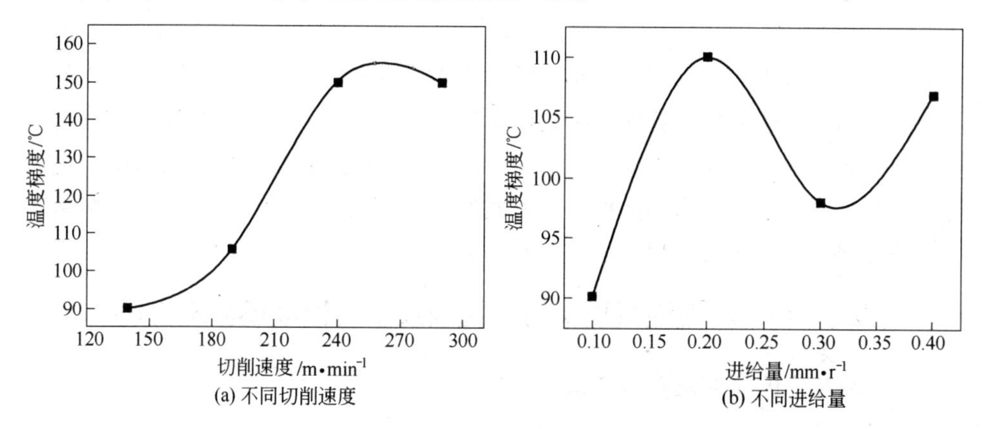

图 9 - 24　刀刃与工件接触处不同切削参数下半精加工的温度梯度曲线

通过有限元分析得知温度场、应力场曲线和场分布的存在差异，可解释为当最高应力与最高温度点不在同区域时，原因是最大应力区靠近刀尖，由于温度变化小，高应力下使刀尖失效状态为磨粒磨损。在最高温度与最大应力重合点处温度较高，且应力较大，刀尖失效状态以粘结磨损为主，进而验证了仿真计算数据与实际切削分析相符。由此诊断出在 Al_2O_3/ZrO_2（Y_2O_3）陶瓷刀具的磨损中，粘结磨损表现得更为明显，也更为严重。

综上所述，在满足机床主轴刚度的条件下，适当增加进给量有利于提高生产效率。有限元分析结果为实际切削加工确定了最佳切削参数范围，说明了用有限元分析选取参数的可行性。

10 基于1045淬火钢粗、精加工的仿真切削

通过前述的仿真切削与 Al_2O_3/ZrO_2（Y_2O_3）陶瓷刀具实际切削试验的数据对比，用仿真切削模型计算获得了切削刃处的应力场、温度场，分析表明优选出的切削参数具有一致性。本章节将进一步对1045淬火钢的粗加工、精加工进行仿真切削分析，并且优选出两种加工方式的最佳切削参数，以此指导机械装备制造领域合理选用氧化物陶瓷刀具的加工参数。

10.1 基于1045淬火钢粗加工仿真切削及稳态温度场和应力场

10.1.1 粗加工仿真切削参数选取

根据常用刀具几何参数的参考范围以及氧化物刀具材料的特殊性和真实切削试验做出部分调整，制定出如表10－1和表10－2所示粗加工的仿真参数。

表10－1 陶瓷刀具几何参数

加工类型	前角 γ_0/(°)	后角 α_0/(°)	倒棱宽 b_r/mm	倒棱角 γ_{01}/(°)
粗加工	−5	5	1	−10

表10－2 仿真切削选用的数据

编　号	v_c/m · min^{-1}	f/mm · r^{-1}
1	80	0.4
2	100	0.4
3	120	0.4
4	140	0.4
5	160	0.4
6	180	0.4
7	200	0.4
8	80	0.2
9	80	0.25
10	80	0.3
11	80	0.35
12	80	0.45
13	80	0.5

10.1.2 不同切削速度下1045淬火钢粗加工的稳态温度场

进给量为0.4mm/r在不同切削速度时刀具前刀面形成的稳态温度场如图10－1所示。可以看出，温度场以不同曲率半径大小的扇形向刀尖倒棱部分为中心的四周扩散并且温度逐渐降低。曲线A～I分别表示温度场等温线温度。可见高温区等温线分别是曲线H、I，也是温度梯度变化大的等温线，并且集中在刀刃的部位。分析看出，不同切削速度引起温度场梯度变化的差异较大，通过优选切削速度，可以实现减少刀具磨损，控制和改善刀具寿命。

分析表明，当切削速度增加时，刀具刀面上的温度也随之升高，这与切削原理阐述相一致。对比图10－1（a）和图10－1（c）可以看出相同的等温线分布，但是数值差距上有一定差别。其中变化明显的温度梯度存在三个速度状态（160m/min、180m/min、200m/min）：

（1）切削速度为80m/min时，刀尖处温度场等温线H、I之间的差值为109℃（见图10－1（a））；

（2）切削速度为100m/min时，刀尖处温度场等温线H、I之间的差值为117℃（见图10－1（b））；

（3）切削速度为120m/min时，刀尖处温度场等温线H、I之间的差值为133℃（见图10－1（c））；

（4）切削速度为140m/min时，刀尖处温度场等温线H、I之间的差值为160℃（见图10－1（d））；

（5）切削速度为160m/min时，刀尖处温度场等温线H、I之间的差值为160℃（见图10－1（e））；

（6）切削速度为180m/min时，刀尖处温度场等温线H、I之间的差值为170℃（见图10－1（f））；

（7）切削速度为200m/min时，刀尖处温度场等温线H、I之间的差值为200℃（见图10－1（g））。

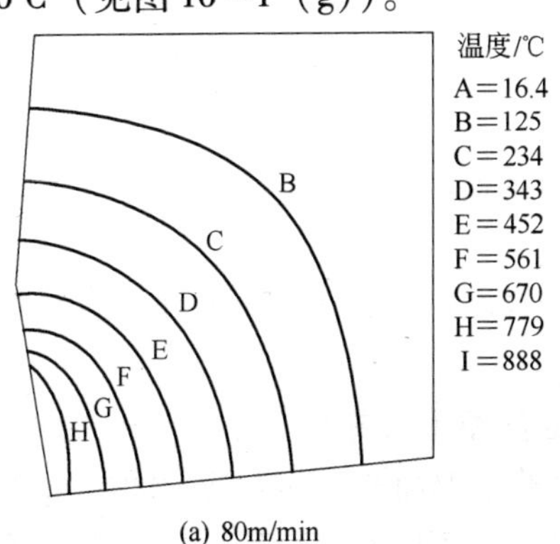

(a) 80m/min

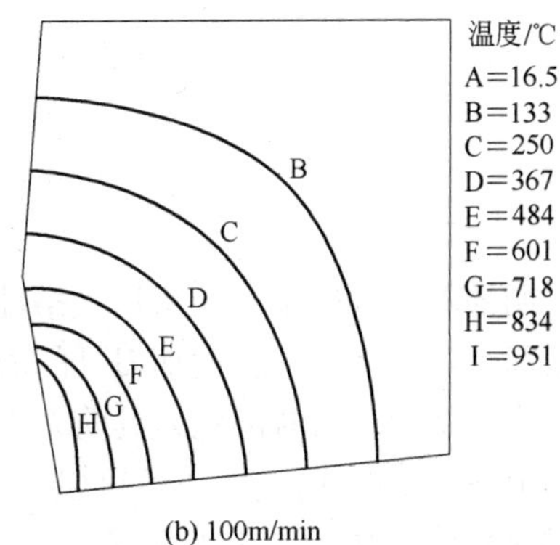

(b) 100m/min

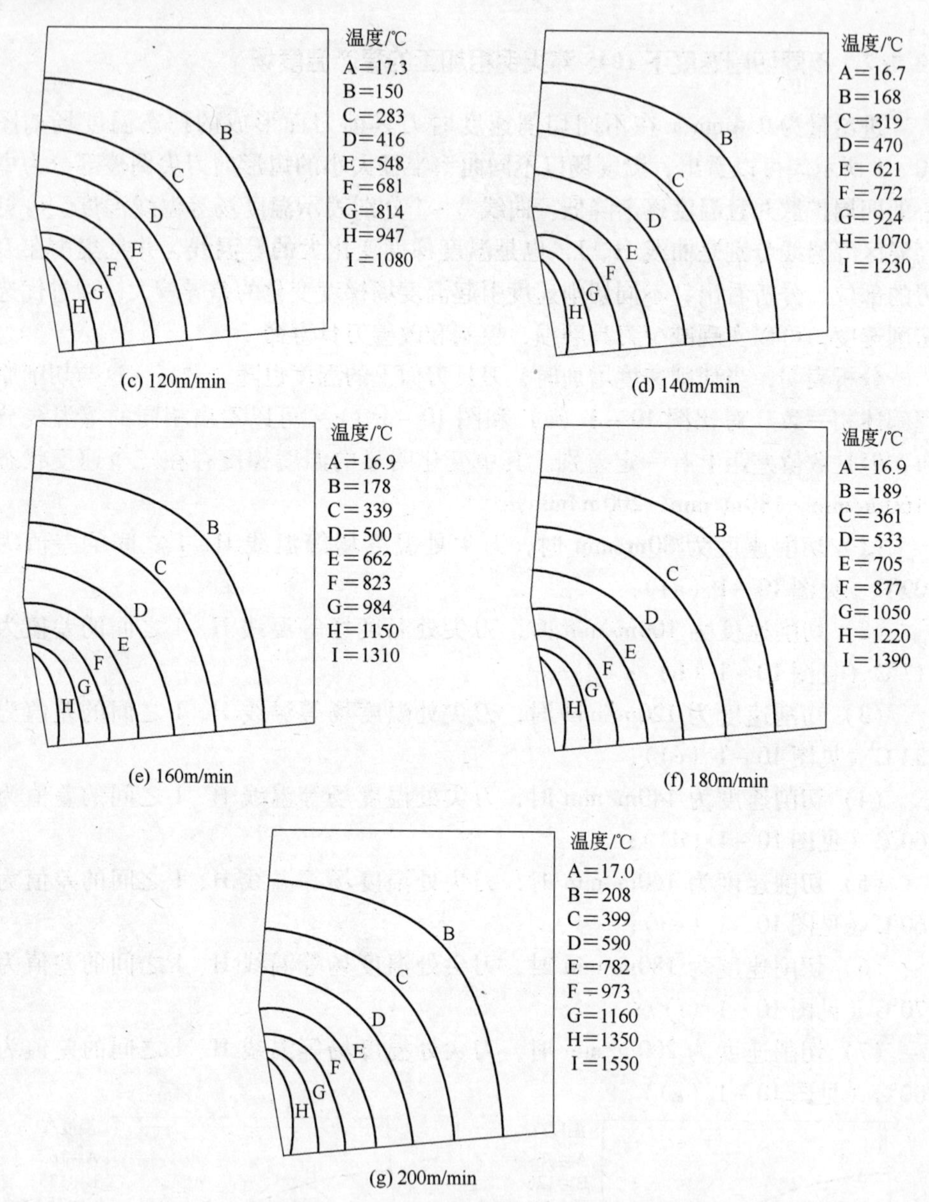

图10-1 进给量为0.4mm/r不同切削速度时刀具的稳态温度场

这说明随着速度的增大在粗加工条件下对温度梯度影响较大，温度梯度的剧变必然引起热应力增加，会增加刀具的磨粒磨损。

不同切削速度时陶瓷刀具前刀面和后刀面的温度分布曲线如图10-2所示。从图10-2（a）前刀面曲线可以看出，刀尖沿着刀面0.25mm处的切削速度分别对应温度最大值，并且随着切削速度的增大切削温度逐渐增大。当速度为

200m/min 时温度最大达到 1550℃，总的趋势是随切削速度增大，刀刃接触温度逐渐升高。依据 Al_2O_3/ZrO_2（3Y）陶瓷刀具的实际切削加工可知，刀刃磨损机理主要存在磨粒磨损和粘结磨损，并分别对应在低温区和高温区，可见前者和后者都会加剧刀具磨损而降低耐用度。通过观察不同速度时的温度梯度变化和最大温度值发现当速度为 140m/min 时虽然温度略高但是梯度变小，所以此处选速度为 140m/min。

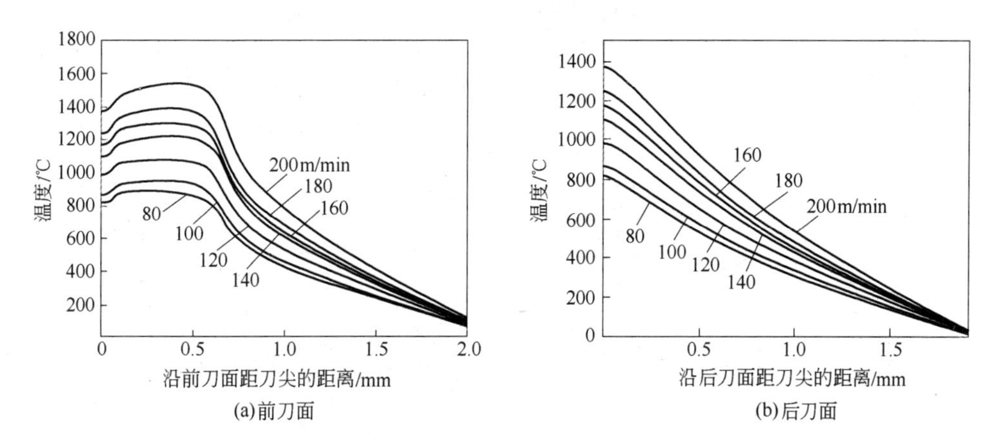

图 10－2 不同切削速度时不同刀面的温度分布曲线

10.1.3 不同切削速度下 1045 淬火钢粗加工的稳态应力场

进给量为 0.4mm/r 不同切削速度时稳态模拟的应力场分布如图 10－3 所示。曲线 A～I 分别表示应力场等值线的应力值。从图中可以看出，不同切削速度对应的刀尖 H、I 区域位置都承受着最大应力，表明精加工过程的高速切削刀尖受到应力集中的影响，使刀具容易崩刀。由图 10－3 看出，当切削速度为 80m/min 时刀尖处的应力为 I＝1450MPa 和 H＝1660MPa，相比其他速度下的应力状态为最小。在保持加工效率和高速切削的情况下，当速度在 140m/min 时刀尖受到的

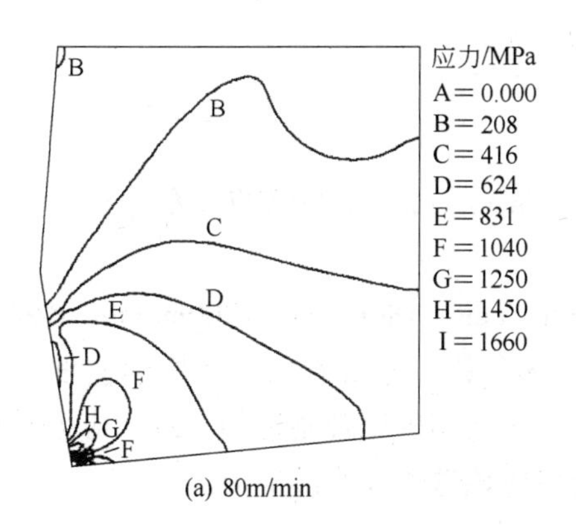

(a) 80m/min

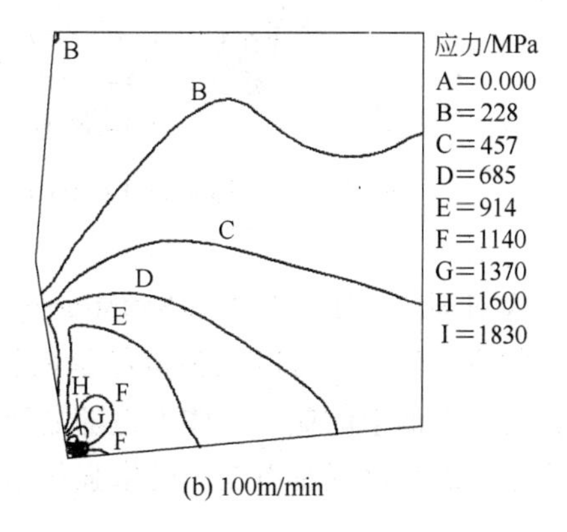

(b) 100m/min

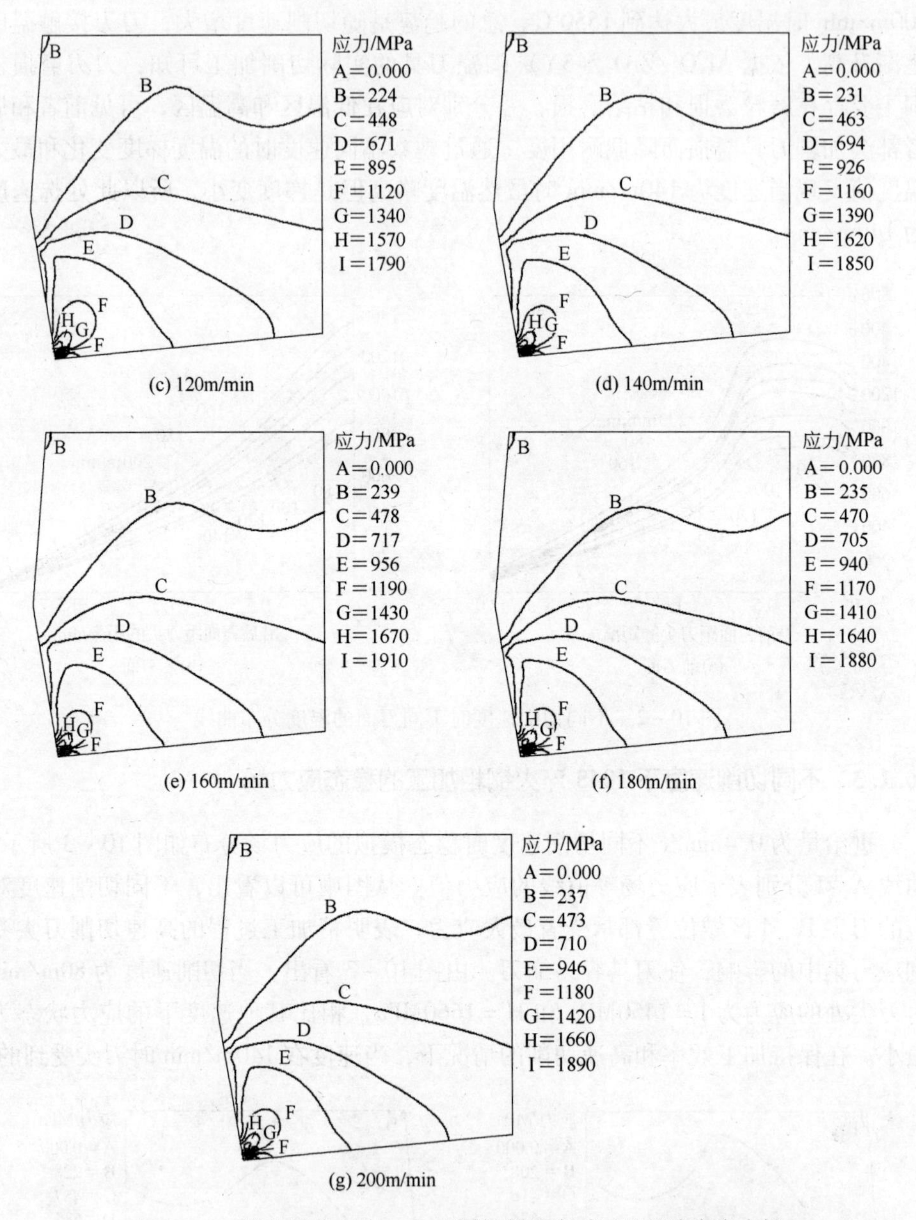

(c) 120m/min (d) 140m/min (e) 160m/min (f) 180m/min (g) 200m/min

图 10-3 进给量为0.4mm/r不同切削速度时刀具的稳态应力场

应力为 H=1620MPa 和 I=1850MPa 与160m/min、180m/min、200m/min 比较所受到的应力值小，可以认为该值是最佳可选参数。分析看出，当切削速度增加时，刀具刀面上的应力总体上也随之升高，这与切削原理阐述相一致。应力对粘结磨损和磨粒磨损都有较大的增强作用所以应该选取较小的应力。

不同切削速度时陶瓷刀具前刀面和后刀面的应力分布曲线如图10－4所示。从图10－4（a）前刀面曲线可以看出，距离刀尖0.025mm和0.05mm处对应出现应力最大峰值，前者的切削速度分别是120m/min、140m/min、160m/min；后者分别是80m/min、100m/min、220m/min、180m/min。观察图10－4（b），后刀面的状态切削速度与切削温度成正比关系。分析看出，随着速度的增大，应力逐渐增大。为减少加工过程的高温粘结磨损，切削速度取值应尽量表现为磨粒磨损状态，在仿真模拟的速度140m/min时虽然加工温度比较高，但是应力很小，能满足延长刀具寿命同时保证切削效率的需求。

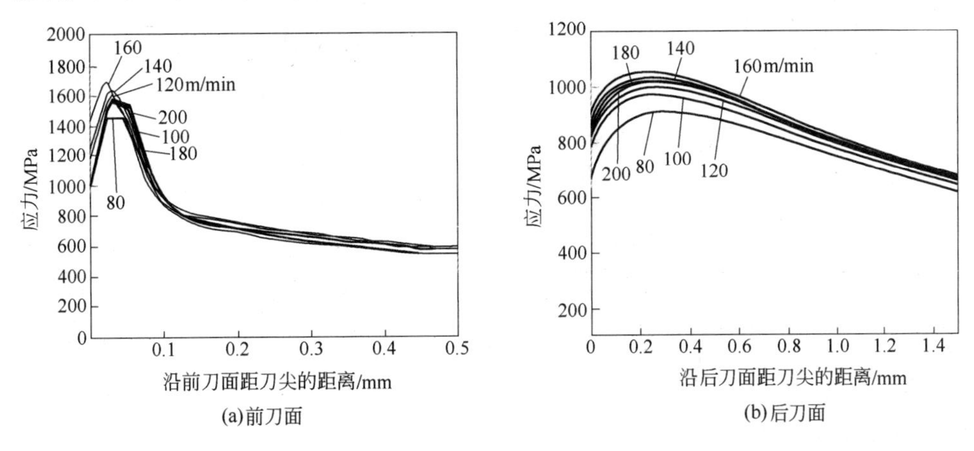

(a)前刀面　(b)后刀面

图10－4　不同切削速度时不同刀面的应力分布曲线

10.1.4　不同进给量下1045淬火钢粗加工的稳态温度场和应力场

切削速度为80m/min不同进给量时刀具的稳态温度场如图10－5所示。由图10－5可以看出，随着进给量的增大，刀尖位置最高温度区域在逐渐向上移动。图10－5（a）的H、I差值为94℃，图10－5（c）的H、I差值为105℃，图10－5(e)的H､I差值为109℃,图10－5(f)的H､I差值为111℃,图10－5(g)

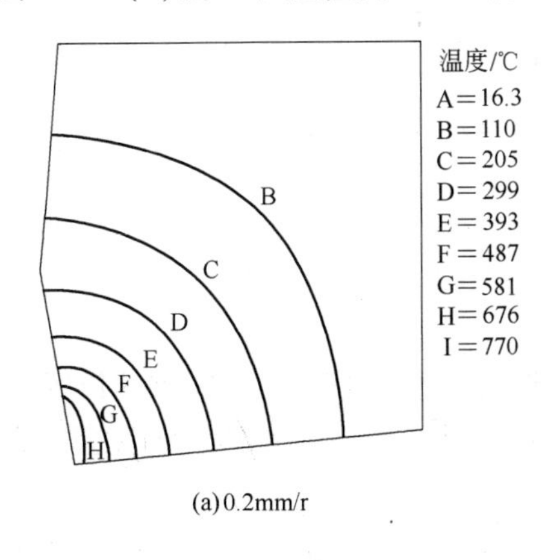

(a) 0.2mm/r

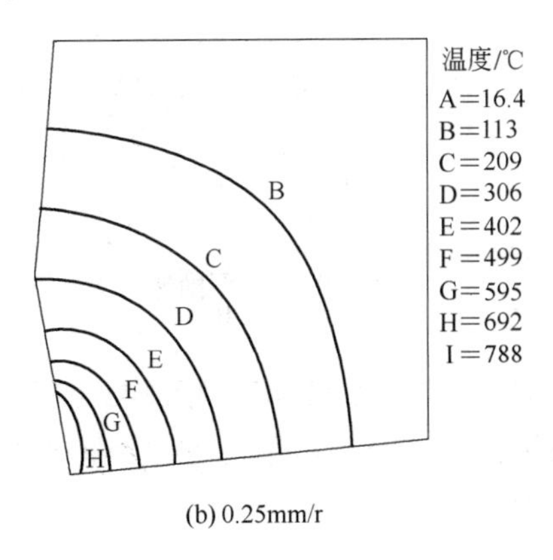

(b) 0.25mm/r

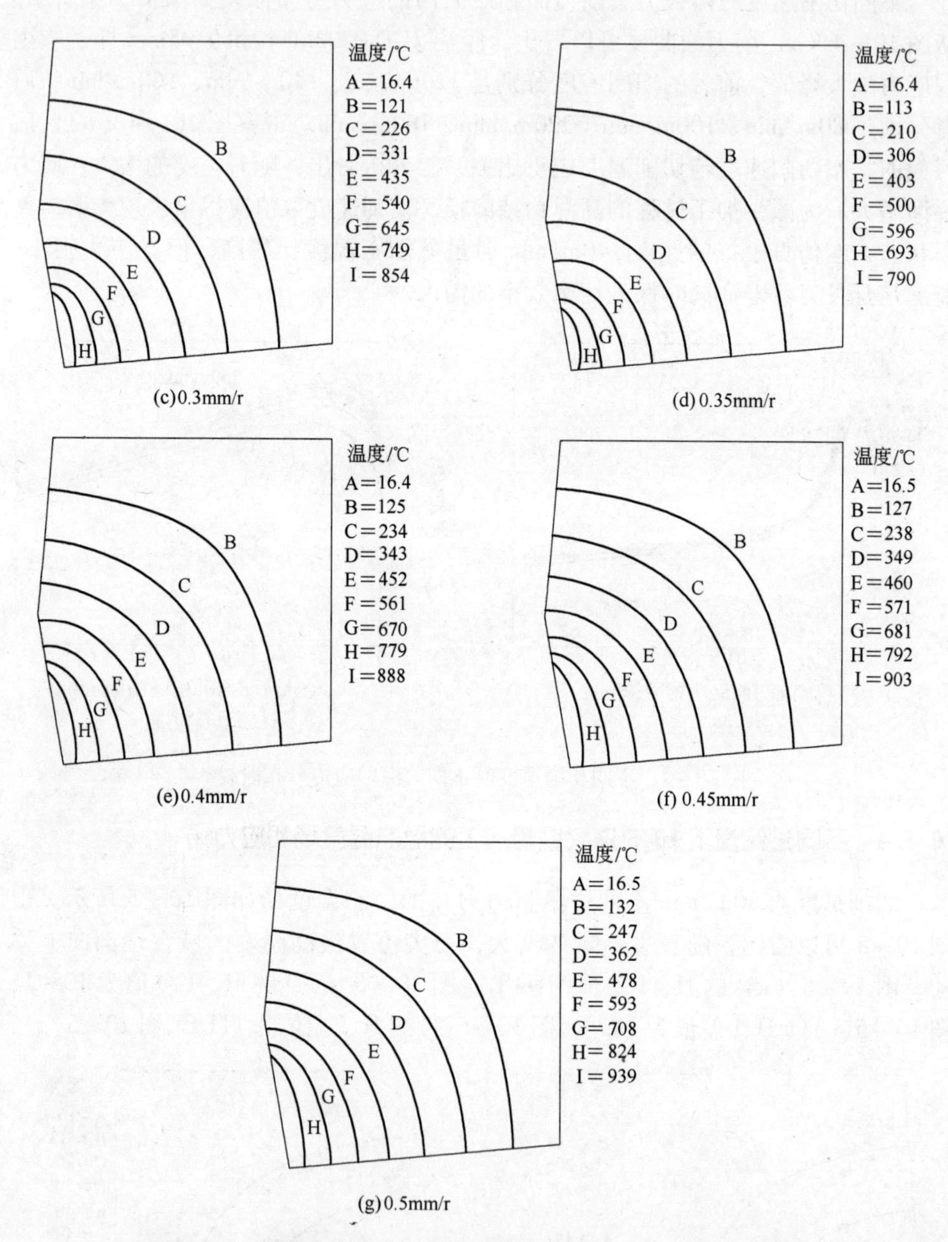

(c) 0.3mm/r (d) 0.35mm/r

(e) 0.4mm/r (f) 0.45mm/r

(g) 0.5mm/r

图10-5 切削速度为80m/min不同进给量时刀具的稳态温度场

的H、I差值为115℃，则说明随着进给量的增大，不仅最大温度区域的位置会发生变化，而且温度梯度也会随之增大，进给量不仅会影响磨损程度而且会影响磨损位置。

不同进给量时不同刀面的温度分布如图10-6所示。由图可以看出，同样最高温度区向上移动的规律。当进给量为0.2mm/r、0.25mm/r、0.35mm/r时最大温度范围为770~790℃，与0.3mm/r、0.4mm/r、0.45mm/r、0.5mm/r时的最大温度范围为854~939℃，二者有明显的范围界线。同样从磨损角度出发，选择表现为磨粒磨损的范围0.2mm/r、0.25mm/r、0.35mm/r。但是由于其温度均较低，可以考虑增大进给量，此处取0.45mm/r。

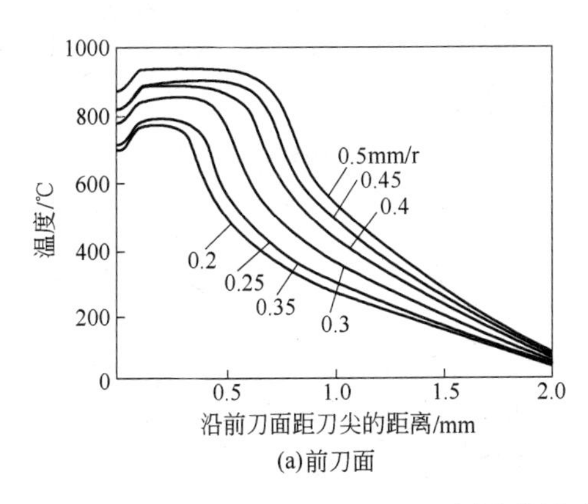

(a)前刀面

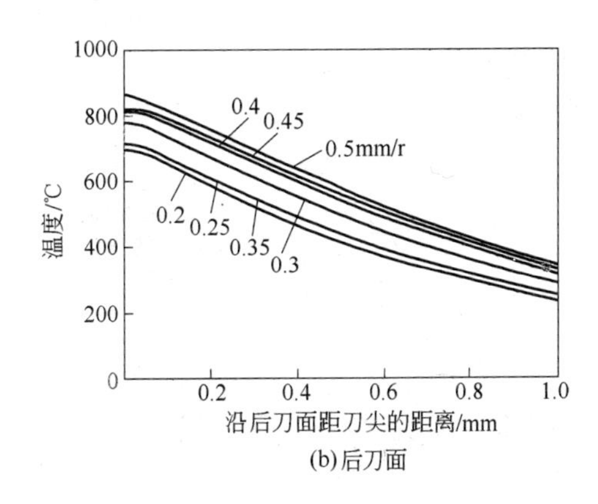

(b)后刀面

图10-6 不同进给量时不同刀面的温度分布曲线

切削速度为80m/min时不同进给量下刀具的稳态应力场如图10-7所示。从图可以看出，进给量的变化并不能改变最大应力区的位置和应力的分布，应力值呈扇形递减。

不同切削进给量时不同刀面的应力分布如图10-8所示。由图10-8可以看出，随着进给量的增大，最大应力是一个增大的趋势，而在进给量为0.435mm/r有明显的分界线。综合温度场分析结果，取进给量0.45mm/r不仅可以保证切削效率，而且把刀刃磨损减少到最小。

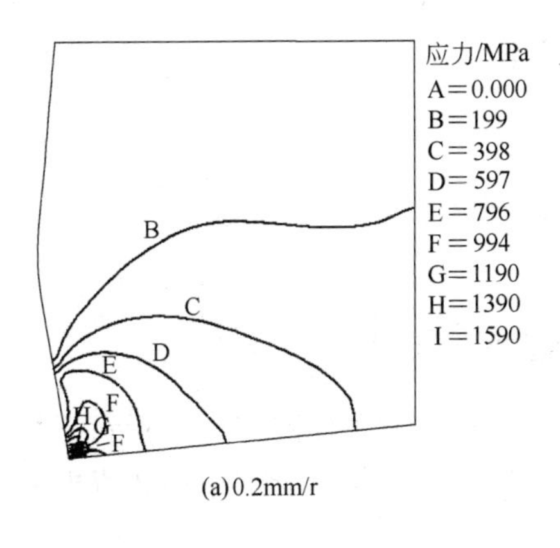

(a)0.2mm/r

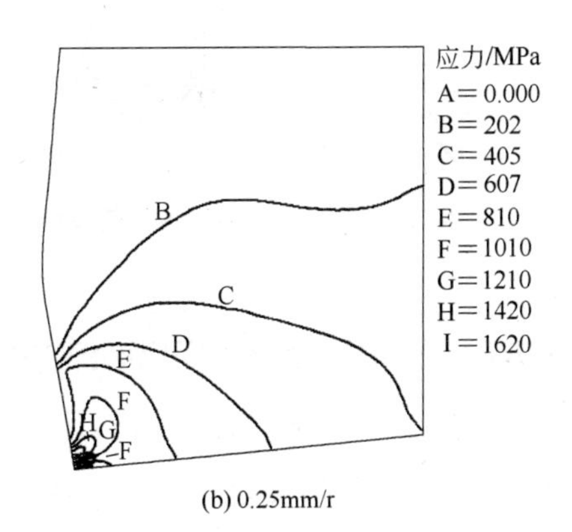

(b)0.25mm/r

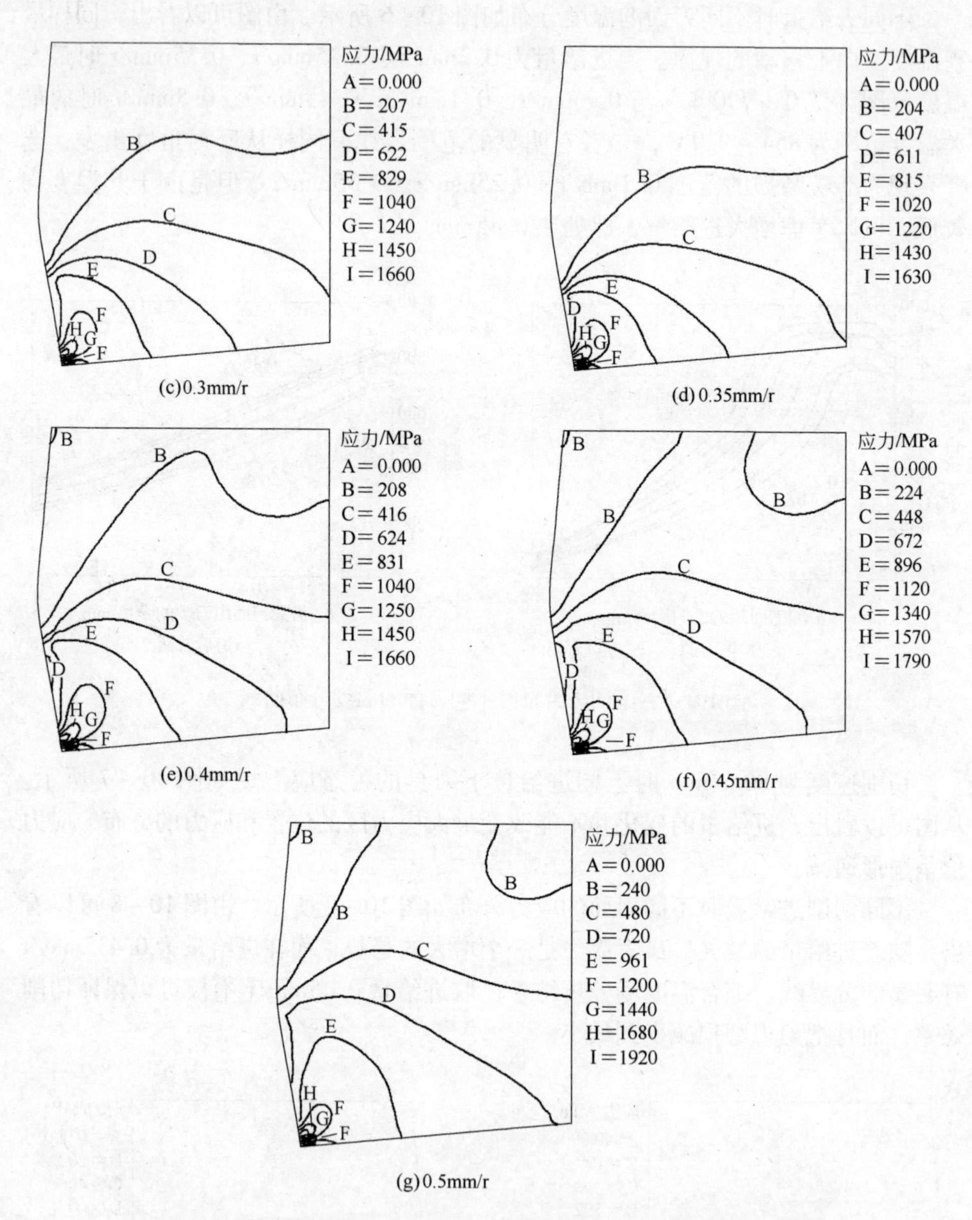

图10-7 切削速度为80m/min不同进给量时刀具的稳态应力场

10.1.5 不同切削用量对刀刃处应力梯度、温度梯度影响

刀刃与工件接触处不同切削参数下粗加工的应力梯度如图10-9所示。图10-9（a）示出刀尖处应力梯度随切削速度增加，呈逐渐上升到达小峰值再下

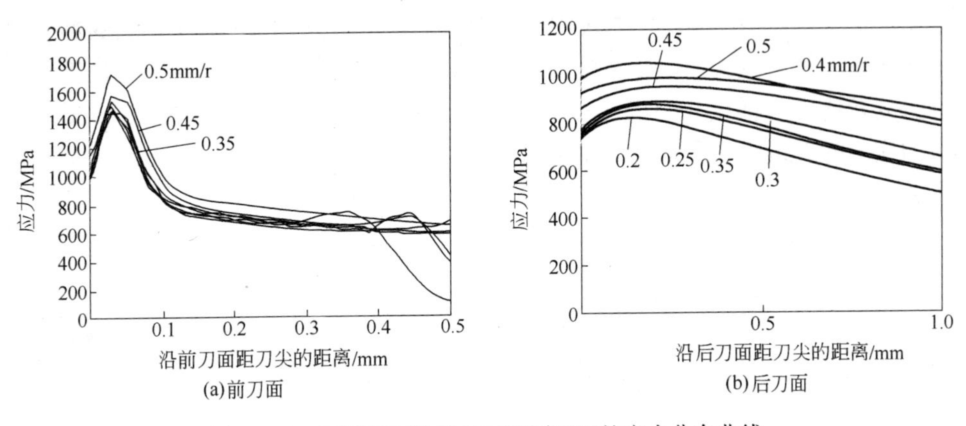

图10-8 不同切削进给量时不同刀面的应力分布曲线

降，然后再上升的趋势，当切削速度120m/min时应力梯度达到220MPa最小值。由图10-9（b）可以看出，在切削加工时进给量的增加，应力梯度在进给量0.25~0.45mm/r之间时，出现波动值在200~210MPa之间，这也表明粗加工给定参数较大，刀刃与工件接触处的应力梯度波动会带来加工切屑的大变形出现断屑或短屑现象（验证了仿真模拟结果与实际粗加工出现的情况相一致），如果选取进给量不合理，将会降低陶瓷刀具寿命。

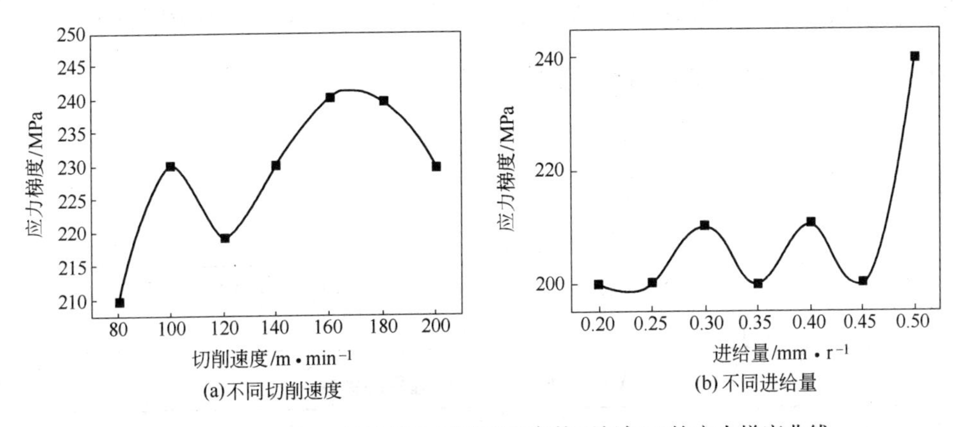

图10-9 刀刃与工件接触处不同切削参数下粗加工的应力梯度曲线

刀刃与工件接触处不同切削参数下粗加工的温度梯度如图10-10所示。由图10-10（a）可见，当切削状态在粗加工时其温度场随着切削速度的加大呈现缓慢增加，温度梯度在140~160m/min范围内趋于水平状态，为避免粗加工时较大进给量引起的震动而损伤陶瓷刀刃崩刀现象；对应于图10-9（a）的分析，保证应力梯度的最小状态，选取切削速度120m/min时可达到在较低的温度梯度下切削加工。图10－10（b）表明不同切削进给量时刀刃与工件接触处的温度梯度变化呈现波动较大，由于氧化物陶瓷刀具材料高温抗氧化强，可认为温度梯度的影响较比应力梯度相对要小很多。由图10－9（b）中看出在0.35mm/r时对应的应力梯度最小，所以进给量选取范围需结合应力梯度曲线同时分析更加凸显重要。

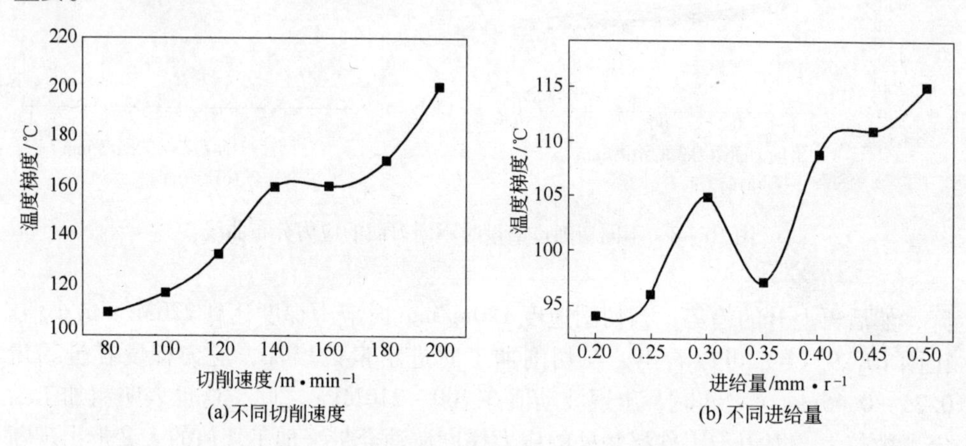

图10－10 刀刃与工件接触处不同切削参数下粗加工的温度梯度曲线

10.2 基于1045淬火钢精加工仿真切削及稳态温度场和应力场

10.2.1 精加工仿真切削参数选取

根据刀具几何参数的参考范围以及氧化物刀具材料的特殊性和真实切削试验做出了部分调整，制定出如表10－3和表10－4所示精加工的仿真参数。

表10－3 陶瓷刀具几何参数

加工类型	前角 γ_0/(°)	后角 α_0/(°)	倒棱宽 b_r/mm	倒棱角 γ_{01}/(°)
精加工	－5	5	0.08	－20

表10－4 仿真切削选用的数据

编 号	v_c/m·min^{-1}	f/mm·r^{-1}
1	180	0.05
2	200	0.05
3	220	0.05
4	240	0.05
5	260	0.05
6	280	0.05

续表 10-4

编　号	v_c/m·min^{-1}	f/mm·r^{-1}
7	300	0.05
8	260	0.075
9	260	0.10
10	260	0.125
11	260	0.15
12	260	0.175
13	260	0.20

10.2.2　不同切削速度下1045淬火钢精加工的稳态温度场

进给量为0.05mm/r在不同切削速度时刀具前刀面形成的稳态温度场如图10-11所示。可以看出，温度场以不同曲率半径大小的扇形向刀尖倒棱部分为中心的四周扩散并且温度逐渐降低。曲线A~I分别表示温度场等温线温度。可见高温区等温线分别是曲线H、I，也是温度梯度变化大的等温线，并且集中在刀刃的部位。分析看出，不同切削速度引起温度场梯度变化的差异较大，通过优选切削速度，可以实现减少刀具磨损，控制和改善刀具寿命。

分析表明，当切削速度增加时，刀具刀面上的温度也随之升高，这与切削原理阐述相一致。对比图10-11（a）和图10-11（c）可以看出相同的等温线分布，但是数值差距上有一定差别。其中变化明显的温度梯度存在三个速度状态：

（1）当切削速度为180m/min时，刀尖处温度场的等温线H、I之间的温度差为77℃（见图10-11（a））；

（2）切削速度为220m/min时，刀尖处温度场的等温线H、I之间的差为79℃（见图10-11（c））；

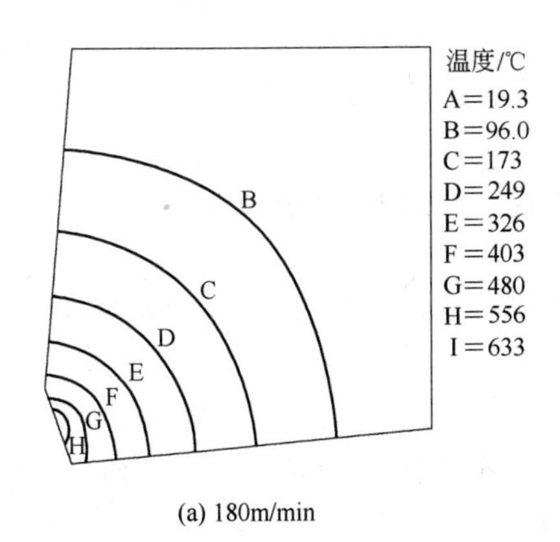

(a) 180m/min

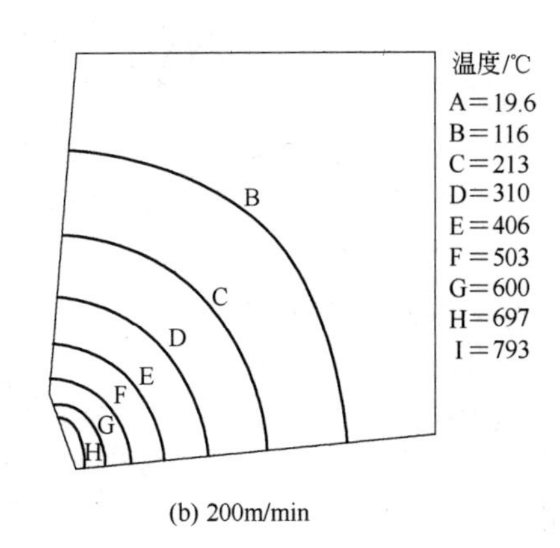

(b) 200m/min

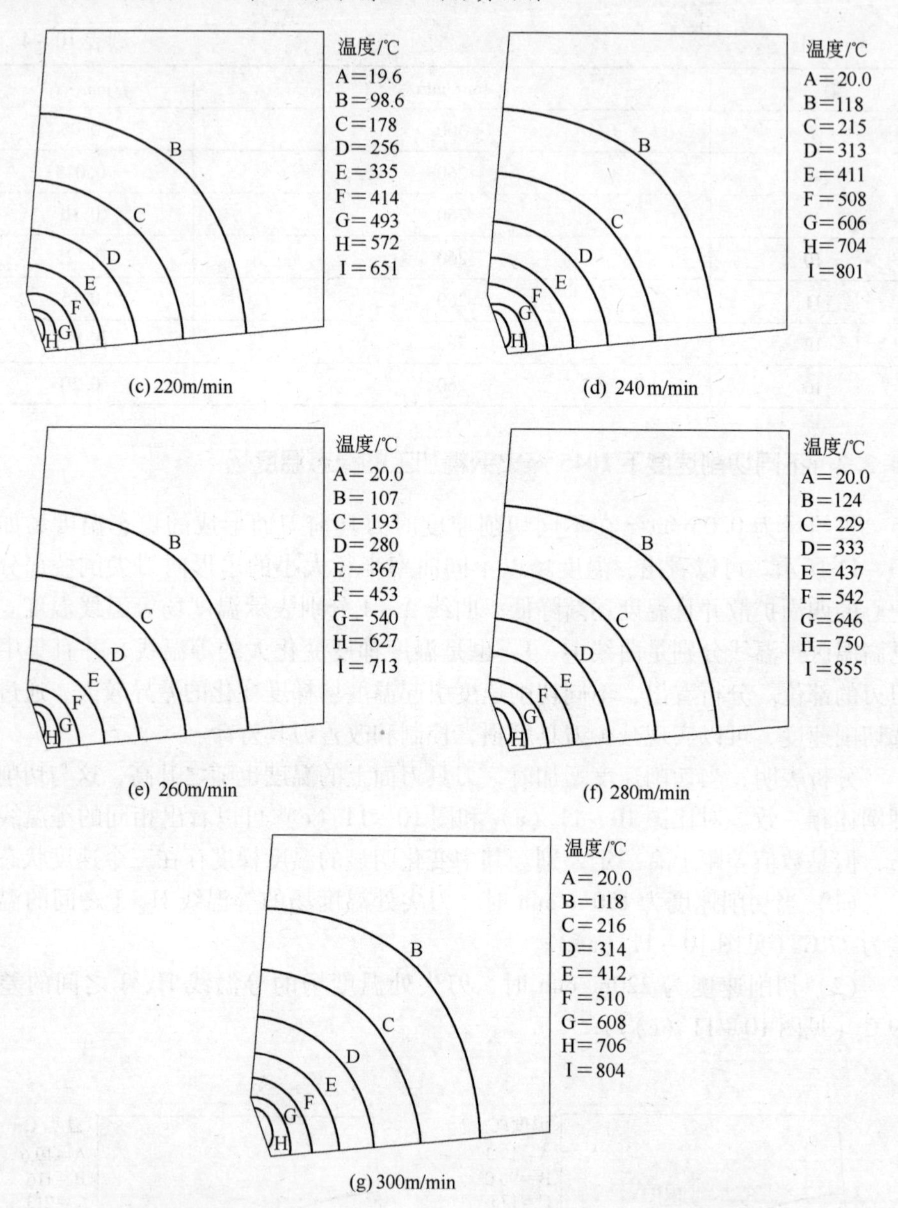

图10-11 进给量为0.05mm/r不同切削速度时的稳态温度场

(3) 切削速度为300m/min时，刀尖处温度场等温线H、I之间的差值则为98℃（见图10-11（g））。

这说明随着切削速度的增大对温度梯度影响较大，温度梯度的剧变必然引起热应力增加，进而带来刀具的磨粒磨损，所以当选取切削速度为260m/min较合适。

不同切削速度时陶瓷刀具前刀面和后刀面的温度分布曲线如图10－12所示。从图10－12（a）前刀面曲线可以看出，刀尖沿着刀面0.125mm处的切削速度分别对应温度最大值，并且随着切削速度的增大切削温度逐渐增大。当切削速度为280m/min时温度最大达到850℃，切削速度为200m/min、240m/min、300m/min时温度值差别相近，总的趋势是随切削速度增大，刀刃接触温度逐渐升高。针对高速切削以温度结果数据为参考时，仿真模拟的切削速度选择区间为240～300m/min。从最大值的分布观察到180m/min、220m/min时温度最低。依据Al_2O_3/ZrO_2（3Y）陶瓷刀具的实际切削加工可知，刀刃磨损机理主要存在磨粒磨损和粘结磨损，并分别对应在低温区和高温区，可见前者和后者都会加剧刀具磨损而降低耐用度。当最佳速度选取220m/min时，可能同时存在磨粒磨损和粘结磨损的协同磨损作用，进而起到提高刀具寿命的效果。从图10－12（b）后刀面曲线看出，切削速度与温度变化的影响基本相似（图10－12（a）），刀刃尖端沿着后刀面的距离增加，温度呈下降趋势，表明对后刀面的磨损影响较小。

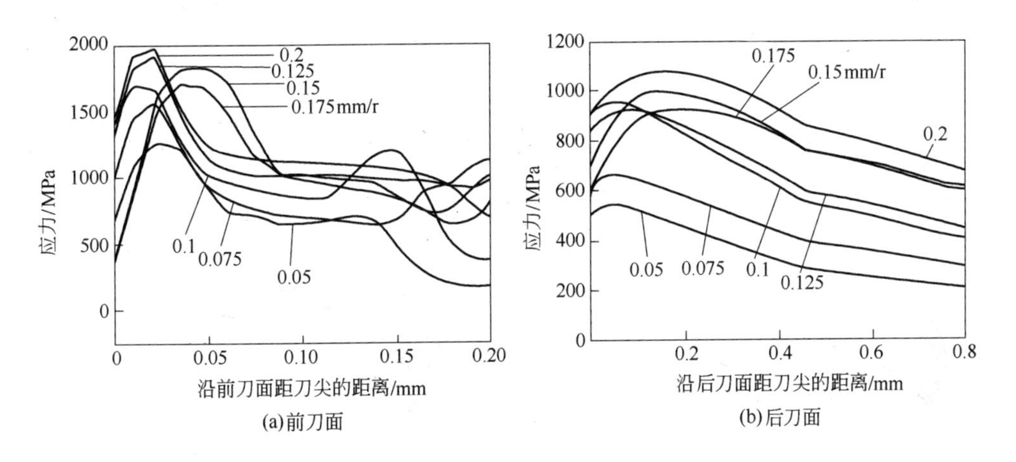

(a)前刀面 (b)后刀面

图10－12 不同切削速度时不同刀面的温度分布曲线

10.2.3 不同切削速度下1045淬火钢精加工的稳态应力场

进给量为0.05mm/r不同切削速度时稳态模拟的应力场分布如图10－13所示。曲线A～I分别表示应力场等值线的应力值。从图中可以看出，不同切削速度对应的刀尖H、I区域位置都承受着最大应力，表明精加工过程的高速切削刀尖受到应力集中的影响，使刀具容易崩刀。由图10－13看出，当切削速度为180m/min时刀尖处的应力为I＝1400MPa和H＝1230MPa，相比其他速度下的应力状态为最小。在保持加工效率和高速切削的情况下，当切削速度在220m/min

时刀尖受到的应力为 I = 1500MPa 和 H = 1310MPa，比 200m/min、240m/min、260m/min、280m/min、300m/min 时所受到的应力值小，可以认为该值是最佳可选参数。分析看出，当切削速度增加时，刀具刀面上的应力总体上也随之升高，这与切削原理阐述相一致。应力对粘结磨损和磨粒磨损都有较大的增强作用所以应该选取较小的应力。

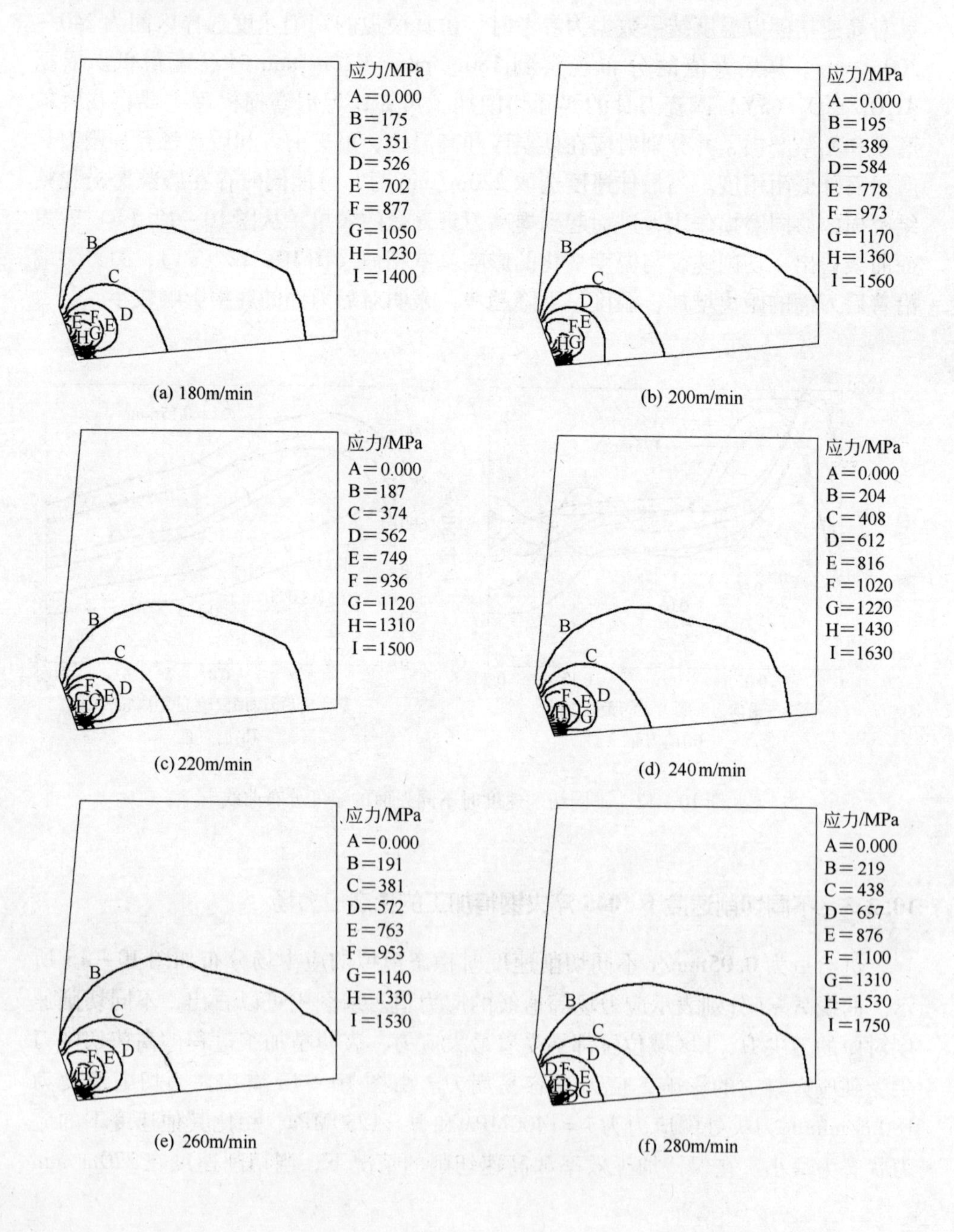

(a) 180m/min　(b) 200m/min

(c) 220m/min　(d) 240m/min

(e) 260m/min　(f) 280m/min

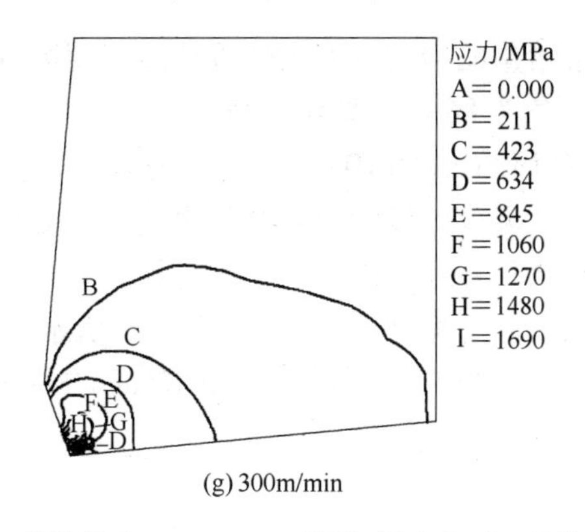

图 10－13　进给量为0.05mm/r不同切削速度时刀具的稳态应力场

不同切削速度时陶瓷刀具前刀面和后刀面的应力分布曲线如图10－14所示。从图10－14（a）前刀面曲线可以看出，距离刀尖0.0125mm和0.025mm处对应出现应力最大峰值，前者的切削速度分别是240m/min、280m/min、300m/min；后者分别是180m/min、200m/min、220m/min、260m/min，两处的最大峰值使刀刃的切削温度处在1500℃和1200℃状态。当刀具处于低温高速切削时，其耐用度能达到最大寿命。观察图10－14（b）后刀面的状态，切削速度与切削温度成正比关系。分析看出，随着切削速度的增大应力逐渐增大。应力表现出与温度相同的情况，为减少加工过程的高温粘结磨损，切削速度取值应尽量表现为磨粒磨损状态，所以仿真模拟的速度为220m/min时，能满足延长刀具寿命同时保证切削效率的需求。

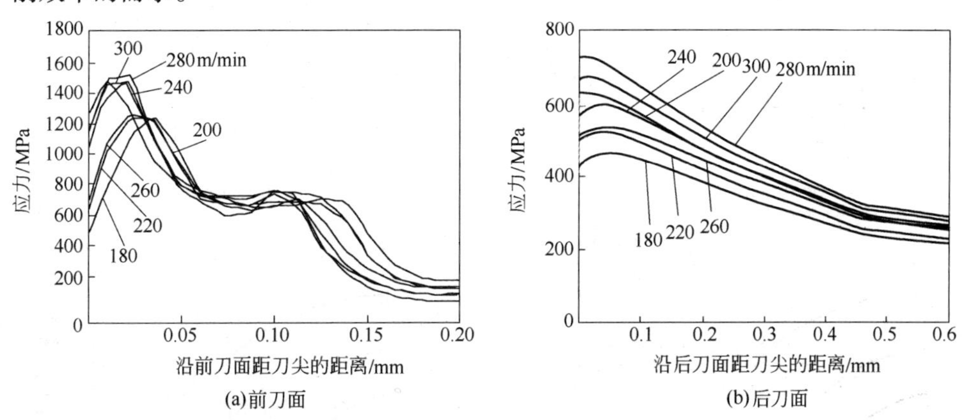

图 10－14　不同切削速度时不同刀面的应力分布曲线

10.2.4　不同进给量下1045淬火钢精加工的稳态温度场和应力场

切削速度为260m/min不同进给量时刀具的稳态温度场如图10－15所示。

由图可以看出，随着进给量的增大，刀尖位置最高温度区域在逐渐向上移动。图10－15（a）的H、I差值为86℃，图10－15（c）的H、I差值为97℃，图10－15（e）的H、I差值为150℃，图10－15（g）的H、I差值为170℃，说明随着进给量的增大，不仅最大温度区域的位置会发生变化，而且温度梯度也会随之增大。进给量不仅会影响磨损程度，而且会影响磨损位置。

不同进给量时不同刀面的温度分布如图10－16所示。由图可以看出同样最高温度区向上移动的规律。当进给量为0.05～0.125mm/r时最大温度范围为800～

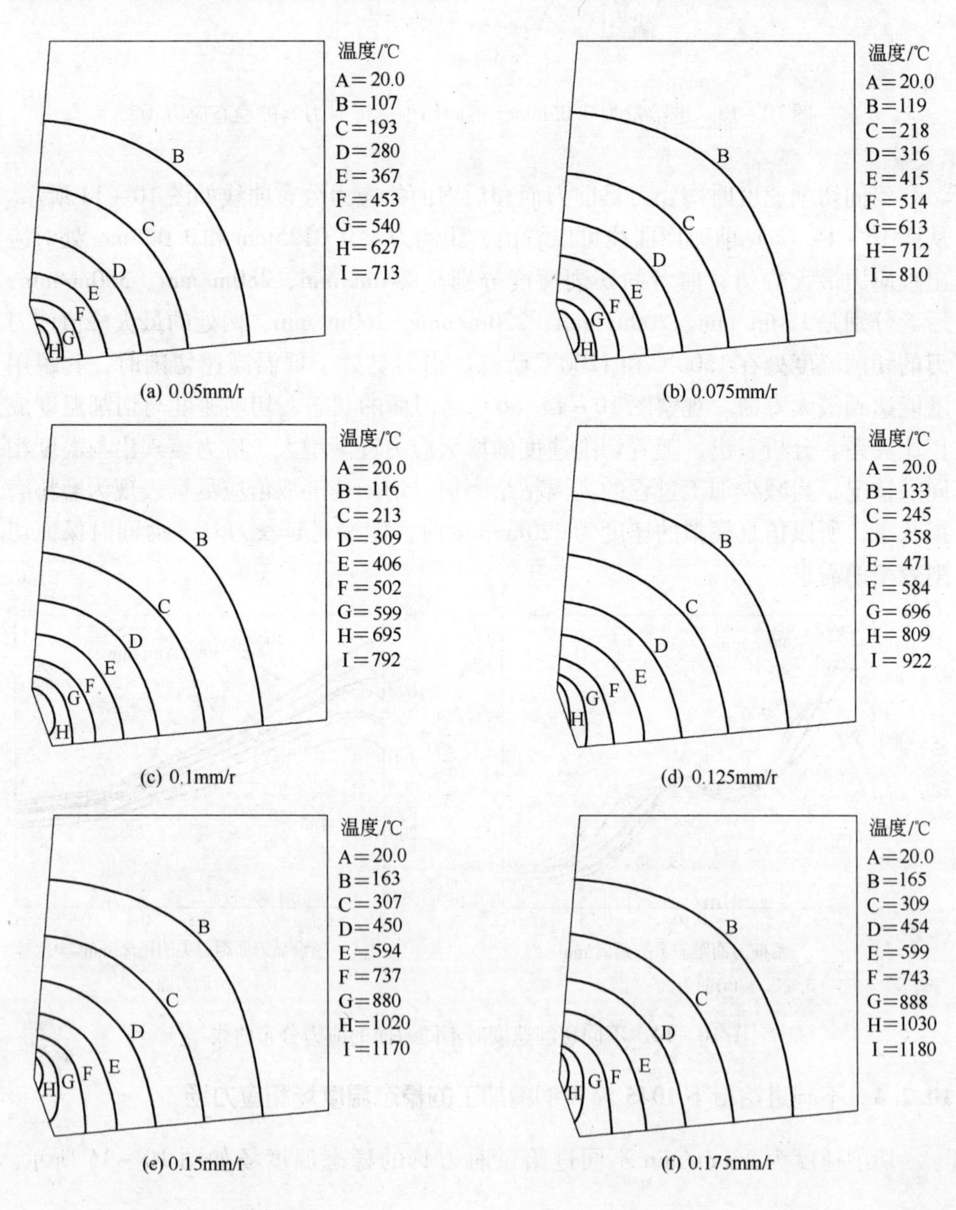

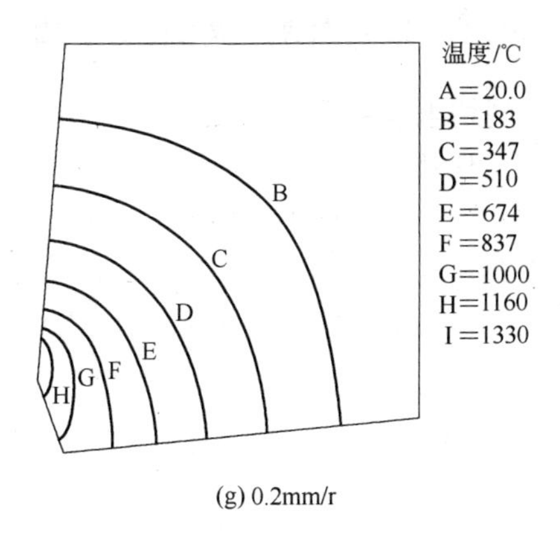

(g) 0.2mm/r

图 10-15 切削速度为260m/min不同进给量时刀具的稳态温度场

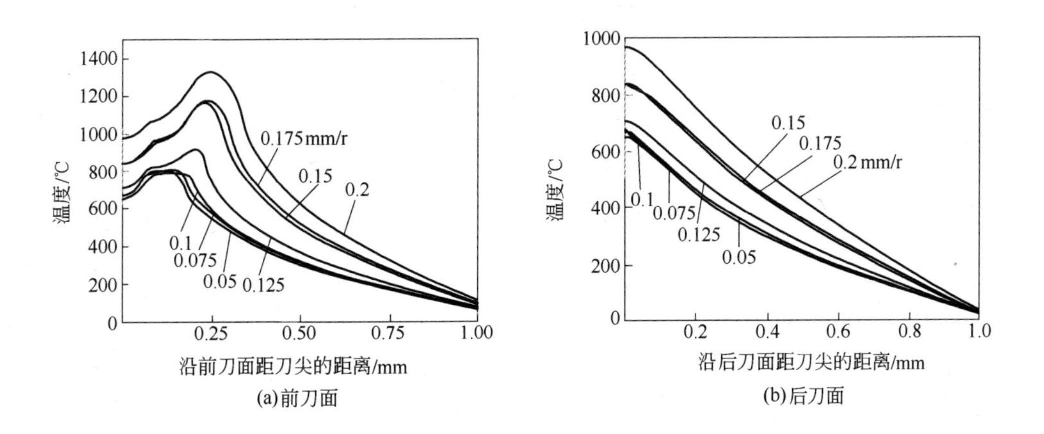

图 10-16 不同进给量时不同刀面的温度分布曲线

900℃，与0.15~0.2mm/r时的最大温度范围为1150~1350℃，二者有明显的范围界线。同样从磨损角度出发，选择表现为磨粒磨损的范围0.05~0.125mm/r。

切削速度为260m/min不同进给量时的稳态应力场如图10-17所示。由图可以看出，进给量的变化并不能改变最大应力区的位置和应力的分布，应力值呈扇形递减。

不同切削进给量时不同刀面的应力分布如图10-18所示。由图可以看出，随着进给量的增大，最大应力是一个增大的趋势，当进给量为0.075mm/r时其最大应力最低，所以进给量0.075mm/r不仅可以保证切削效率，而且把磨损减到最小。

10.2.5 不同切削用量对刀刃处应力梯度、温度梯度影响

刀刃与工件接触处不同切削参数下精加工的应力梯度如图10－19所示。由图10－19（a）可以看出，刀刃处应力梯度随切削速度增加呈逐渐上升趋势，选取切削速度220m/min时应力梯度达到最小190MPa。图10－19（b）表明在切削加工时进给量的增加，应力梯度在进给量0.075～0.1mm/r之间时，出现最小值230MPa。分析表明，陶瓷刀具精加工时使刀刃处的应力梯度在最小受力状态下

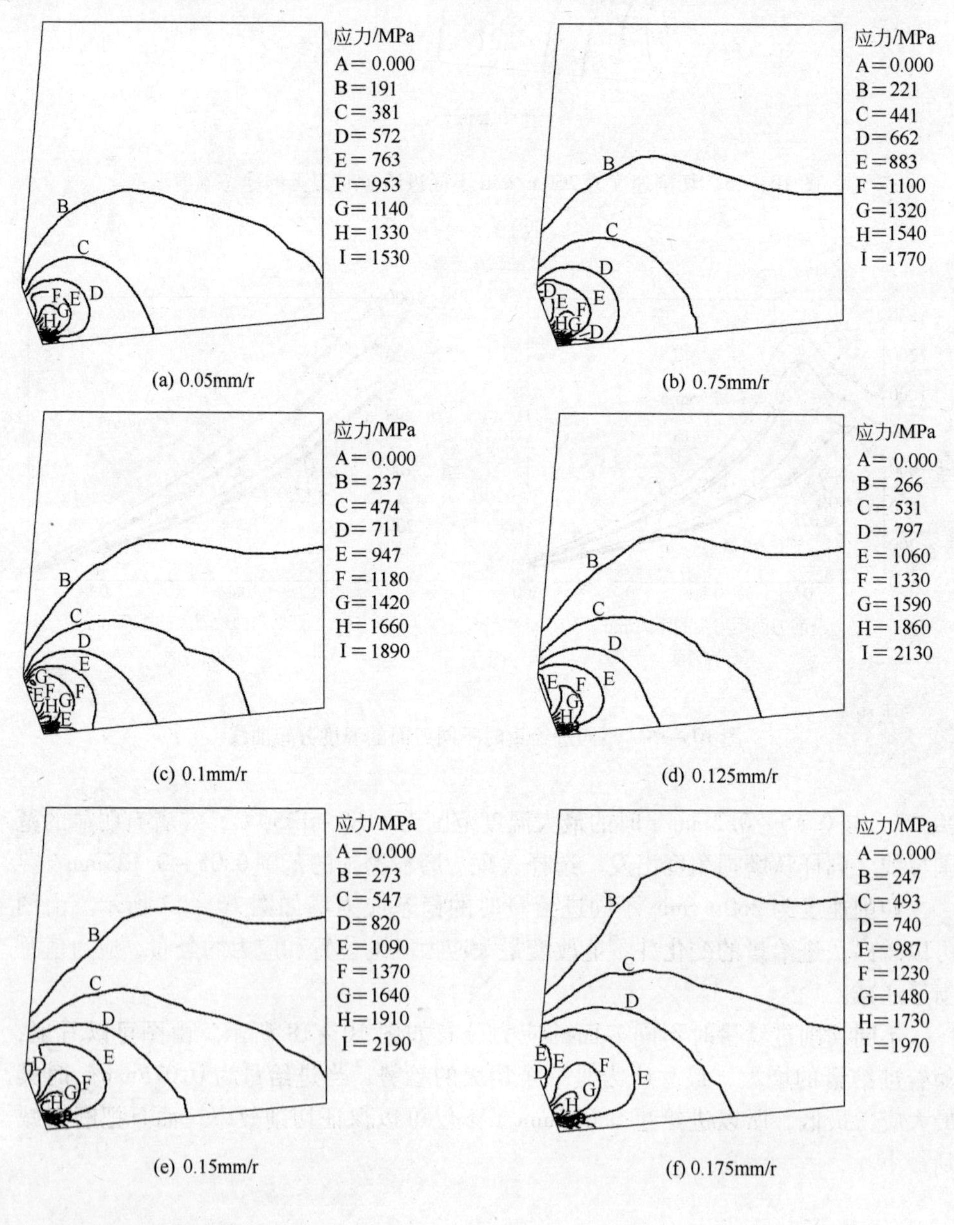

变化对应出优选的加工参数。

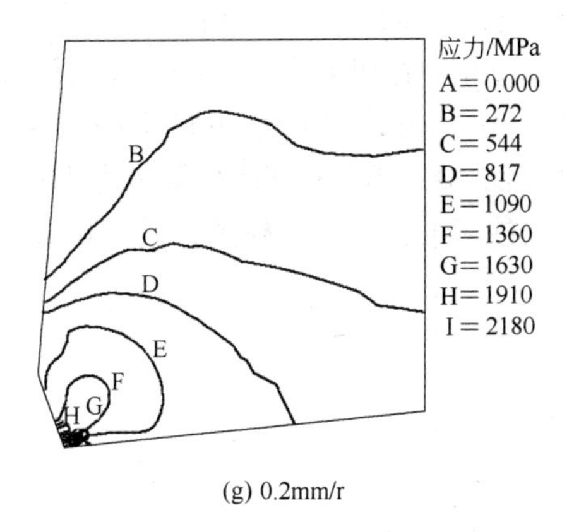

(g) 0.2mm/r

图10-17 切削速度为260m/min不同进给量时的稳态应力场

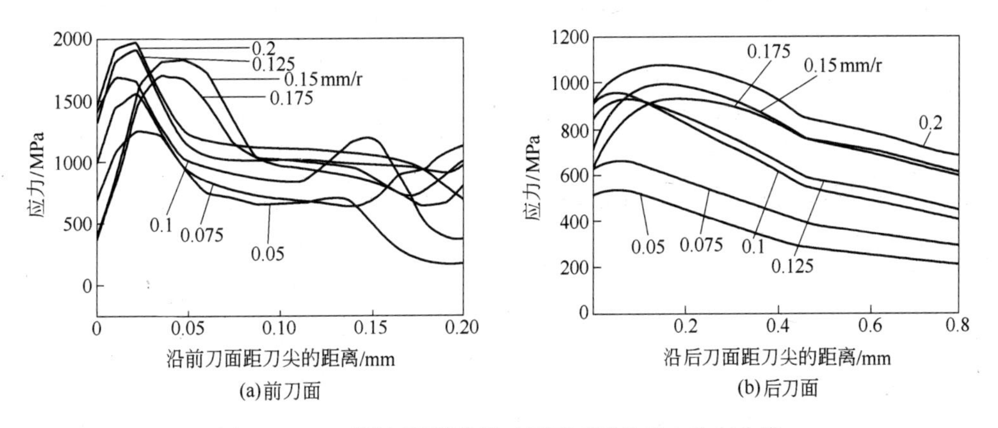

(a)前刀面 (b)后刀面

图10-18 不同切削进给量时不同刀面的应力分布曲线

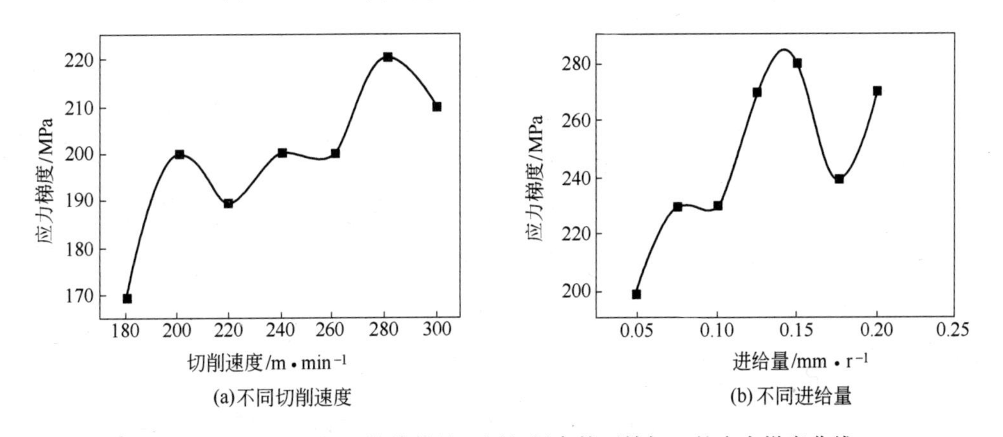

(a)不同切削速度 (b)不同进给量

图10-19 刀刃与工件接触处不同切削参数下精加工的应力梯度曲线

在不同切削速度下精加工切削1045淬火钢时，陶瓷刀刃与工件接触处产生的温度梯度曲线如图10－20（a）所示。可以看出，随着切削速度的增加，梯度曲线出现波峰波谷的连续变化，在切削速度220m/min时出现最小值与图10－19（a）最小应力梯度对应一致。不同进给量下产生的温度梯度曲线在0.075～0.1mm/r存在梯度平台（图10－20（b）），与最小应力梯度平台相同，可见用应力梯度和温度梯度所选的切削参数是一样的，同时也表明1045淬火钢具有较好综合力学性能。

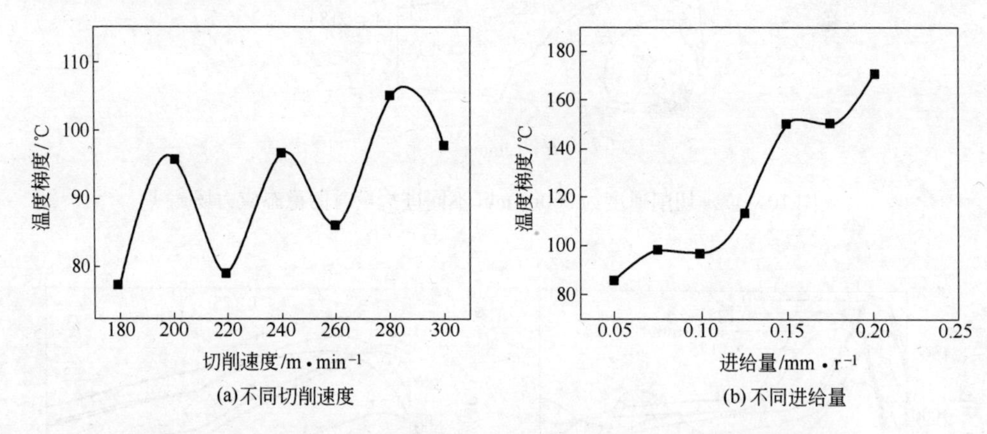

图10－20 刀刃与工件接触处不同切削参数下精加工的温度梯度曲线

11　基于 H13 模具钢粗、半精、精加工的仿真切削

11.1　H13 模具钢粗加工的仿真切削及稳态温度场和应力场

11.1.1　粗加工仿真切削参数选取

采用刀具几何参数的参考范围，根据氧化物陶瓷刀具材料的特殊性和真实切削试验做出部分调整，制定出如表 11 -1 和表 11 -2 所示的 H13 模具钢粗加工的仿真数据。

表 11 -1　陶瓷刀具几何参数

加工类型	前角 γ_0/(°)	后角 α_0/(°)	倒棱宽 b_r/mm	倒棱角 γ_{01}/(°)
粗加工	-5	5	1	-10

表 11 -2　仿真切削选用的数据

编　号	v_c/m · min^{-1}	f/mm · r^{-1}
1	90	0. 4
2	110	0. 4
3	130	0. 4
4	150	0. 4
5	170	0. 4
6	190	0. 4
7	210	0. 4
8	110	0. 2
9	110	0. 25
10	110	0. 3
11	110	0. 35
12	110	0. 45
13	110	0. 5

11.1.2 不同切削速度下H13模具钢粗加工的稳态温度场

进给量为0.4mm/r在不同切削速度时刀具前刀面形成的稳态温度场如图11-1所示。可以看出，温度场以不同曲率半径大小的扇形向刀尖倒棱部分为中心的四周扩散并且温度逐渐降低。曲线A~I分别表示温度场等温线温度。可见高温区等温线分别是曲线H、I，也是温度梯度变化大的等温线，并且集中在刀刃的部位。分析看出，不同切削速度引起温度场梯度变化的差异较大，通过优选

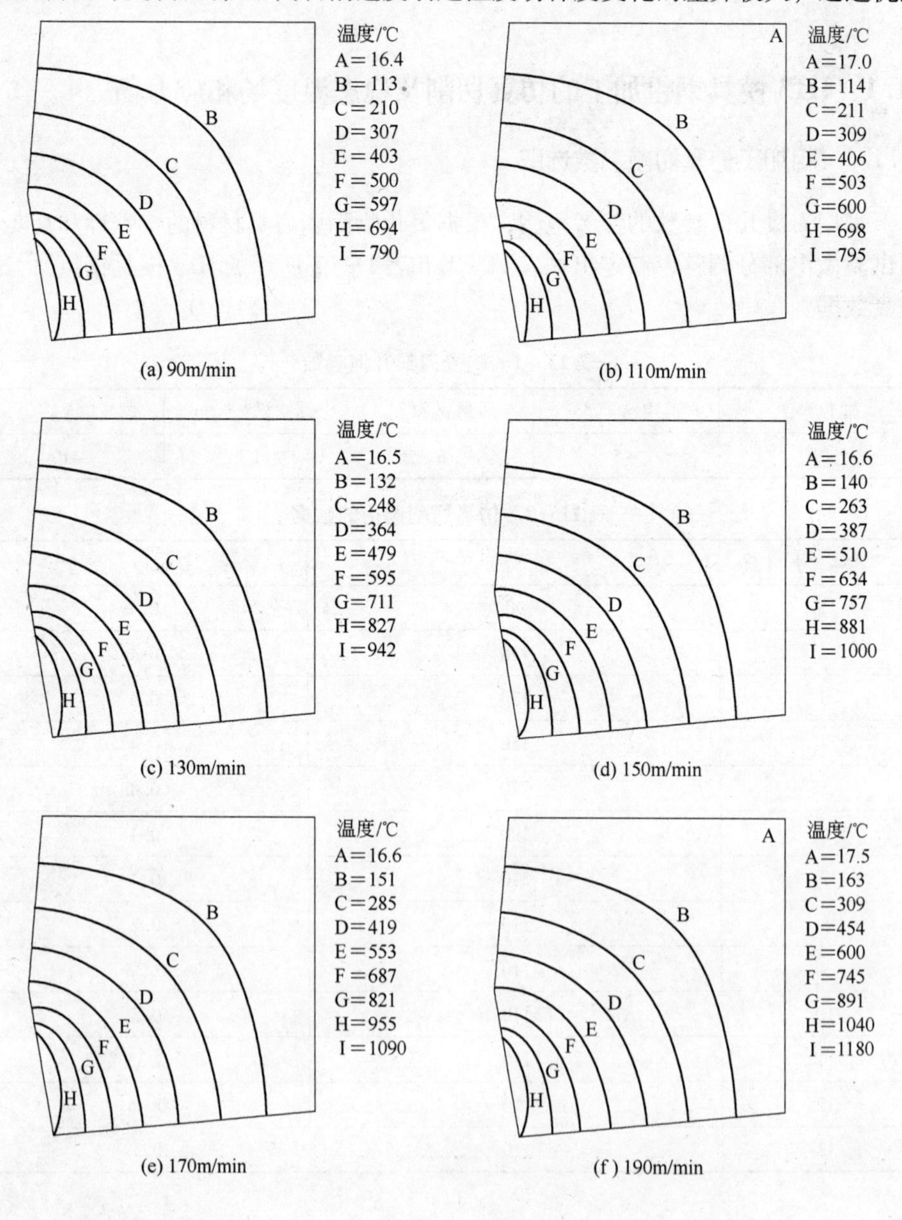

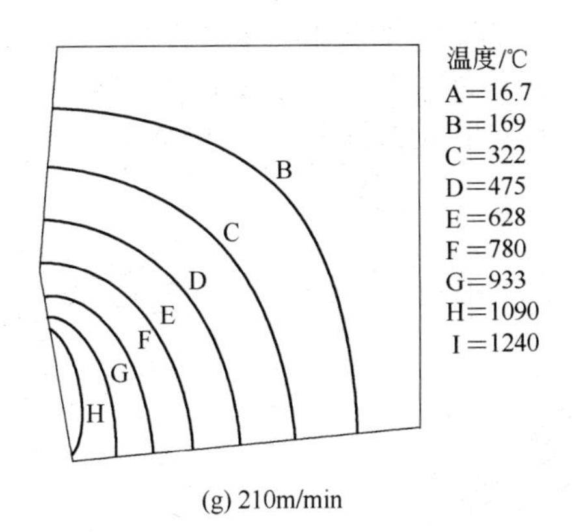

(g) 210m/min

图11-1 进给量为0.4mm/r不同切削速度时刀具的稳态温度场

切削速度，可以实现减少刀具磨损，控制和改善刀具寿命。

分析表明，当切削速度增加时，刀具刀面上的温度也随之升高，这与切削原理阐述相一致。对比图11-1（a）和图11-1（c）可以看出相同的等温线分布，但是数值差距上有一定差别。其中变化明显的温度梯度存在三个速度状态：

（1）当切削速度为90m/min时，刀尖处温度场的等温线H、I之间的温度差为96℃（见图11-1（a））；

（2）切削速度为130m/min时，刀尖处温度场的等温线H、I之间的差为115℃（见图11-1（c））；

（3）切削速度为210m/min时，刀尖处温度场等温线H、I之间的差值则为150℃（图11-1（g））。

这说明随着切削速度的增大对温度梯度影响较大，温度梯度的剧变必然引起热应力增加，进而带来刀具的磨粒磨损，所以选取切削速度为260m/min较合适。

不同切削速度时陶瓷刀具前刀面和后刀面的温度分布曲线如图11-2所示。从图11-2（a）前刀面曲线可以看出，刀尖沿着刀面0.25mm处的切削速度分别对应温度最大值，并且随着切削速度的增大切削温度逐渐增大。当切削速度为210m/min时温度最大达到1240℃，总的趋势是随切削速度增大，刀刃接触温度逐渐升高。由于针对高速切削以温度结果数据为参考时仿真模拟的速度选择区间为90~210m/min。从最大值的分布观察到90m/min时温度最低300℃，从最大温度随速度的变化梯度来看当速度为110~130m/min是一个较大的变化。依据Al_2O_3/ZrO_2（3Y）陶瓷刀具的实际切削加工可知，刀刃磨损机理主要存在磨粒磨损和粘结磨损，并分别对应在低温区和高温区，可见前者和后者都会加剧刀具磨损而降低耐用度。当最佳速度选取110m/min时可能同时存在磨粒磨损和粘结磨损的协同磨损作用，进而起到提高刀具寿命的效果。从图 11－2（b）后刀面曲线看出，切削速度与温度变化的影响基本相似（图 11－2（a）），刀刃尖端沿着后刀面的距离增加，温度呈下降趋势，表明对后刀面的磨损影响较小。

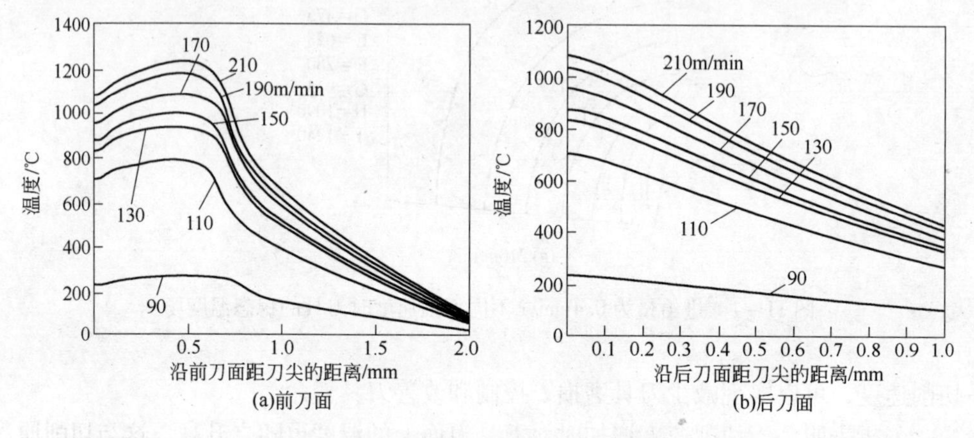

图 11－2　不同切削速度时不同刀面的温度分布曲线

11.1.3　不同切削速度下 H13 模具钢粗加工的稳态应力场

进给量为 0.4mm/r 时不同切削速度下稳态模拟的应力场分布如图 11－3 所示。曲线 A～I 分别表示应力场等值线的应力值。从图中可以看出，不同切削速度对应的刀尖 H、I 区域位置都承受着最大应力，表明精加工过程的高速切削刀尖受到应力集中的影响，使刀具容易崩刀。由图 11－3 看出，当切削速度为 110m/min 时，刀尖处的应力为 I＝1310MPa 和 H＝1150MPa，这与温度场的分析一致，可以认为该值是最佳可选参数，同时保证了切削效率。分析看出，当切削速度增加时，刀具刀面上的应力总体上也随之升高，这与切削原理阐述相一致。应力对粘结磨损和磨粒磨损都有较大的增强作用，所以应该选取较小的应力。

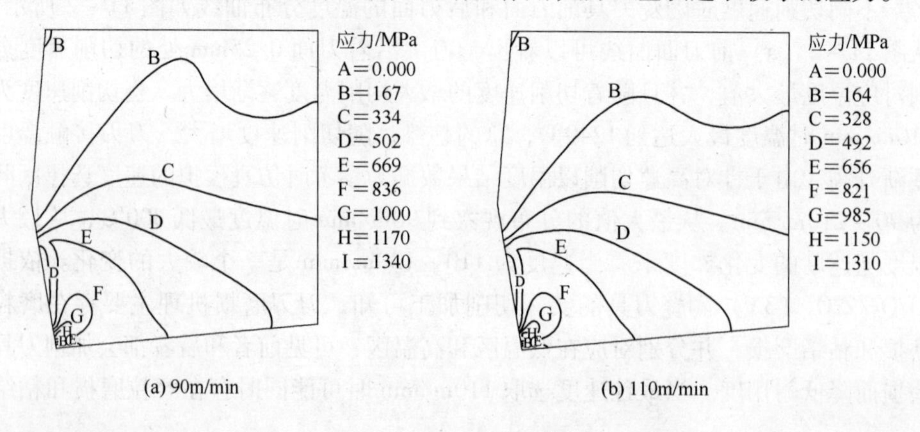

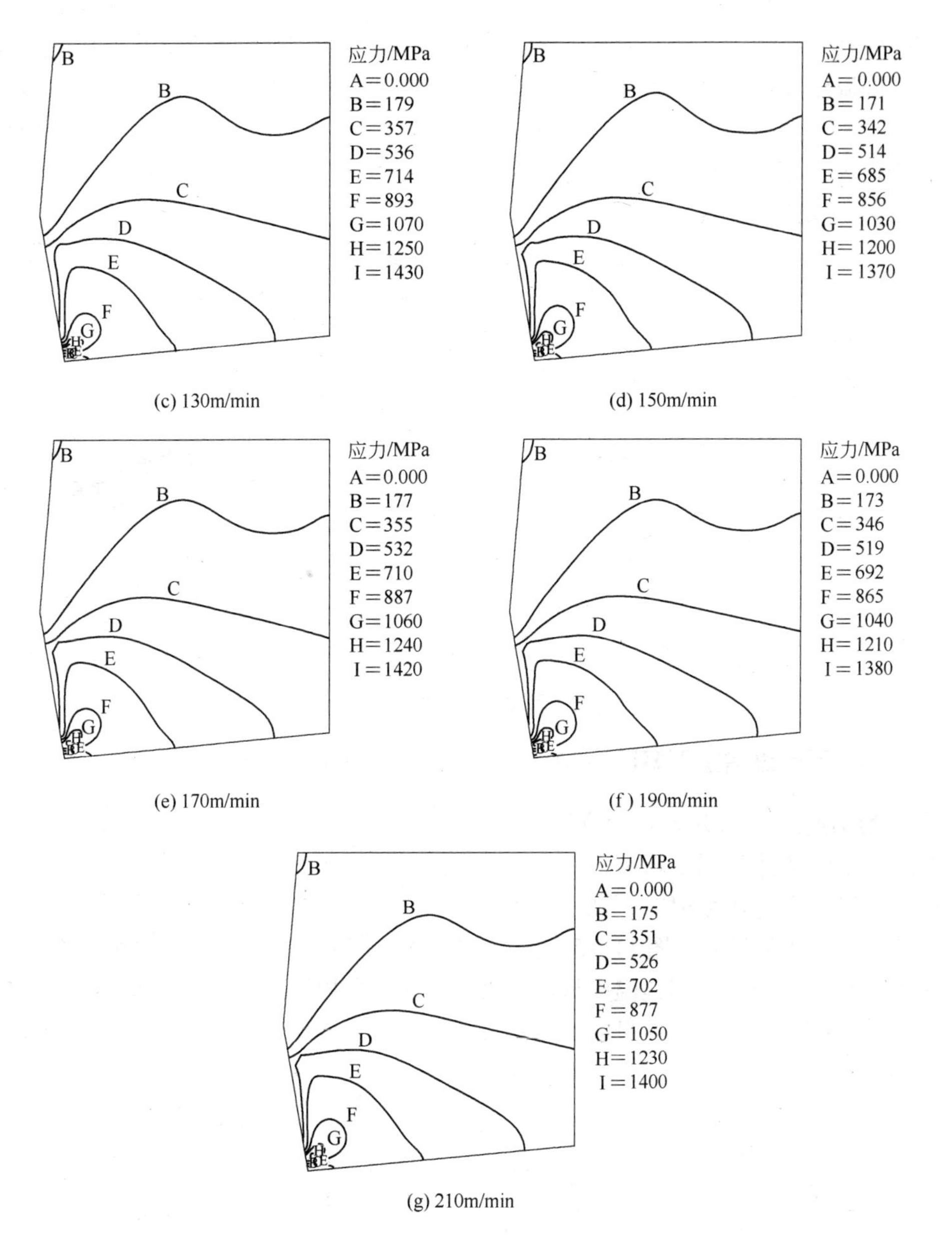

(c) 130m/min (d) 150m/min

(e) 170m/min (f) 190m/min

(g) 210m/min

图 11-3 进给量为0.4mm/r不同切削速度时刀具的稳态应力场

不同切削速度时陶瓷刀具前刀面和后刀面的应力分布曲线如图11-4所示。从图11-4（a）前刀面曲线可以看出，距离刀尖0.025mm和0.05mm处对应出现应力最大峰值，前者的切削速度分别是130m/min；后者分别是90m/min、110m/min、150m/min、170m/min、190m/min、210m/min，当刀具处于低温高速切削时其耐用度能达到最大寿命。观察图11－4（b）后刀面的状态，切削速度与切削温度成正比关系。分析看出，随着切削速度的增大，应力逐渐增大。应力表现出与温度相同的情况，为减少加工过程的高温粘结磨损，切削速度取值应尽量表现为磨粒磨损状态，所以仿真模拟的速度为110m/min时，能满足延长刀具寿命同时保证切削效率的需求。

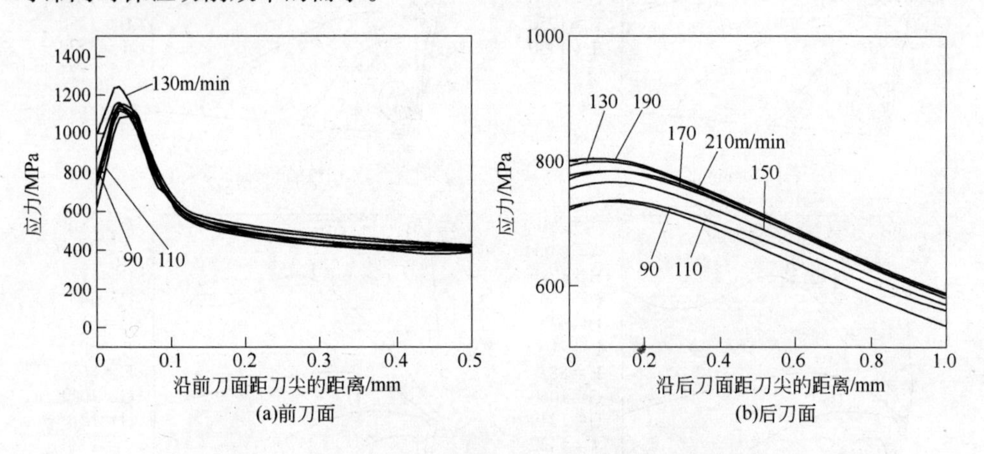

图11－4 不同切削速度时不同刀面的应力分布曲线

11.1.4 不同进给量下H13模具钢粗加工的稳态温度场和应力场

切削速度为110m/min不同进给量时刀具的稳态温度场如图11－5所示。可以看出，随着进给量的增大，刀尖位置最高温度区域在逐渐向上移动。图11－5（a）的H、I差值为91℃，图11－5（d）的H、I差值为96℃，图11－5（e）的H、I差值为97℃，图11－5（g）的H、I差值为98℃。随着进给量的增大虽然最大温度在增大，但是温度梯度并没有变化，所以随着进给量的变化对温度应力的影响可以忽略。进给量的改变不仅改变了高温区的位置，而且改变了最高温度的大小。

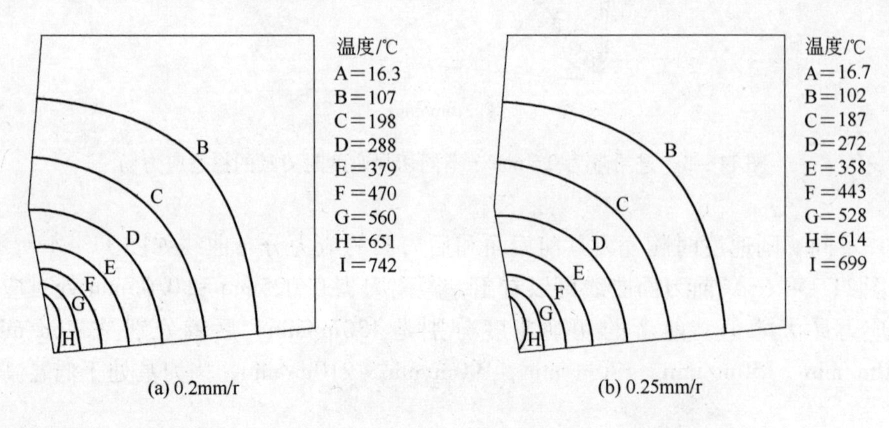

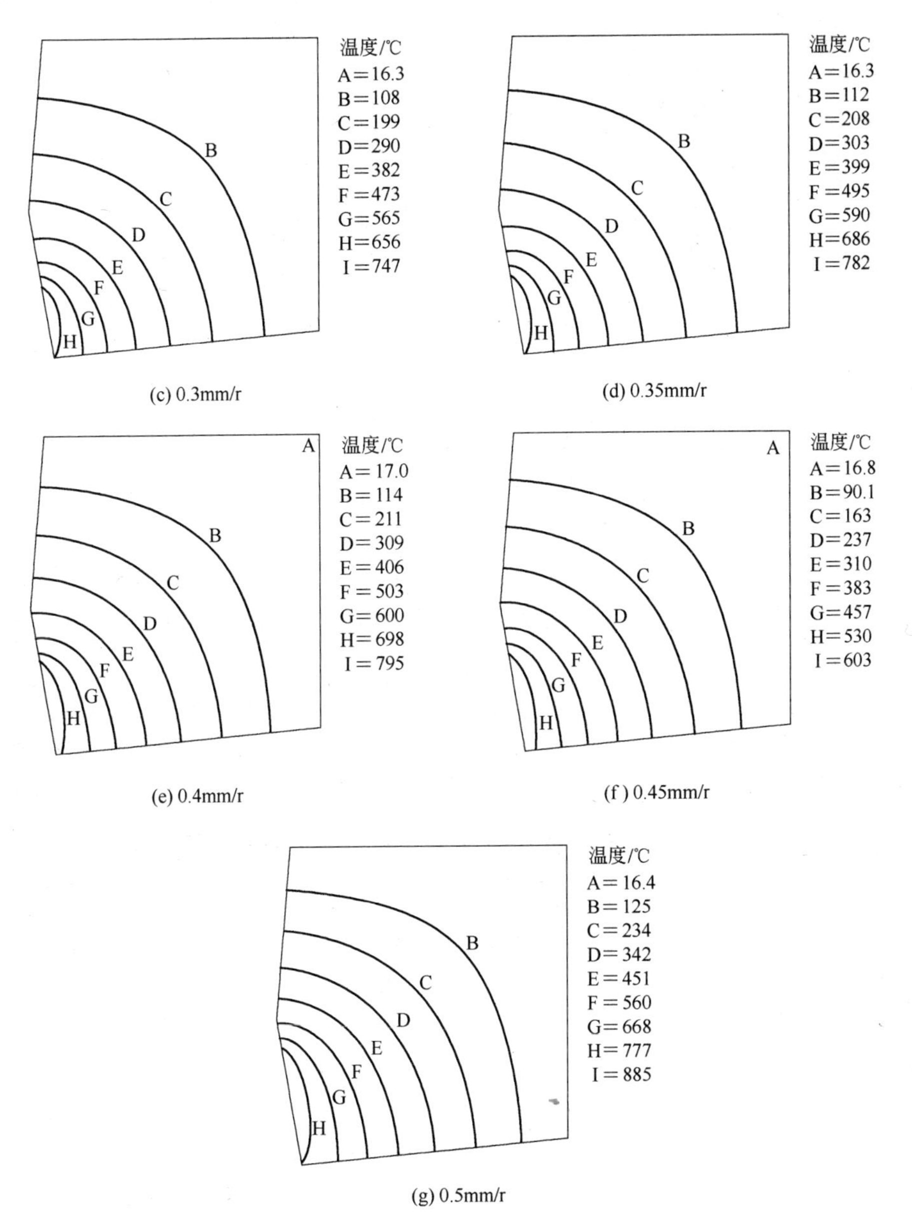

(c) 0.3mm/r (d) 0.35mm/r

(e) 0.4mm/r (f) 0.45mm/r

(g) 0.5mm/r

图 11－5 切削速度为 110m/min 不同进给量时刀具的稳态温度场

不同进给量时不同刀面的温度分布如图 11－6 所示。由图可以看出，同样是最高温度区向上移动的规律。当进给量为 0.45mm/r 时，其最大温度最低为 600℃，并且明显低于其他进给量。从磨损角度出发，该进给量不仅保证了切削效率，而且有效地降低了磨损。

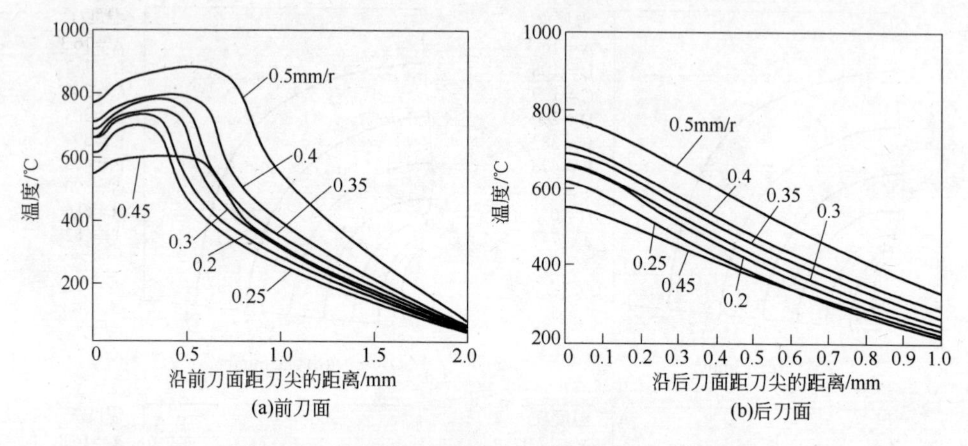

图11-6 不同进给量时不同刀面的温度分布曲线

切削速度为110m/min不同进给量时的应力场如图11-7所示。从图11-7可以看出，进给量的变化并不能改变最大应力区的位置和应力的分布，应力值呈扇形递减。

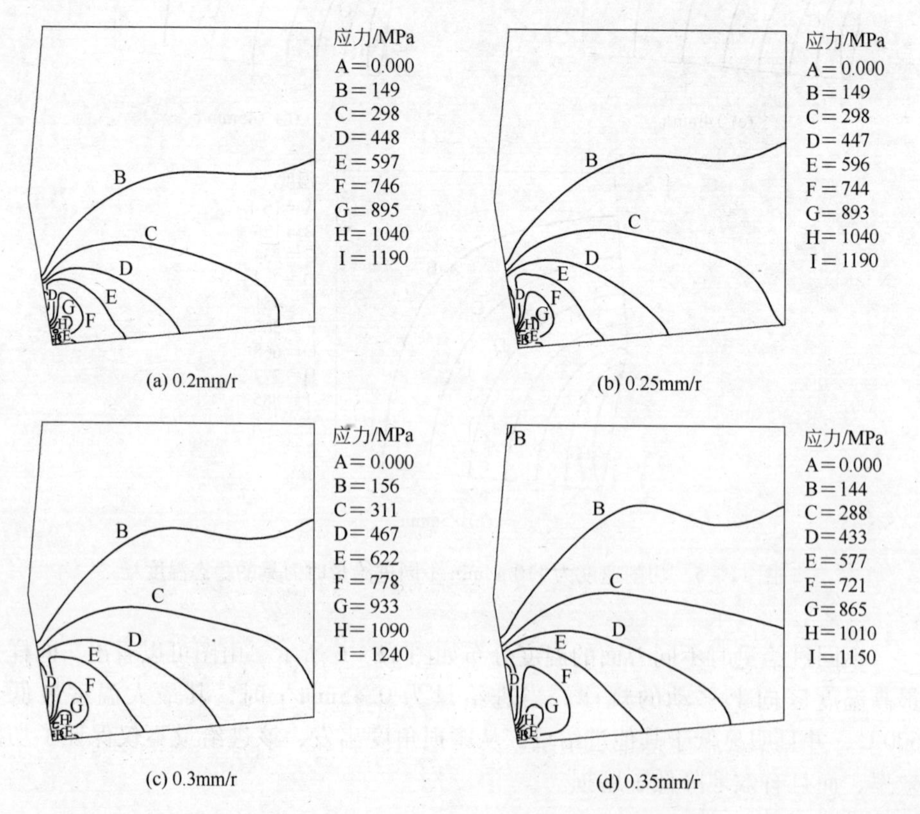

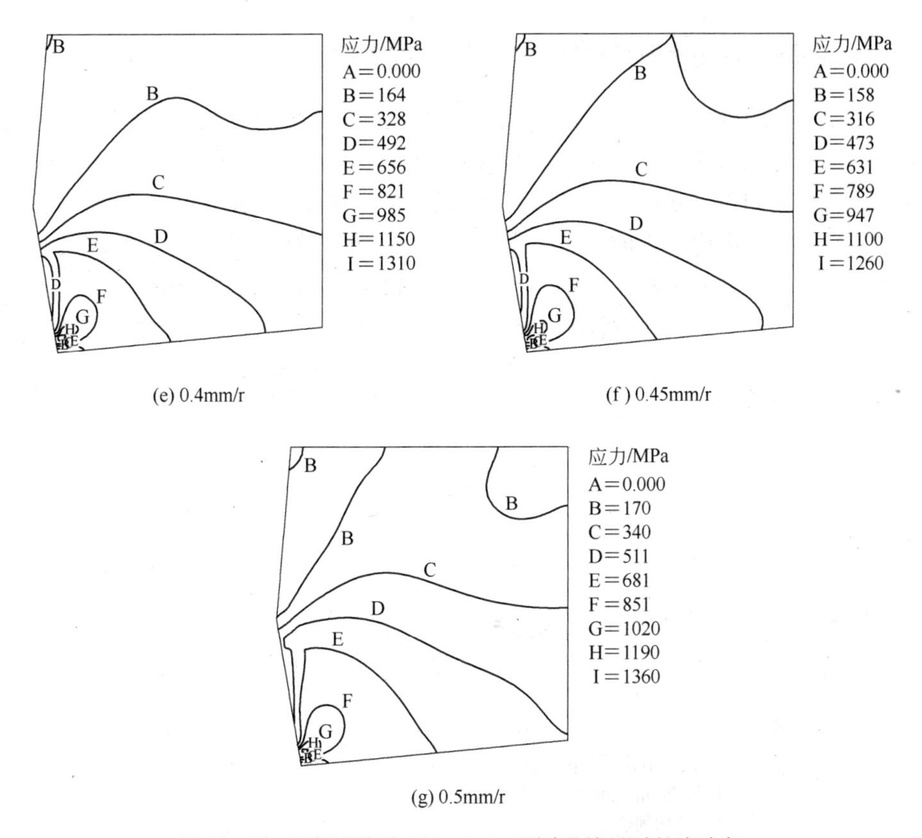

图 11-7 切削速度为110m/min不同进给量时的应力场

不同切削进给量时不同刀面的应力分布如图11-8所示。由图可以看出，随着进给量的增大，应力的变化并不明显，所以参照温度场变化进给量选择0.45mm/r。

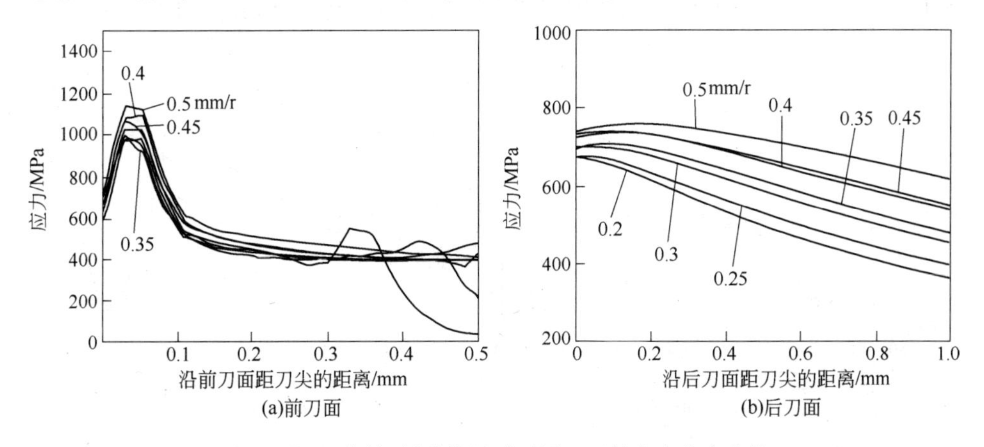

图 11-8 不同切削进给量时不同刀面的应力分布曲线

11.1.5　不同切削用量对刀刃处应力梯度、温度梯度影响

刀刃与工件接触处不同切削参数下粗加工的应力梯度如图11－9所示。由图11－9（a）可以看出，刀刃处应力梯度随切削速度增加，出现较大的波动状态。当切削速度在110m/min时，应力梯度在第一个波谷的160MPa为最小值状态，其他应力梯度变化均大于前者，可以认为选取该值能够避免大应力波动变化带给刀刃的损伤，并有助于提高刀具寿命。从图11－9（b）可以看出，当进给量为0.40～0.45mm/r时，仿真模拟构建的应力梯度处于160MPa平稳状态，远小于刀具材料本身的强度韧性指标。所以验证了陶瓷刀具在粗加工时，一般选择低速度、大进给、大深度的方式提高加工效率。

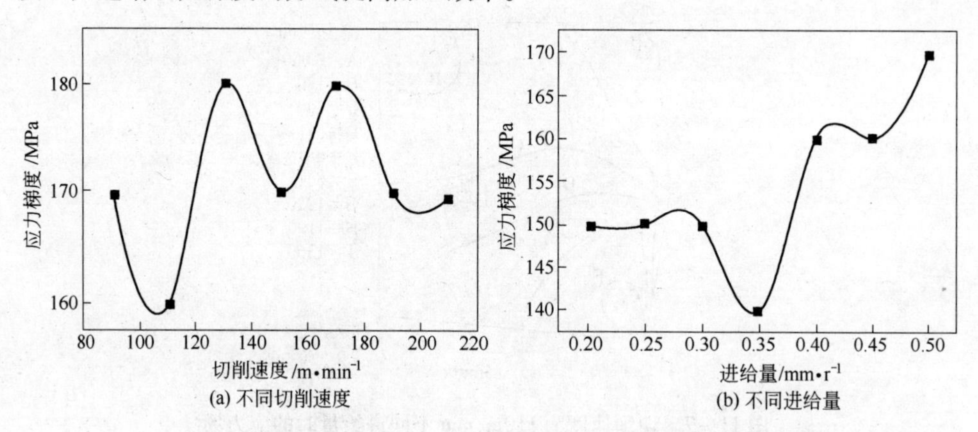

图11－9　刀刃与工件接触处不同切削参数下粗加工的应力梯度曲线

刀刃与工件接触处不同切削参数下粗加工的温度梯度如图11－10所示。从图11－10（a）可以看出，当切削状态在粗加工时，从不同切削速度下温度梯度

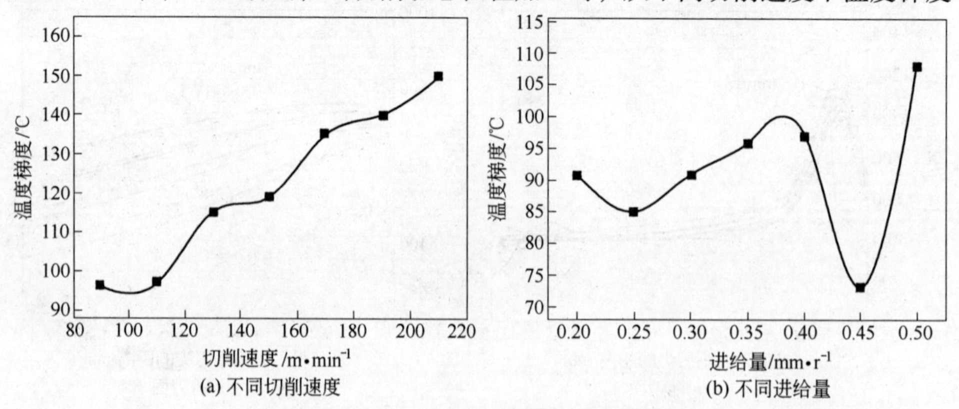

图11－10　刀刃与工件接触处不同切削参数下粗加工的温度梯度曲线

曲线看到最小梯度的平台是切削速度在110m/min处，其进给量在0.40～0.45mm/r范围时温度梯度呈下降趋势（见图11－10（b）），此时应力梯度在曲线平台位置变化几乎很小（图11－9（b）），使切削刀刃处受应力变化的波动较小，进而避免了切削刃出现崩刀的现象。

11.2 H13模具钢半精加工仿真切削及稳态温度场和应力场

11.2.1 半精加工仿真切削参数选取

由于氧化物陶瓷刀具材料的特殊性和真实切削试验数据，制定出如表11－3和表11－4所示H13模具钢半精加工的仿真参数。

表11－3 陶瓷刀具几何参数

加工类型	前角 γ_0/(°)	后角 α_0/(°)	倒棱宽 b_r/mm	倒棱角 γ_{01}/(°)
半精加工	－5	5	0.2	－10

表11－4 仿真切削选用的数据

编　号	v_c/m·min^{-1}	f/mm·r^{-1}
1	170	0.2
2	190	0.2
3	210	0.2
4	230	0.2
5	250	0.2
6	270	0.2
7	290	0.2
8	230	0.1
9	230	0.15
10	230	0.25
11	230	0.3
12	230	0.35
13	230	0.4

11.2.2 不同切削速度下H13模具钢半精加工的稳态温度场

进给量为0.2mm/r不同切削速度时刀具前刀面形成的稳态温度场如图11－11所示。可以看出，温度场以不同曲率半径大小的扇形向刀尖倒棱部分为中心的四周扩散并且温度逐渐降低。曲线A～I分别表示温度场等温线温度。可见高温区等温线分别是曲线H、I，也是温度梯度变化大的等温线，并且集中在刀刃的部位。分析看出，不同切削速度引起温度场梯度变化的差异较大，通过优选切削速度，可以实现减少刀具磨损，控制和改善刀具寿命。

分析表明，当切削速度增加时，刀具刀面上的温度也随之升高，这与切削原理阐述相一致。对比图11－11（a）和图11－11（c）可以看出相同的等温线分布，但是数值差距上有一定差别。其中不同切削速度状态引起的温度梯度变化

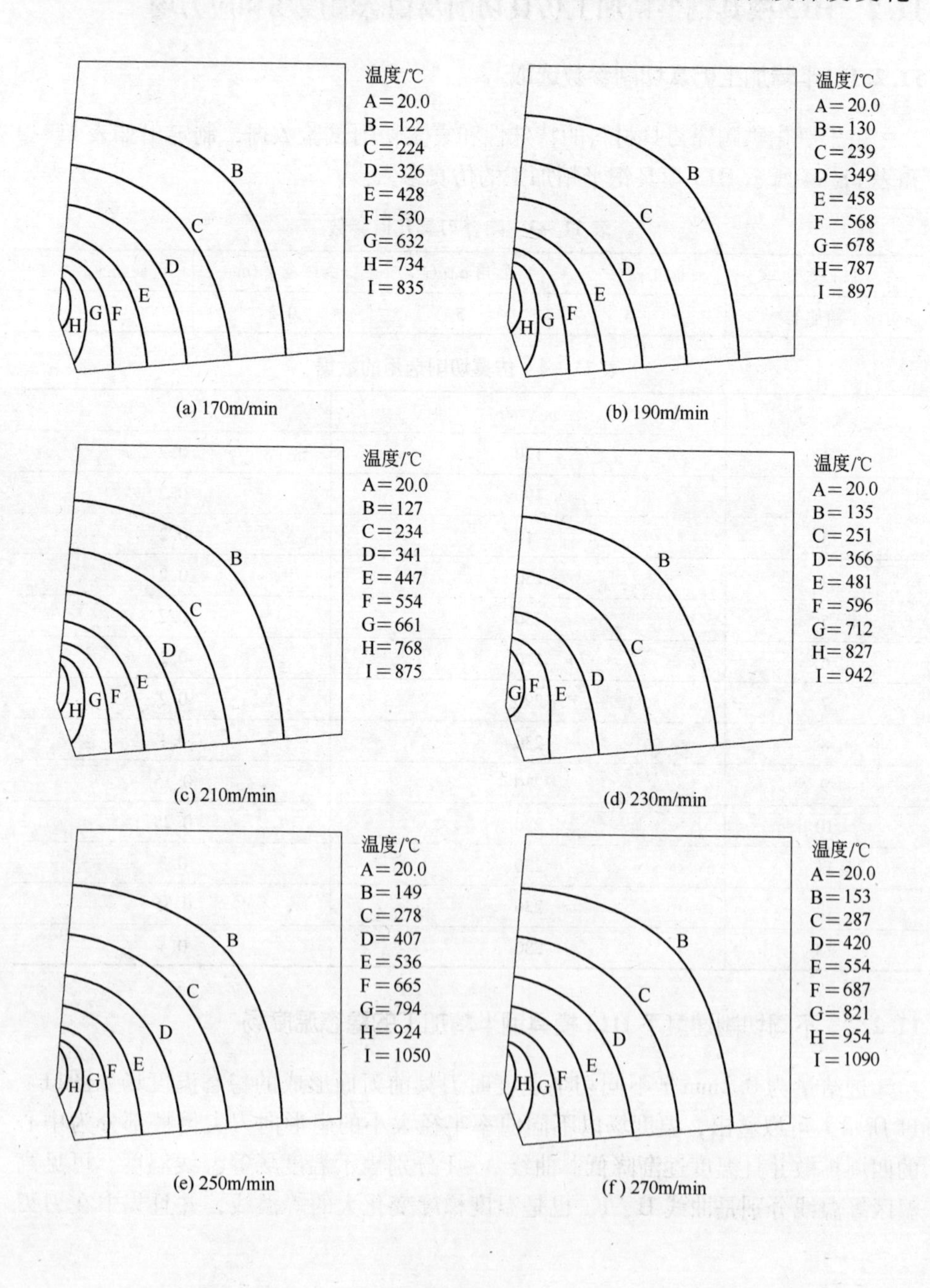

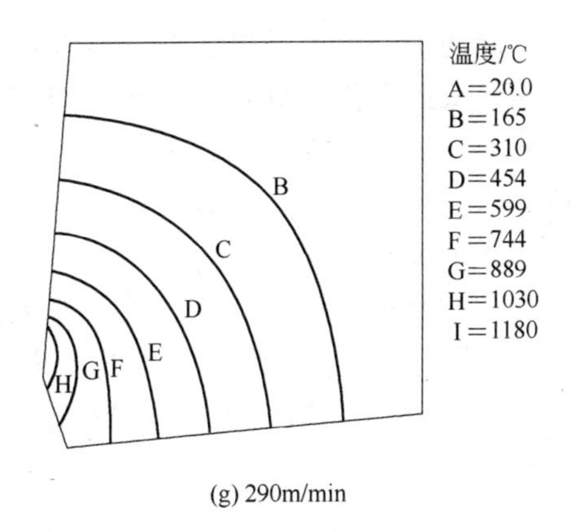

(g) 290m/min

图 11-11 进给量为 0.2mm/r 不同切削速度时刀具的稳态温度场

对应如下：

（1）切削速度为 170m/min 时，刀尖处温度场等温线 H、I 之间的差值为 101℃（见图 11-11（a））；

（2）切削速度为 190m/min 时，刀尖处温度场等温线 H、I 之间的差值为 110℃（见图 11-11（b））；

（3）切削速度为 210m/min 时，刀尖处温度场等温线 H、I 之间的差值为 107℃（见图 11-11（c））；

（4）切削速度为 230m/min 时，刀尖处温度场等温线 H、I 之间的差值为 115℃（见图 11-11（d））；

（5）切削速度为 250m/min 时，刀尖处温度场等温线 H、I 之间的差值为 126℃（见图 11-11（e））；

（6）切削速度为 270m/min 时，刀尖处温度场等温线 H、I 之间的差值为 136℃（见图 11-11（f））；

（7）切削速度为 290m/min 时，刀尖处温度场等温线 H、I 之间的差值为 150℃（见图 11-11（g））。

可以看出，随着切削速度的增大，在半精加工条件下对温度梯度影响较大，温度梯度的剧变将引起热应力增加，进而带来刀具一定的磨粒磨损。如图所示，当切削速度为 230m/min 时高温区温度梯度相对较小，选取切削速度为 230m/min 较合适。

不同切削速度时陶瓷刀具前刀面和后刀面的温度分布曲线如图 11-12 所示。从图 11-12（a）前刀面曲线可以看出，刀尖沿着刀面 0.3mm 处的切削速度分别对应温度最大值，并且随着切削速度的增大切削温度逐渐增大。当速度为 290m/min 时温度最大达到 1180℃，总的趋势是随切削速度增大，刀刃接触温度逐渐升高。针对高速切削以温度结果数据为参考时，仿真模拟的速度选择区间为170～290m/min。从最大值的分布观察到，当速度为230m/min时温度最低为680℃。依据Al_2O_3/ZrO_2（3Y）陶瓷刀具的实际切削加工可知，刀刃磨损机理主要存在磨粒磨损和粘结磨损，并分别对应在低温区和高温区，可见前者和后者都会加剧刀具磨损而降低耐用度。当最佳速度选取230m/min时，可能同时存在磨粒磨损和粘结磨损的协同磨损作用，进而起到提高刀具寿命的效果。从图11－12（b）后刀面曲线看出切削速度与温度变化的影响基本相似（图11－12（b）)，刀刃尖端沿着后刀面的距离增加，温度呈下降趋势，表明对后刀面的磨损影响较小。

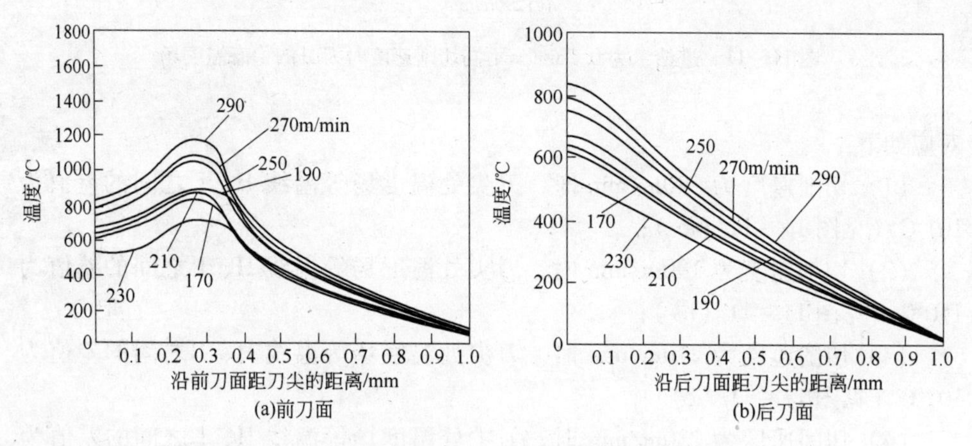

图11－12 不同切削速度时不同刀面的温度分布曲线

11.2.3 不同切削速度下H13模具钢半精加工的稳态应力场

进给量为0.2mm/r不同切削速度时稳态模拟的应力场分布如图11－13所示。曲线A～I分别表示应力场等值线的应力值。从图中可以看出，不同切削速度对应的刀尖H、I区域位置都承受着最大应力，表明精加工过程的高速切削刀

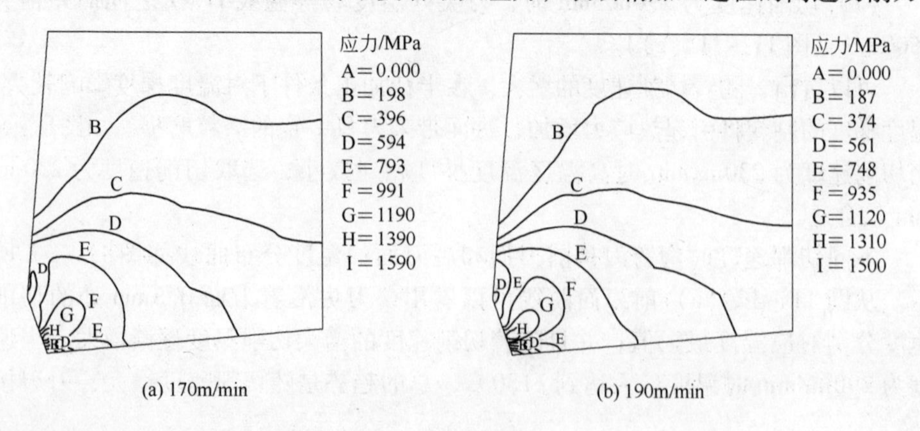

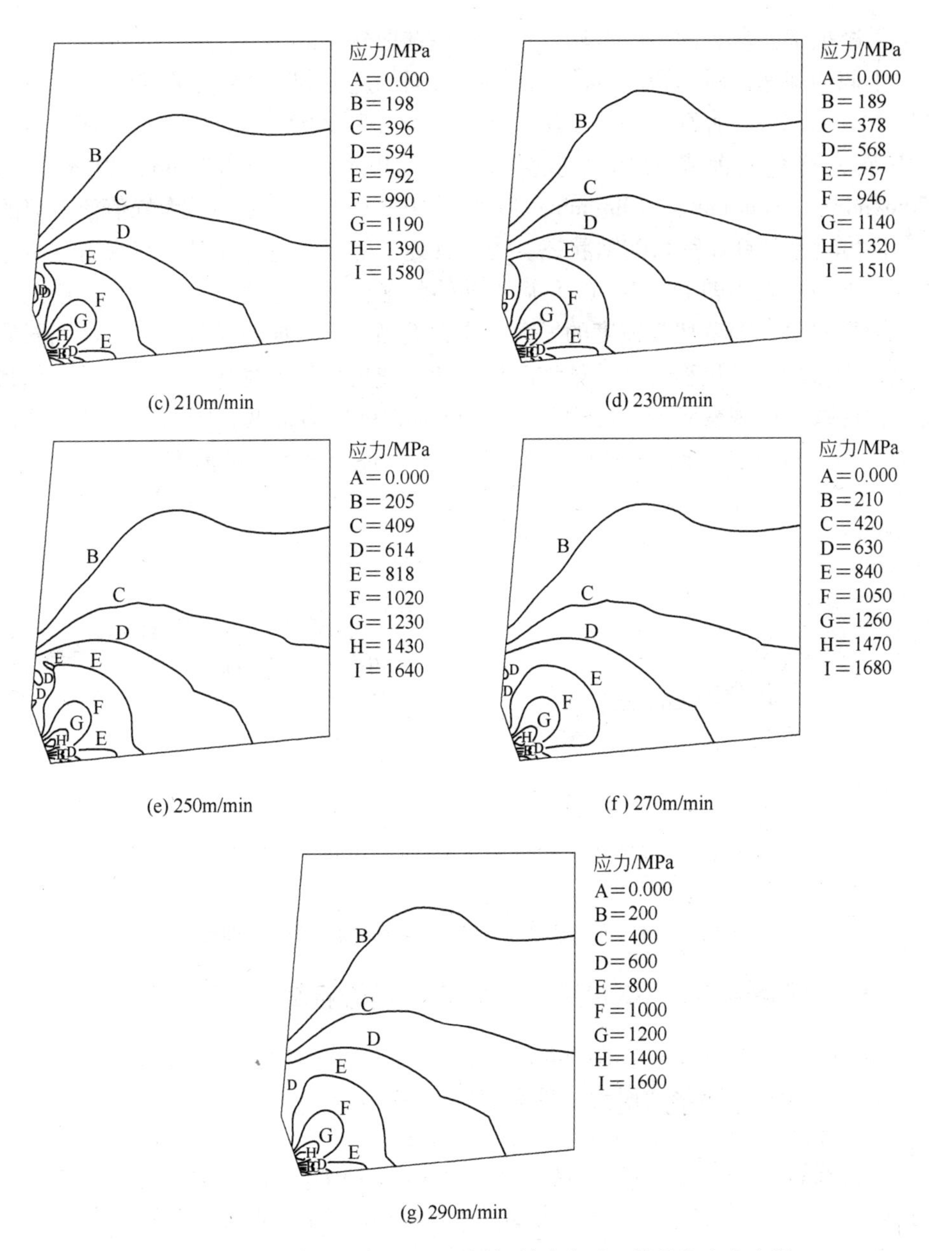

图 11-13 进给量为 0.2mm/r 不同切削速度时刀具的稳态应力场

尖受到应力集中的影响，使刀具容易崩刀。由图 11-13 看出，当切削速度为 230m/min 时刀尖处的应力为 I=1510MPa 和 H=1320MPa，相比其他速度下的应力状态为最小。可以认为该值是最佳可选参数。分析看出当切削速度增加时，刀具刀面上的应力总体上也随之升高，这与切削原理阐述相一致。应力对粘结磨损和磨粒磨损都有较大的增强作用，所以应该选取较小的应力。

不同切削速度时陶瓷刀具前刀面和后刀面的应力分布曲线如图11－14所示。从图11－14（a）前刀面曲线可以看出，距离刀尖0.025～0.075mm处对应出现应力最大峰值，前者的切削速度分别是230m/min、270m/min、290m/min、250m/min、190m/min、170m/min；后者是210m/min，两处的最大峰值使刀刃的切削温度处在700℃和1200℃状态。当刀具处于低温高速切削时，其耐用度能达到最大寿命。观察图11－14（b）后刀面的状态，切削速度与切削温度成正比关系。分析看出，随着切削速度的增大，应力逐渐增大。应力表现出与温度相同的情况，为减少加工过程的高温粘结磨损，切削速度取值应尽量表现为磨粒磨损状态，由曲线可以观察到当速度为230m/min时切削应力最低，所以仿真模拟的速度为230m/min时，能满足延长刀具寿命同时保证切削效率的需求。

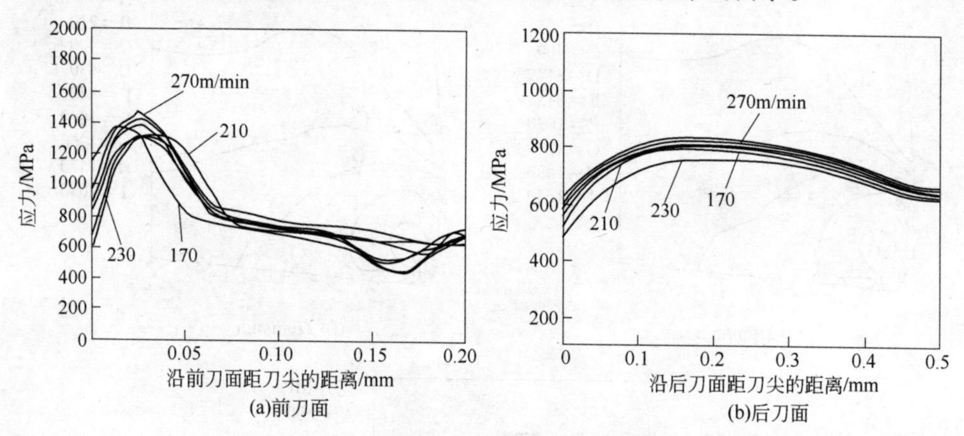

图11－14 不同切削速度时不同刀面的应力分布曲线

11.2.4 不同进给量下H13模具钢半精加工的稳态温度场和应力场

切削速度为230m/min不同进给量时刀具的稳态温度场如图11－15所示。可以看出，随着进给量的增大，最大温度区域逐渐上移。图11－15（a）的G、F差值为78℃，图11－15（c）的G、F差值为116℃，图11－15（e）的G、F差值为148℃，图11－15（g）的G、F差值为159℃，说明随着进给量的增大，不仅最大温度区域的位置会发生变化，而且温度梯度也会随之增大，进一步说明进给量不仅会影响磨损程度，而且会影响磨损位置。进给量从0.15mm/r到0.4mm/r的变化过程中可见高温区的起始位置并未发生明显变化，由此可见，当进给量增大一定值时，其磨损起始位置不会发生变化。

不同进给量时不同刀面的温度分布如图11－16所示。可以看出，同样是最高温度区向上移动的规律。当进给量为0.1～0.2mm时，最大温度范围为600～800℃，当0.25～0.4mm时，最大温度范围为1100～1300℃。二者有明显的范围界线，同样从磨损角度出发，选择表现为磨粒磨损的范围0.1~0.2mm。

切削速度为230m/min时不同进给量下刀具的稳态应力场如图11－17所示。可以看出，进给量的变化并不能改变最大应力区的位置和应力的分布，应力值呈扇形递减。

不同切削进给量时不同刀面的应力分布如图11－18所示。可以看出，随着进给量的增大，最大应力是一个增大的趋势。所以，进给量取0.2mm/r，既能保证切削效率，又能提高刀具寿命。

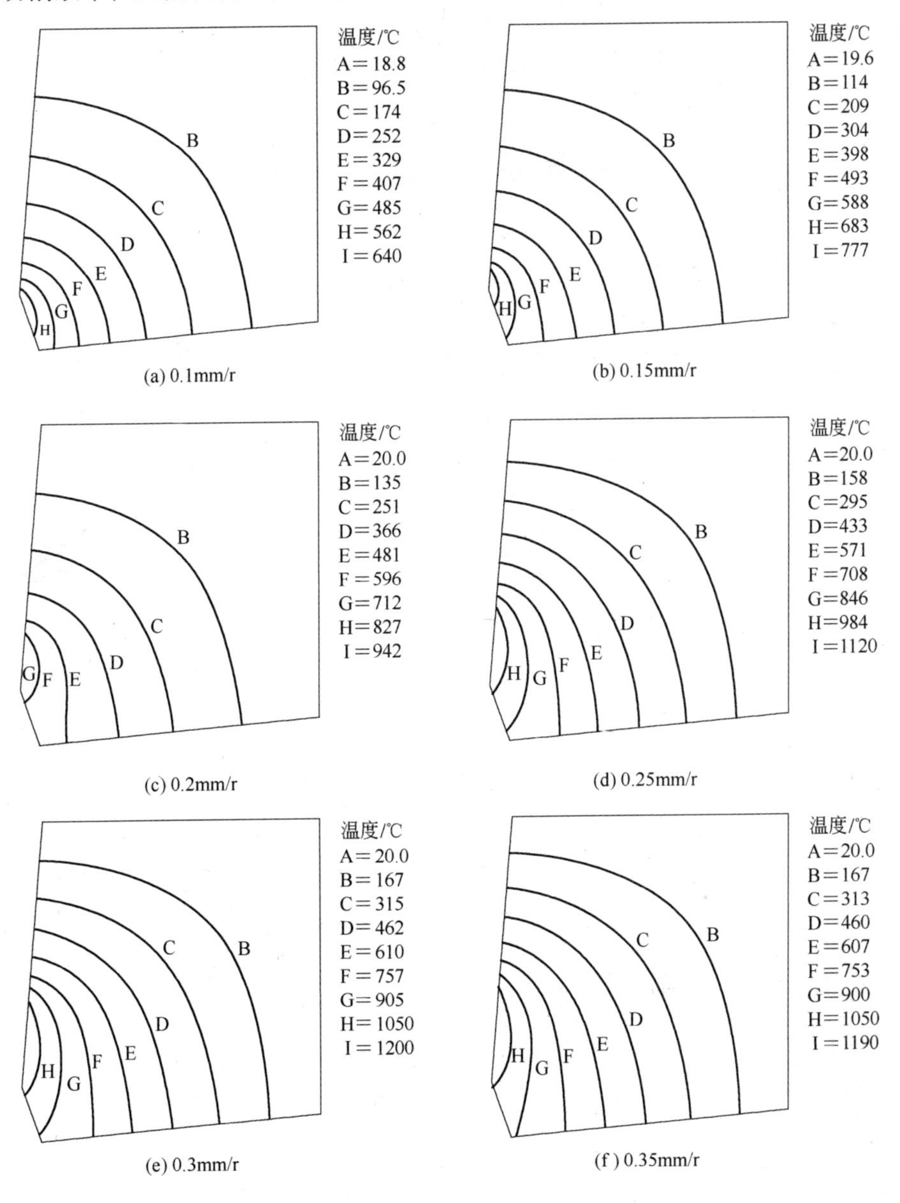

(a) 0.1mm/r (b) 0.15mm/r

(c) 0.2mm/r (d) 0.25mm/r

(e) 0.3mm/r (f) 0.35mm/r

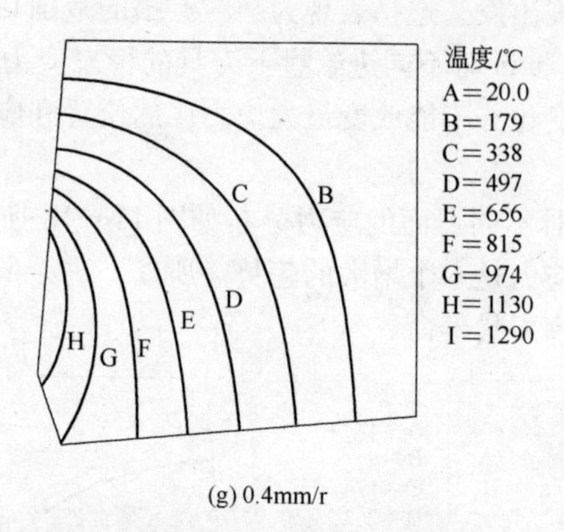

(g) 0.4mm/r

图11-15 切削速度为230m/min不同进给量时刀具的稳态温度场

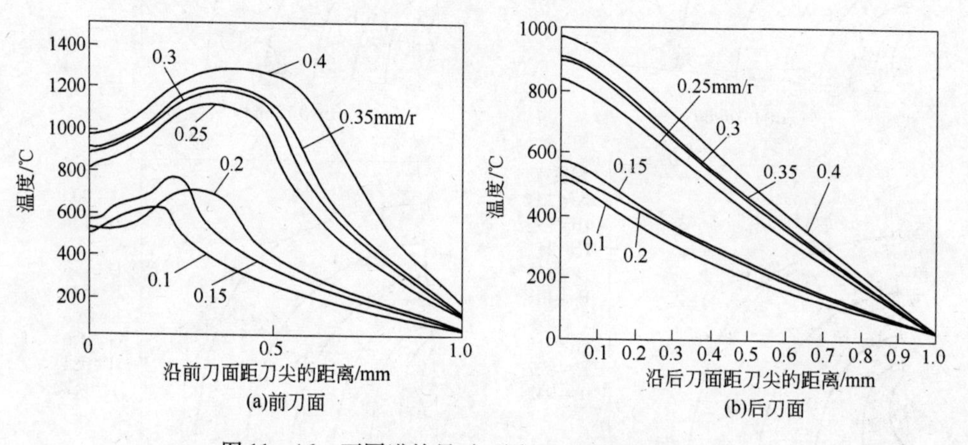

图11-16 不同进给量时不同刀面的温度分布曲线

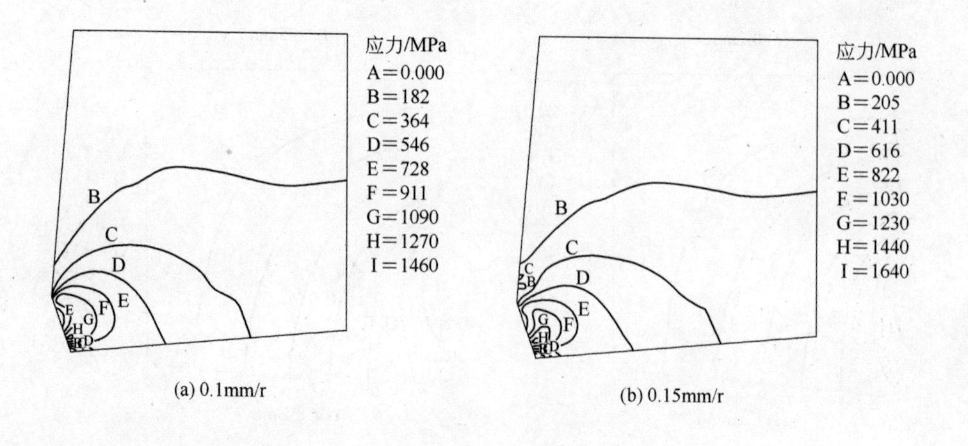

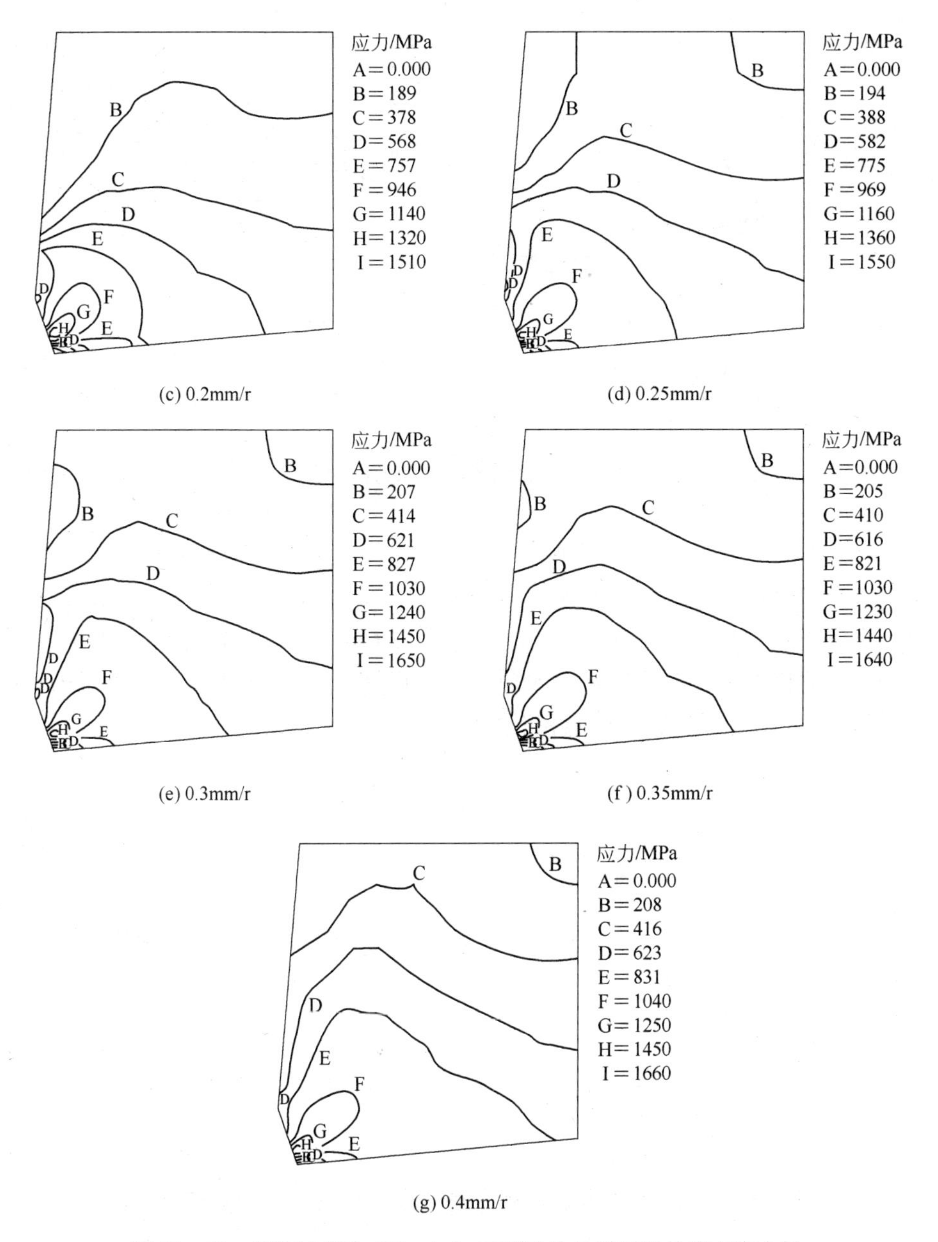

(c) 0.2mm/r　(d) 0.25mm/r

(e) 0.3mm/r　(f) 0.35mm/r

(g) 0.4mm/r

图 11－17　切削速度为230m/min不同进给量时刀具的稳态应力场

11.2.5　不同切削用量对刀刃处应力梯度、温度梯度影响

刀刃与工件接触处不同切削参数下半精加工的应力梯度如图 11－19 所示。从图 11－19（a）可以看出，刀刃处应力梯度随切削速度增加，由瞬间的较大梯

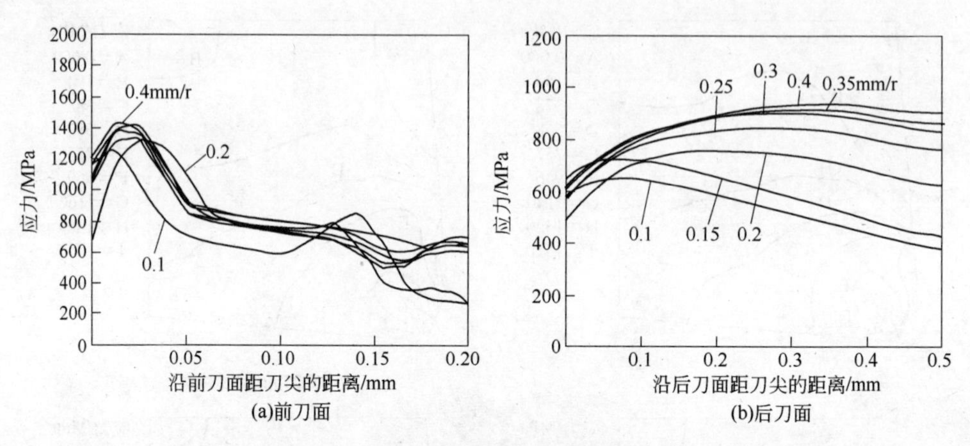

图11－18　不同切削进给量时不同刀面的应力分布曲线

度呈下降趋势。当切削速度在190～220m/min范围时，应力梯度平稳并且出现最小值190MPa。为提高切削效率，提高加工速度是重要因素，取切削速度220m/min为优选参数。从图11－19（b）可以看出，应力梯度在进给量0.20～0.25mm/r之间时波动趋于平稳，对应的应力梯度约为190MPa，这表明半精加工应力场梯度变化的影响处于平稳和低值状态。

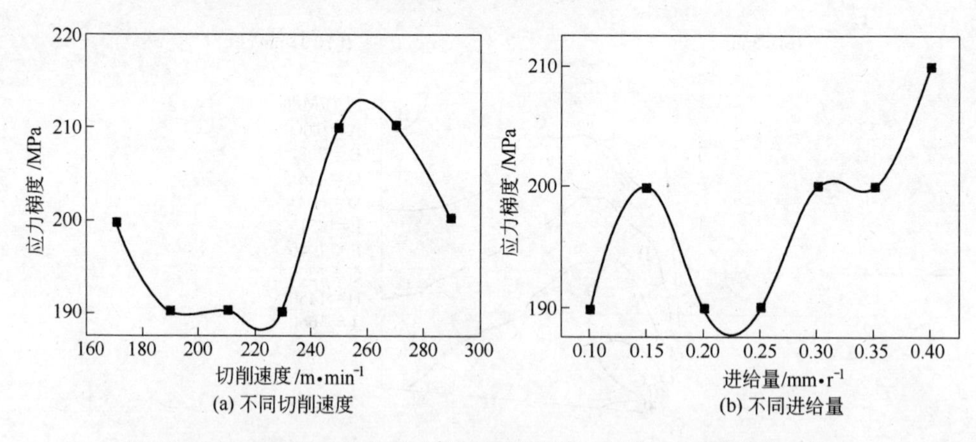

图11－19　刀刃与工件接触处不同切削参数下半精加工的应力梯度曲线

刀刃与工件接触处不同切削参数下半精加工的温度梯度如图11－20所示。从图11－20（a）可以看到，陶瓷刀具切削刃在切削H13模具钢半精加工时，温度梯度曲线随着切削速度增加，在190～220m/min区间温度梯度出现下降的平台其变化最小，对应图11－19（a）的应力梯度曲线是相一致的，此状态下切削加工工件属延长刀具耐用度下的最佳切削速度。图11－20（b）为不同进给量对

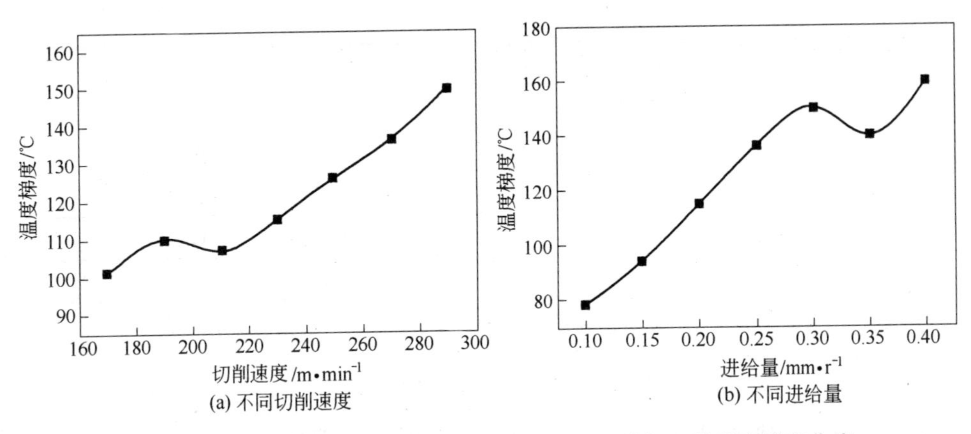

图11－20 刀刃与工件接触处不同切削参数下半精加工的温度梯度曲线

应的温度梯度曲线，可看出当进给量0.20mm/r时的温度梯度与可选切削速度是基本相对应一致的。随着进给量0.25mm/r继续增加，温度梯度略大于可选切削速度时产生的温度梯度值。其原因是，实际切削过程中，进给量增加会使工件产生的切屑相应逐渐加厚，受导热系数影响带走的热量不均等，造成温度梯度出现一定差异。

11.3 H13模具钢精加工仿真切削及稳态温度场和应力场

11.3.1 精加工仿真切削参数选取

依据氧化物刀具材料的特殊性和真实切削试验参数，制定出如表11－5和表11－6所示H13模具钢精加工的仿真参数。

表11－5 陶瓷刀具几何参数

加工类型	前角 γ_0/(°)	后角 α_0/(°)	倒棱宽 b_r/mm	倒棱角 γ_{01}/(°)
精加工	－5	5	0.08	－10

表11－6 仿真切削选用的数据

编　号	v_c/m · min^{-1}	f/mm · r^{-1}
1	210	0.05
2	230	0.05
3	250	0.05
4	270	0.05
5	290	0.05
6	310	0.05

续表 11-6

编号	v_c/m·min^{-1}	f/mm·r^{-1}
7	330	0.05
8	290	0.075
9	290	0.1
10	290	0.125
11	290	0.15
12	290	0.175
13	290	0.2

11.3.2 不同切削速度下H13模具钢精加工的稳态温度场

进给量为0.05mm/r不同切削速度时刀具前刀面形成的稳态温度场如图11-21所示。可以看出，温度场以不同曲率半径大小的扇形向刀尖倒棱部分为中心的四周扩散并且温度逐渐降低。曲线A~I分别表示温度场等温线温度。可见高温区等温线分别是曲线H、I，也是温度梯度变化大的等温线，并且集中在刀刃的部位。分析看出，不同切削速度引起温度场梯度变化的差异较大，通过优选切削速

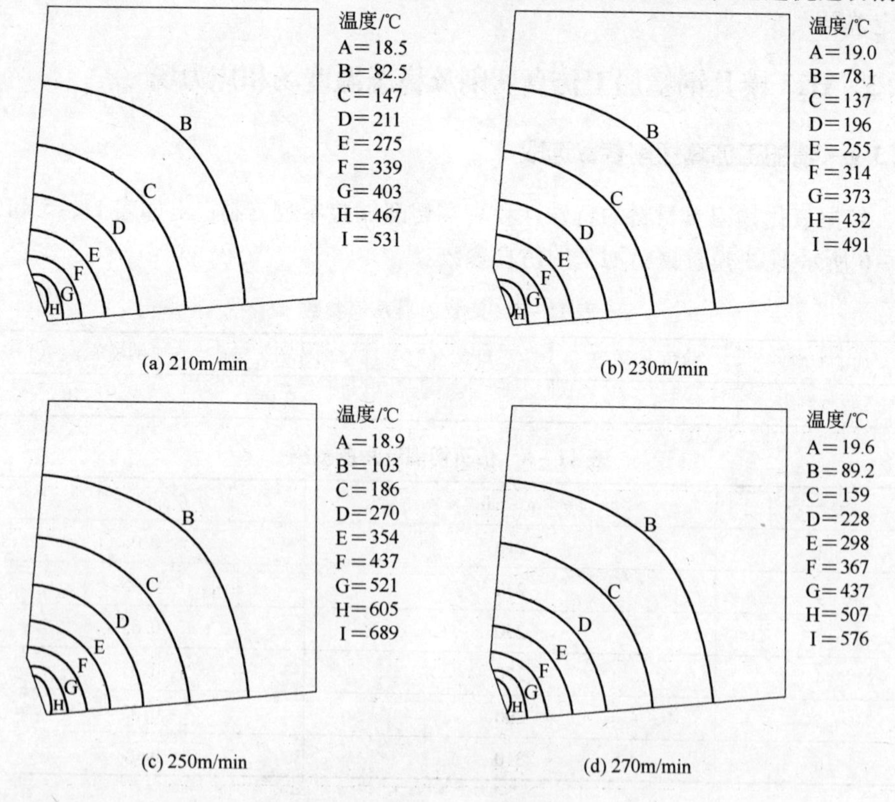

(a) 210m/min (b) 230m/min (c) 250m/min (d) 270m/min

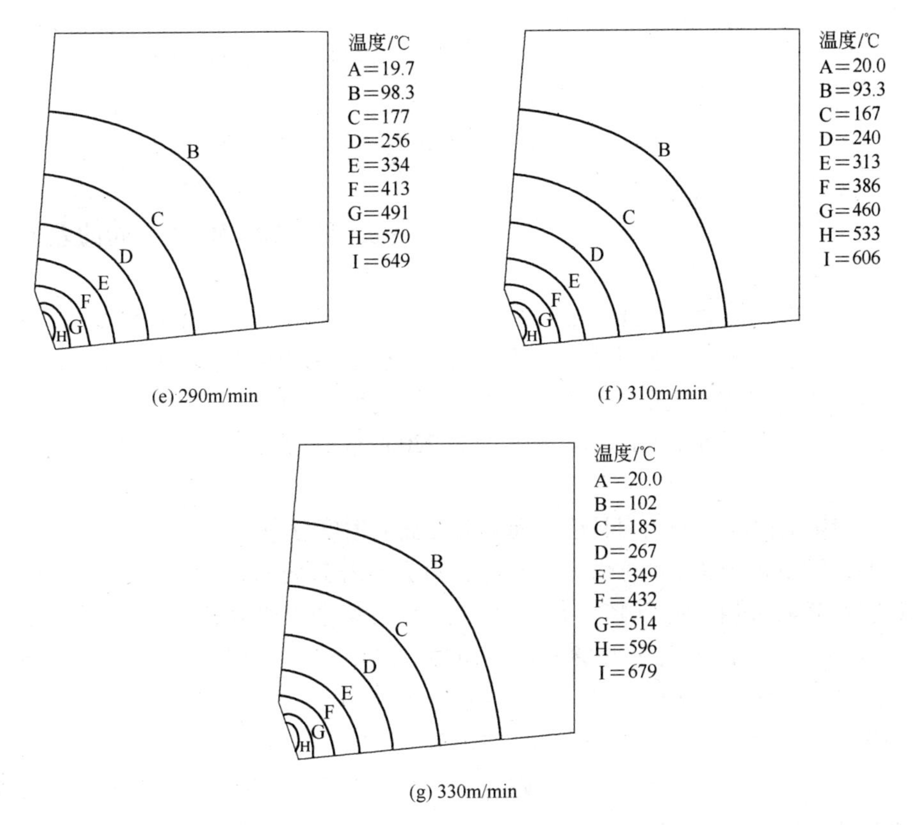

图11-21 进给量为0.05mm/r不同切削速度时刀具的稳态温度场

度，可以实现减少刀具磨损，控制和改善刀具寿命。

分析表明，当切削速度增加时，刀具刀面上的温度也随之升高，这与切削原理阐述相一致。对比图11-21（a）和图11-21（c）可以看出相同的等温线分布，但是数值差距上有一定差别。由于精加工的进给量为0.05mm/r，切削速度从210m/min到330m/min的递增过程中，刀刃与工件接触处的温度梯度变化如下：

（1）切削速度为210m/min时，刀尖处温度场等温线H、I之间的差值为64℃（见图11-21（a））；

（2）切削速度为230m/min时，刀尖处温度场等温线H、I之间的差值为59℃（见图11-21（b））；

（3）切削速度为250m/min时，刀尖处温度场等温线H、I之间的差值为84℃（见图11-21（c））；

（4）切削速度为270m/min时，刀尖处温度场等温线H、I之间的差值为

69℃（见图11－21（d））；

（5）切削速度为290m/min时，刀尖处温度场等温线H、I之间的差值为79℃（见图11－21（e））；

（6）切削速度为310m/min时，刀尖处温度场等温线H、I之间的差值为73℃（见图11－21（f））；

（7）切削速度为330m/min时，刀尖处温度场等温线H、I之间的差值为82℃（见图11－21（g））。

可以看出，随着切削速度增大对温度梯度影响较小，其原因是精加工在高速切削下的进给量很小，切屑厚度很薄，热量传递很快，使温度梯度的变化范围在59～82℃之间，说明对刀具的磨粒磨损基本影响很小。同时表明，为提高加工效率，高速切削下的精加工选取切削速度为270m/min，是提高陶瓷刀具耐用度的首选参数。

不同切削速度时陶瓷刀具前刀面和后刀面的温度分布曲线如图11－22所示。从图11－22（a）前刀面曲线可以看出，刀尖沿着刀面0.8mm处的切削速度分别对应温度最大值，并且随着切削速度的增大切削温度逐渐增大。当速度为250m/min时，温度最大达到689℃。总的趋势是随切削速度增大，刀刃接触温度逐渐升高。针对高速切削以温度结果数据为参考时，仿真模拟的速度选择区间为210～330m/min。从最大值的分布观察到180m/min、220m/min时温度最低（650℃）。依据Al_2O_3/ZrO_2（3Y）陶瓷刀具的实际切削加工可知，刀刃磨损机理主要存在磨粒磨损和粘结磨损，并分别对应在低温区和高温区，可见前者和后者都会加剧刀具磨损而降低耐用度，最佳速度应选取270m/min时，可能同时存在磨粒磨损和粘结磨损的协同磨损作用，进而起到提高刀具寿命的效果。从图11－22（b）后刀面曲线看出，切削速度与温度变化的影响基本相似（图11－22（a）），

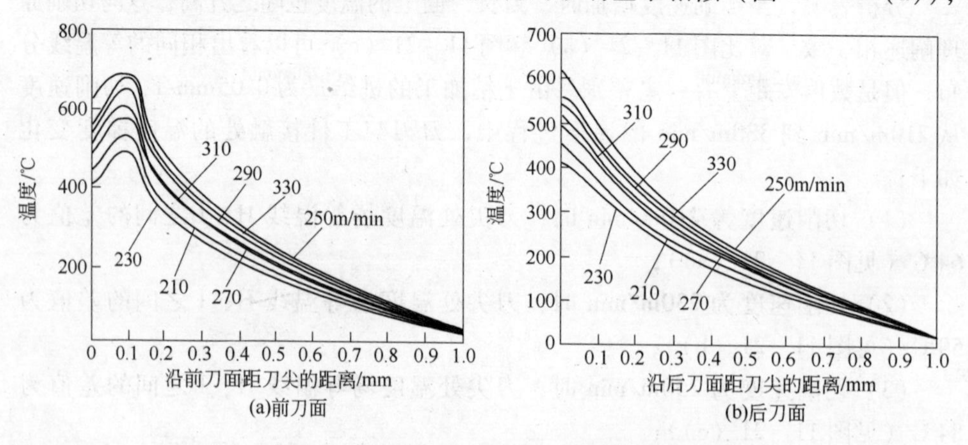

(a)前刀面 (b)后刀面

图11－22 不同切削速度时不同刀面的温度分布曲线

刀刃尖端沿着后刀面的距离增加，温度呈下降趋势，表明对后刀面的磨损影响较小。

11.3.3 不同切削速度下 H13 模具钢精加工的稳态应力场

进给量为 0.05mm/r 不同切削速度时的稳态模拟的应力场分布如图 11－23 所示。曲线 A～I 分别表示应力场等值线的应力值。从图中可以看出，不同切削速度对应的刀尖 H、I 区域位置都承受着最大应力，表明精加工过程的高速切削刀尖受到应力集中的影响，使刀具容易崩刀。由图 11－23 看出，当切削速度为 270m/min 时刀尖处的应力为 I＝1400MPa 和 H＝1230MPa，相比其他速度下的应力状态为最小，可以认为该值是最佳可选参数。分析看出，当切削速度增加时，刀具刀面上的应力总体上也随之升高，这与切削原理阐述相一致。应力对粘结磨损和磨粒磨损都有较大的增强作用，所以应该选取较小的应力。

不同切削速度时陶瓷刀具前刀面和后刀面的应力分布曲线如图 11－24 所示。从图 11－24（a）前刀面曲线可以看出，距离刀尖 0.025mm 处对应出现应力最大峰值。当刀具处于低温高速切削时，其耐用度能达到最大寿命。观察图 11－24（b)，后刀面的状态切削速度与切削温度成正比关系。分析看出，随着切削

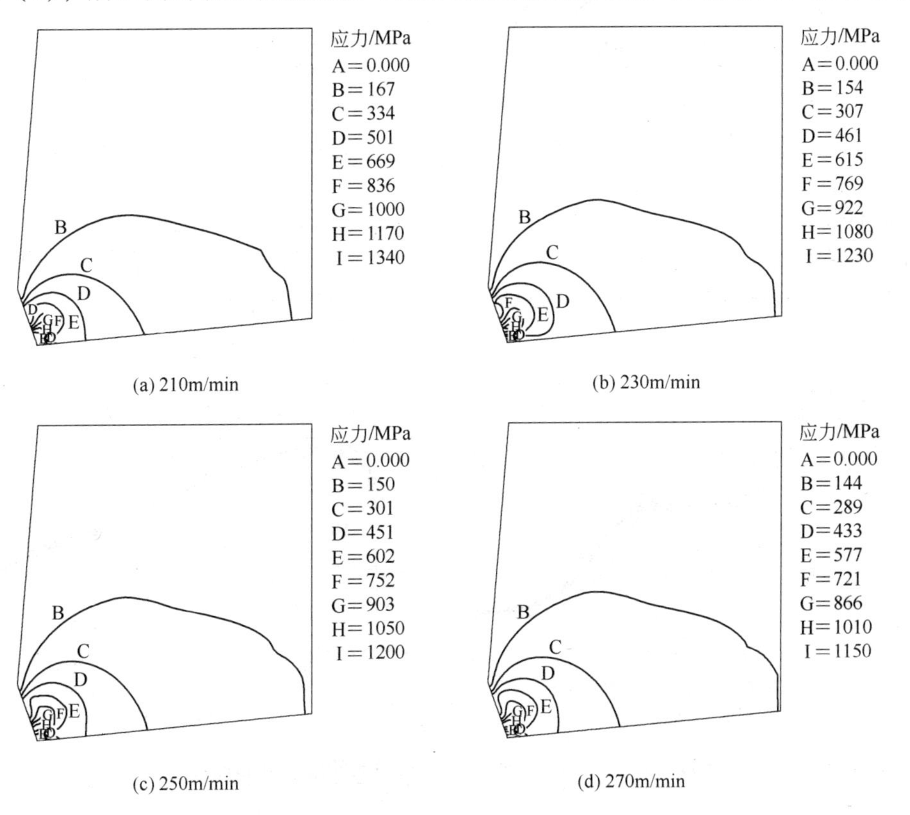

(a) 210m/min (b) 230m/min
(c) 250m/min (d) 270m/min

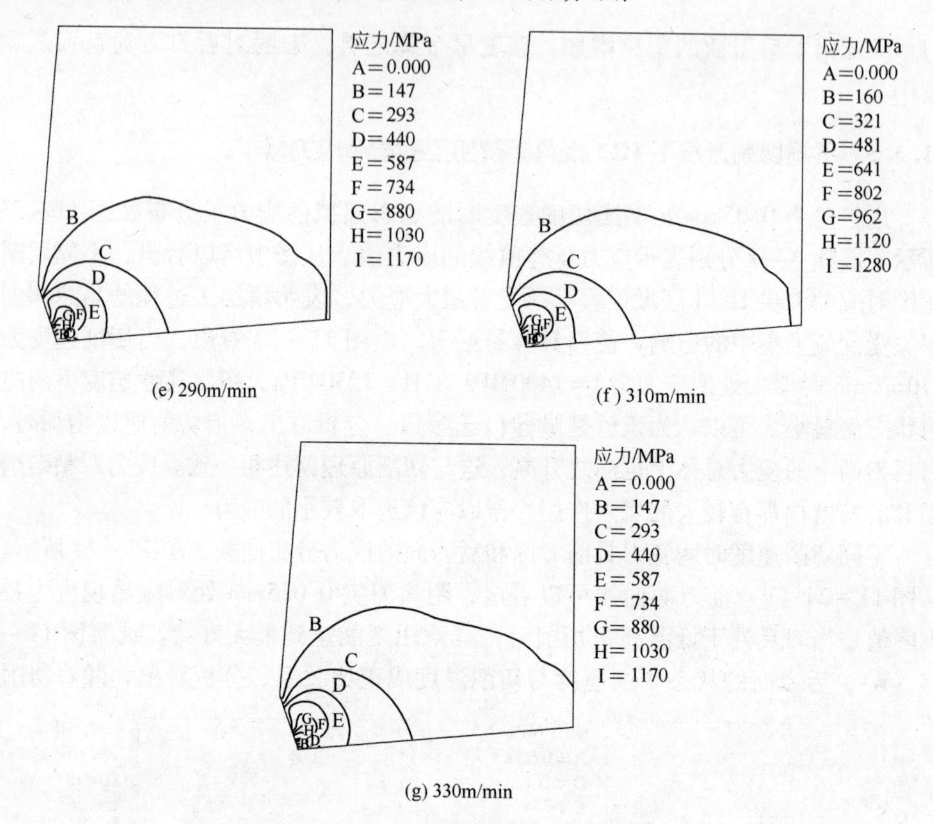

(e) 290m/min

(f) 310m/min

(g) 330m/min

图11-23 进给量为0.05mm/r不同切削速度时刀刃处的稳态应力场

速度的增大，应力逐渐增大。应力表现出与温度相同的情况，为减少加工过程的高温粘结磨损，切削速度取值应尽量表现为磨粒磨损状态。所以，仿真模拟的切削速度270m/min，能满足延长刀具寿命同时保证切削效率的需求。

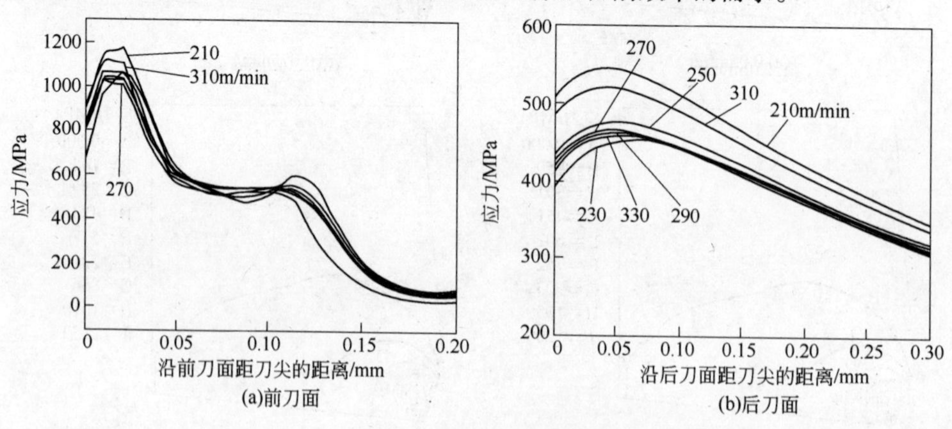

(a)前刀面

(b)后刀面

图11-24 不同切削速度时不同刀面的应力分布曲线

11.3.4 不同进给量下 H13 模具钢精加工的稳态温度场和应力场

切削速度为 290m/min 不同进给量时刀具的稳态温度场如图 11－25 所示。可以看出，随着进给量的增大，最大温度区域逐渐上移，但是当增大到 0.15mm/r 以后温度区域并不会发生变化。图 11－25（a）的 H、I 差值为 86℃，图 11－25（c）的 H、I 差值为 97℃，图 11－25（e）的 H、I 差值为 150℃，图 11－25（f）的 H、I 差值为 150℃，说明随着进给量的增大，不仅最大温度区域的位置会发生变化，而且温度梯度也会随之增大。进给量不仅会影响磨损程度，而且会影响磨损位置。

不同进给量时不同刀面的温度分布如图 11－26 所示。可以看出，同样是最高温度区向上移动的规律。当进给量为 0.05～0.12mm/r 时，最大温度范围为 700～900℃；当 0.15～0.2mm/r 时，最大温度范围为 1170～1330℃，二者有明显的范围界线。同样从磨损角度出发，选择表现为磨粒磨损的进给量范围为 0.05～0.125mm/r。当进给量为 0.1mm/r 时温度梯度明显小于 0.125mm/r，所以此处选择 0.1mm/r。

切削速度为 290m/min 不同进给量时的稳态应力场如图 11－27 所示。可以

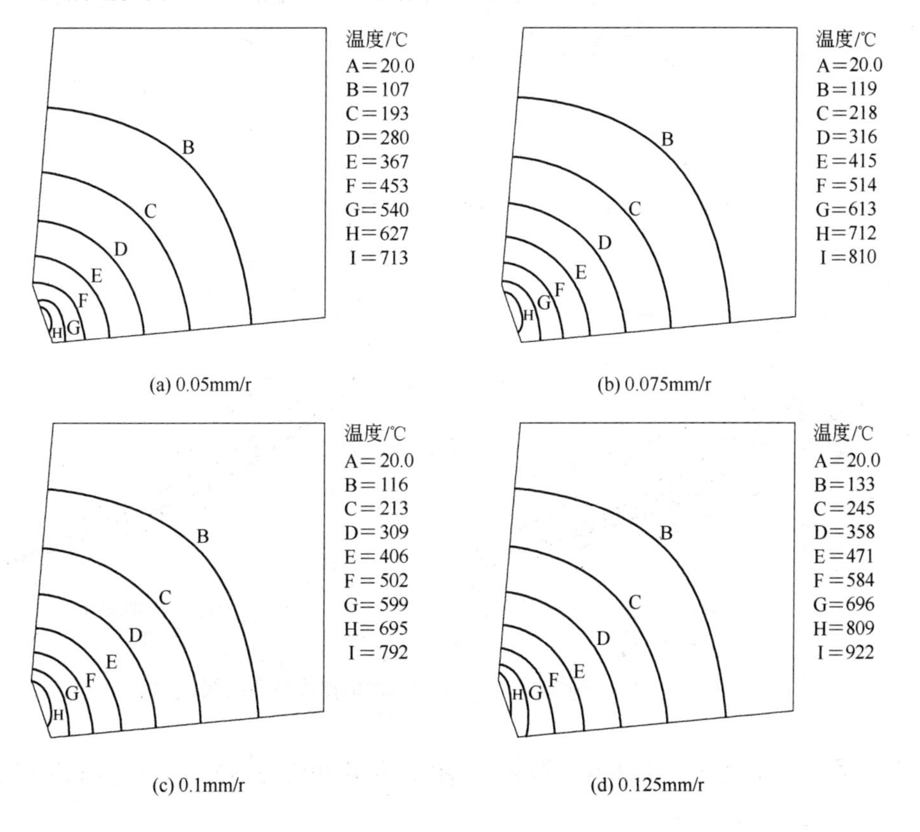

(a) 0.05mm/r (b) 0.075mm/r

(c) 0.1mm/r (d) 0.125mm/r

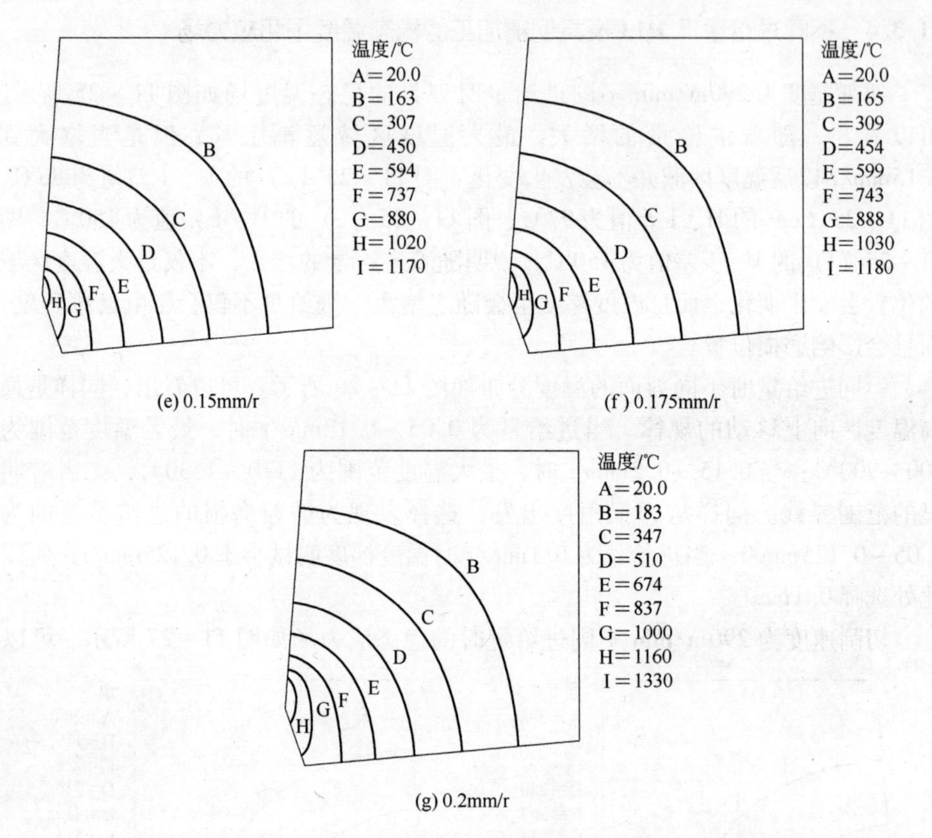

图11-25 切削速度为290m/min不同进给量时刀具的稳态温度场

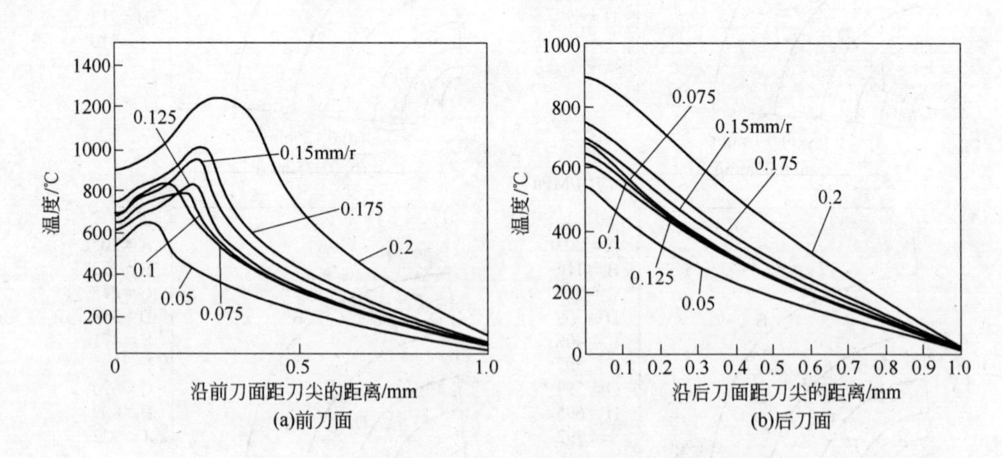

图11-26 不同进给量时不同刀面的温度分布曲线

看出，进给量的变化并不能改变最大应力区的位置和应力的分布，应力值呈扇形递减。

不同切削进给量时不同刀面的应力分布如图 11 -28 所示。可以看出，随着进给量的增大，最大应力是一个增大的趋势。当进给量为 0.1mm/r 时，其应力与进给量为 0.12mm/r 时基本一致，但是考虑到温度，所以进给量可以取 0.1mm/r。这样不仅可以保证切削效率，而且也可把磨损减到最小。

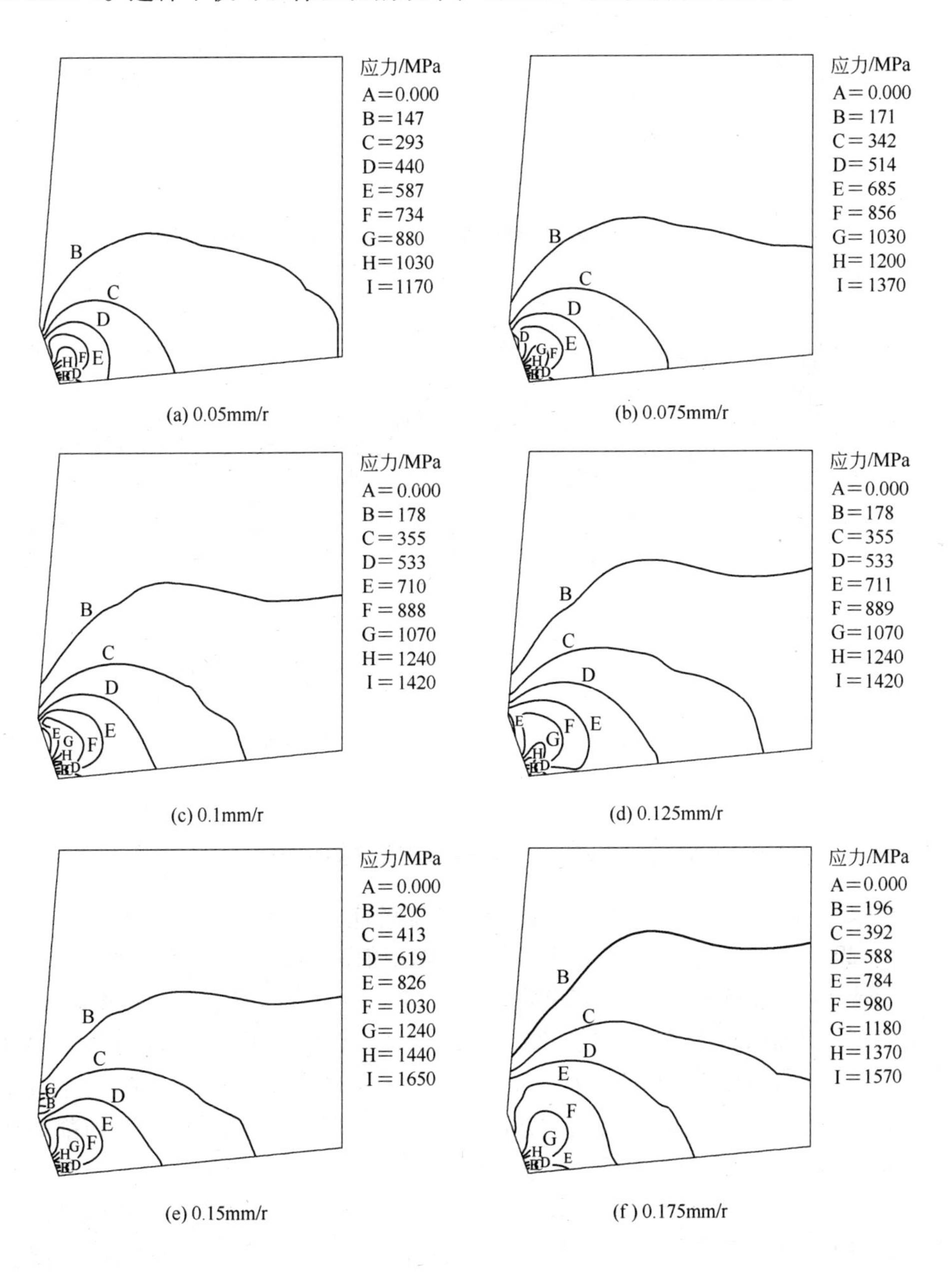

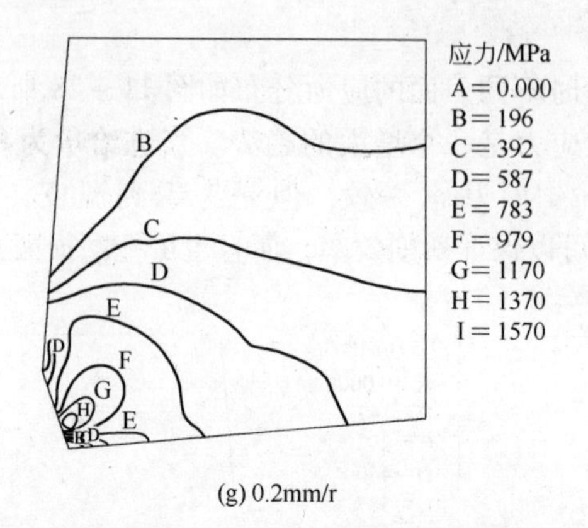

(g) 0.2mm/r

图 11-27　切削速度为290m/min不同进给量时的稳态应力场

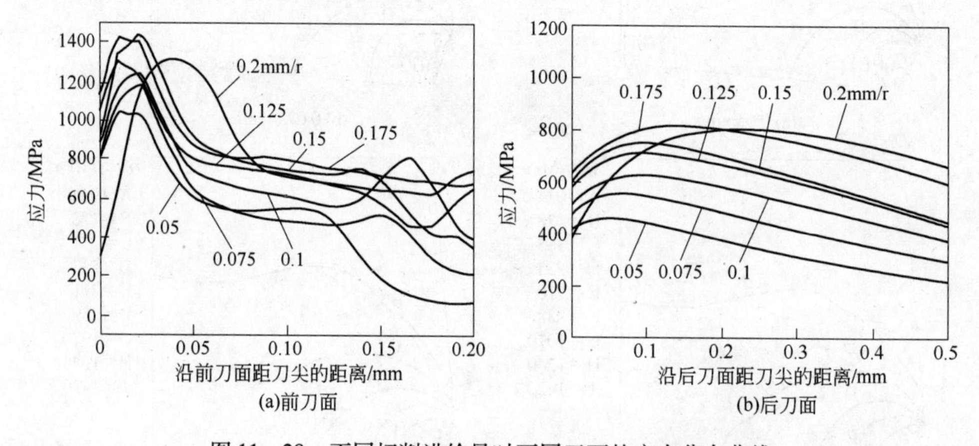

图 11-28　不同切削进给量时不同刀面的应力分布曲线

11.3.5　不同切削用量对刀刃处应力梯度、温度梯度影响

刀刃与工件接触处不同切削参数下精加工的应力梯度如图11-29所示。从图11-29（a）可以看出，刀刃处应力梯度随切削速度增加，由瞬间的最大梯度呈下降趋势。当切削速度270~290m/min时应力梯度最小值小于140MPa，可取切削速度270m/min为优选参数。图11-29（b）表明在切削加工时进给量的增加，应力梯度在进给量0.10~0.12mm/r之间时波动趋于平稳，应力梯度在170~180MPa之间变化。这表明精加工由于选取进给量和切削深度较小使切削力降低，随之应力场梯度变化也处于平稳和低值状态。

刀刃与工件接触处不同切削参数下精加工的温度梯度如图11-30所示。从图11-30（a）可以看出，随着切削速度的增加，温度梯度变化为波动式变化。

当取切削速度 270m/min 时，此处温度梯度接近波谷的低值。可认为精加工过程中高速度切削占主导作用，由于工件表层切屑较薄呈现带状屑，能迅速带走一部分加工产生的热量，对温度梯度影响较小。从图 11－30（b）可以看出，温度梯度接近水平状态时的进给量在 0.08～0.10mm/r 范围，其影响是最小的。结合受应力梯度影响所选进给量 0.10～0.12mm/r 的区间（见图 11－29（b）），两者比较可知，切削刃与加工工件接触表面处受到应力梯度的影响比温度梯度会更重要。

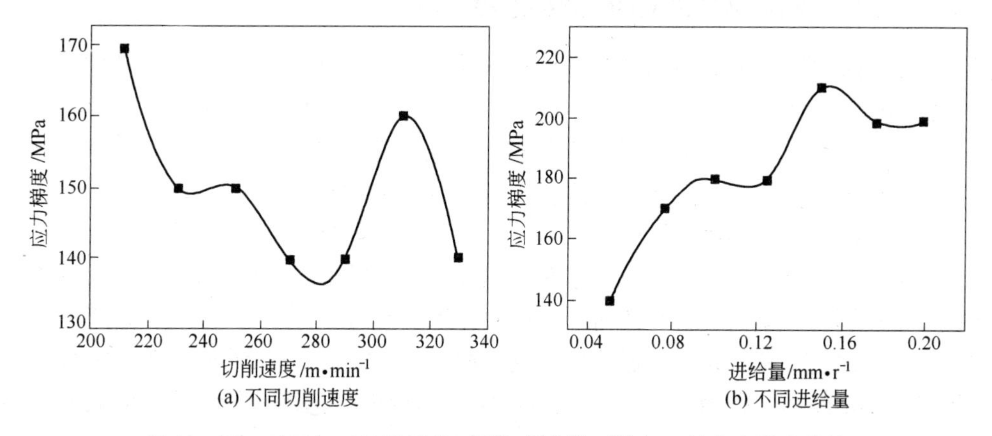

图 11－29　刀刃与工件接触处不同切削参数下精加工的应力梯度曲线

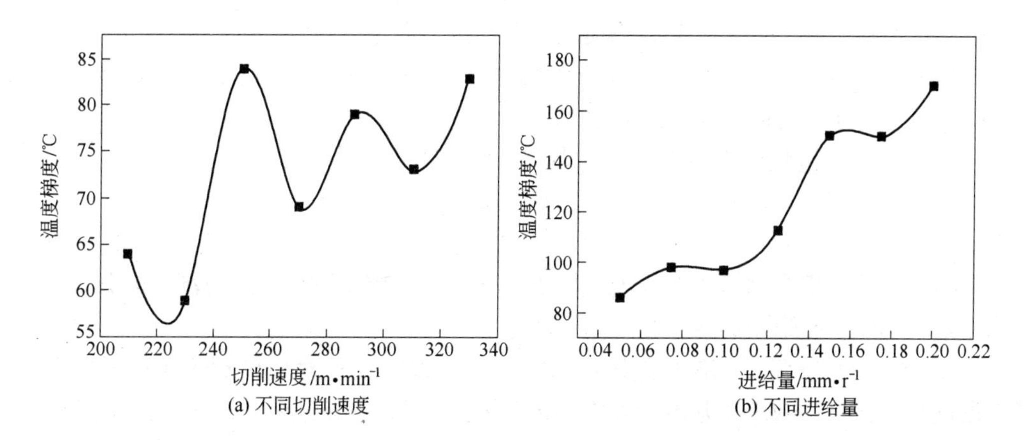

图 11－30　刀刃与工件接触处不同切削参数下精加工的温度梯度曲线

12 氧化物陶瓷刀具仿真切削的应用与展望

12.1 仿真切削模型的构建与优选切削参数

通过研究解决了切削过程中仿真模拟的关键技术瓶颈（材料本构模型、切屑分离模型、摩擦模型的建立与分析），构建了 Al_2O_3/ZrO_2（Y_2O_3）陶瓷刀具对工件材料加工过程的二维正交模型并进行了仿真模拟。获得的模拟结果与实际加工数据进行比较分析，其仿真切削与实际切削的参数具有一致性，验证了所建立的二维切削模型是正确可靠的。

依据金属切削理论，分析了金属切削过程中变形机制。用非线性有限元理论和弹塑性有限元理论，指导如何构建切削过程中的仿真模型。结合金属切削过程的特性，阐述了有限元模拟过程中的热力耦合理论，把有限元模拟工作扩展到陶瓷刀具的切削加工领域，提供出最佳切削参数范围，达到陶瓷刀具耐用度的最大化。

采用实际切削试验与模拟切削对比方式，阐述了稳态温度和非稳态温度模拟的稳定性和差异，表明选取稳态模拟的必要性。提出了用 Deform 模拟软件和 Euler 法相结合的方式对稳态温度、应力场进行了模拟，不仅使模拟结果准确可靠，而且节省了运算时间，提高了效率。

（1）切削过程由于刀具和工件的挤压而产生切屑，研究切屑的变形规律对切削模拟建模的合理性和准确性，尤其是分离准则的确定，有重要的指导意义。

（2）在切削过程会产生很高的温度，切削热对刀具的应力场会造成重要的影响。对热力耦合技术进行了理论分析，其中包括控制方程、热力耦合的分析方法及切削加工变形与传热问题的基本理论。

（3）分析介绍了如何从三维模型简化到二维模型，对建模理论中的各个阶段进行了分析，减少了基本计算中的模拟方法，以及如何建立的瞬态几何模型和稳态几何模型；介绍了如何挑选模拟中使用的本构方程、接触模型、摩擦模型、分离准则，分别给出了各个模型中需要使用加工材料和刀具材料的物理参数和性能参数，为其他陶瓷刀具加工不同金属材料的仿真切削奠定了基础。

用构建的二维正交切削模型对 Al_2O_3/ZrO_2（Y_2O_3）陶瓷刀具切削 1045 淬火钢可变参数的半精加工模拟，获得了刀刃与工件接触表面的稳态温度场和应力场，分析了温度场、应力场影响陶瓷刀具寿命的磨损机制，优选出最佳切削参数，与真实切削实验数据对比达到等同的一致性。用数值仿真技术拓展了用 Al_2O_3/ZrO_2（Y_2O_3）陶瓷刀具切削1045淬火钢和H13模具钢的精加工、半精加工、粗加工的仿真研究，优选切削参数如表12－1和表12－2所示。

表12－1 1045淬火钢优选切削参数

加工方式	切削速度 v_c	进给量 f	切削深度 a_p
精加工	220m/min	0.075～0.01mm/r	0.15～0.38mm
半精加工	190m/min	0.2～0.30mm/r	0.60～1.50mm
粗加工	140m/min	0.25～0.45mm/r	0.90～2.25mm

表12－2 H13模具钢优选切削参数

加工方式	切削速度 v_c	进给量 f	切削深度 a_p
精加工	270m/min	0.075～0.1mm/r	0.20～0.50mm
半精加工	230m/min	0.2～0.25mm/r	0.40～1.00mm
粗加工	110m/min	0.40～0.45mm/r	0.90～2.25mm

12.2 建立数字化陶瓷刀具库的展望

本书系统地描述了有限元模拟切削过程。选择 Al_2O_3/ZrO_2（Y_2O_3）陶瓷刀具对金属材料切削加工的仿真模拟进行了探索性研究，提出了可行的模拟方法。分别系统地对1045淬火钢和H13合金工具钢的精加工、半精加工、粗加工进行了仿真模拟，通过大量的应力场、温度场变化曲线的数据对比，验证了构建二维切削模型的正确性、合理性与可靠性。获得 Al_2O_3/ZrO_2（Y_2O_3）陶瓷刀具加工金属材料的有限元模型，可以有效地缩短预选切削参数（切削速度 v_c、进给量 f、加工深度 a_p）的周期，从而免除预选过程的材料浪费，提高了生产效率，为在机械加工领域推广使用陶瓷刀具将起到重大的实际指导意义。

有限元模拟金属切削加工的研究是一个长期而又艰巨的任务。随着新的工程材料的开发和应用，其前途不可估量，未来发展方向的主要方面：

（1）陶瓷刀具切削加工数据库的建立。使用仿真切削的研究方法可以得到一个系统的切削数据库，方便查询选取不同陶瓷刀具对应不同材料、不同加工方式的最佳切削参数，也可以使用本研究的模型，通过使用不同的刀具几何参数达到优选切削参数的目的。

（2）定制性的专业切削软件。目前切削模拟方式大多还是通用的有限元分析软件，而且也不会对某些材料进行优化。通过定制性的模拟软件，可以针对某些特殊的材料进行优化，从而极大地减少仿真建模的工作量，同时提高准确性和可靠性。

附　录

附表 1　常用材料特性表

材料名称	弹性模量 E/GPa	泊松比 ν	$\frac{E}{1+\nu}$	$\frac{E}{1-\nu}$	$\frac{E}{1-\nu^2}$	σ_f/GPa	σ_0 /GPa	σ_0' /σ	密度 /$g\cdot cm^{-3}$	线(热)膨胀系数 /$℃^{-1}$
结构钢	21.0	0.285	16.34	29.37	22.87		20 ~ 60	1	7.80	13×10^{-6}
SC45 钢	22.0	0.285	17.12	20.77	23.97		145	1	7.80	13×10^{-6}
耐磨钢	32.0	0.29	17.06	30.99	24.02			1	7.82	25×10^{-6}
18 – 10 不锈钢	20.3	0.29	15.74	28.59	22.16		18 ~ 22	1	7.90	16.5×10^{-6}
因瓦合金	14.1	0.29	10.93	16.86	15.39		40 ~ 55	1		$<0.9\times10^{-6}$
灰铸铁	9 ~ 12	0.29	7.0 ~ 9.3	12.7 ~ 16.9	9.8 ~ 13.1	7 ~ 9	18 ~ 25	3.3	7.1 ~ 7.2	$(9\sim11)\times10^{-6}$
灰铸铁(自动浇注)	10 ~ 13	0.29	7.7 ~ 10.0	14.1 ~ 18.3	10.9 ~ 14.2	10 ~ 15	22 ~ 35	3.4	7.1 ~ 7.4	$(9\sim11)\times10^{-6}$
灰铸铁(锭模)	5 ~ 8	0.29	3.9 ~ 6.2	7.0 ~ 11.2	5.4 ~ 8.7		3 ~ 12	3.5	7.1 ~ 7.2	$(9\sim11)\times10^{-6}$
球墨铸铁	16 ~ 18	0.29	12.4 ~ 14.0	22.2 ~ 25.4	17.5 ~ 19.6	17 ~ 36	20 ~ 60	1.2	7.1 ~ 7.3	$(11\sim12)\times10^{-6}$
白口铸铁	16 ~ 20	0.29	12.4 ~ 15.5	22.2 ~ 23.2	17.5 ~ 21.5		20 ~ 40	5	7.5 ~ 7.8	$(9\sim11)\times10^{-6}$
可锻铸铁	17 ~ 19	0.17	14 ~ 16	20.5 ~ 22.9	17.5 ~ 19.5	16 ~ 35	20 ~ 60	1	7.2 ~ 7.4	$(9\sim11)\times10^{-6}$
钛	10.55	0.34	7.87	15.98	11.93	10 ~ 24	30 ~ 47	1	4.51	8.9×10^{-6}

续附表 1

材料名称	弹性模量 E/GPa	泊松比 ν	$\frac{E}{1+\nu}$	$\frac{E}{1-\nu}$	$\frac{E}{1-\nu^2}$	σ_f/GPa	σ_0 /GPa	σ_0' /σ	密度 /g·cm^{-3}	线(热)膨胀系数 /℃$^{-1}$
6Al4V 钛合金	10.9	0.34	8.13	16.52	12.33					
TA6V 钛合金	10.5	0.34	7.83	15.91	11.88	60	90	1	1.62	8.0 ×10^{-6}
铝	7.05	0.34	5.26	10.68	7.98					
AU4G 铝合金	7.5	0.33	5.63	11.19	8.41	12	30	1	2.8	23.5 ×10^{-6}
AU2GN 铝合金	7.5	0.34	5.60	11.36	8.48	12	37	1	2.8	(22~24) ×10^{-6}
AU5GT 铝合金	7.0	0.34	5.22	10.61	7.92	10	22~26	1	2.8	23 ×10^{-6}
AU8GU 锌	7.2	0.34	5.37	10.91	8.14		55	1	2.8	23.5 ×10^{-6}
镍	10.0	0.33	7.51	14.92	11.22		18	1.3	8.9	17 ×10^{-6}
铜	9.2	0.33	6.92	13.73	10.33		20	1.4	7.30	18 ×10^{-6}
一般青铜	10.6	0.31	8.09	15.36	11.73		24	3	8.40	17.5 ×10^{-6}
铍青铜	13	0.34	9.70	19.70	14.71	20	80	3	8.25	17 ×10^{-6}
铍	30.0	0.05	28.57	31.58	20.08		30	1	1.85	12.4 ×10^{-6}
镁	4.60	0.34	3.43	6.97	5.20				1.74	25.6 ×10^{-6}
大理石	2.6	0.3	2.00	3.71	2.86		50	15	2.8	8 ×10^{-6}
混凝土	1.4~2.1	0.3	1.1~1.6	2.0~3.0	1.5~2.3		30	11	1.9	14 ×10^{-6}

续附表1

材料名称	弹性模量 E/GPa	泊松比 ν	$\frac{E}{1+\nu}$	$\frac{E}{1-\nu}$	$\frac{E}{1-\nu^2}$	σ_f/GPa	σ_0 /GPa	σ_0' /σ	密度 /g·cm^{-3}	线(热)膨胀系数 /℃$^{-1}$
玻璃	6	0.2~0.3	5.0~4.6	7.5~8.6	6.2~6.6		3~8	10		
有机玻璃	0.29	0.4	0.27	0.483	0.345		8	1.2	1.8	(80~90)×10^{-6}
环氧树脂	0.30	0.4	0.214	0.500	0.357		5~8	1.2	1.15	(90~130)×10^{-6}

注：σ_f—疲劳极限；σ_0—拉伸弹性极限（脆性材料的强度极限）；σ_0'—压缩弹性极限。

附表2　各国常用金属材料对照表

中国 GB	美国 AISI	德国 DIN	日本 JIS	瑞典 SIS
碳素结构钢				
10	1010	C10	SC10	1370
15	1015	C15	SC15	1350
20	1020	C22	SC20	1410
25	1025	C25	SC25	1450
30	1030	C30	SC30	—
35	1035	C35	SC35	1550
40	1040	C40	SC40	1650
45	1045	C45	SC45	—
50	1050	C50	SC50	—
55	1055	C55	SC55	1655
合金结构钢				
20Mn2	1320	20Mn5	SMn420	—
30Mn2	1330	30Mn5	SMn433	2120
35Mn2	1335	36Mn5	SMn438	2120
40Mn2	1340	—	SMn443	2120
45Mn2	1345	46Mn5	SMn443	—
20Cr	5120	20Cr4	SCr420	2303
30Cr	5130	—	SCr430	—

续附表 2

中国 GB	美国 AISI	德国 DIN	日本 JIS	瑞典 SIS
合金结构钢				
35Cr	5135	34Cr4	SCr435	—
40Cr	5140	37Cr4	SCr440	2228
45Cr	5145	41Cr4	SCr445	—
20CrV	6120	22CrV4	—	—
40CrV	6140	42CrV6	—	—
20CrMo	4118、4119	20CrMo5	SCM420	—
25CrMo	4125	25CrMo4	—	2225
30CrMo	4130	—	SCM430	—
42CrMo	4140	42CrMo4	SCM440	2244
12CrNi	3125	—	—	—
40CrNi	3140	36NiCr6	SNC236	—
12Cr2Ni4A	3312	14NiCr18	—	—
30CrNi3A	3330	28NiCr10	SNC631	2532
40CrNiMoA	3240	36CrNiMo4	SNCM439	—
弹簧钢				
65Mn	C1065	—	—	—
55Si2Mn	9255	55Si7	—	2090
60Si2Mn	9260	65Si7	SUP7	—
50CrVA	6150	50CrV4	SUP10	2230
58CrV4	6152	58CrV4	—	2230
50CrMn	5152	—	SUP9	—
易切结构钢				
Y12	C1109	10S20	SUM12	—
Y20	C1120	22S20	SUM32	—
Y30	C1132	27S20	SUM4	—
Y40Mn	C1141	40S20	SUM5	—
滚珠轴承钢				
GGr6	E50100	105Cr2	—	—
GGr9	E51100	105Cr4	SUJ1	—
GGr15	E52100	100Cr6	SUJ2	—
GCr15SiMn	—	100CrMn6	—	—

续附表 2

中国 GB	美国 AISI	德国 DIN	日本 JIS	瑞典 SIS
碳素工具钢				
T7A	—	C70W1	SK7	—
T8A	$W_{1-0.8}C$	C85W1	SK6	1780
T9A	$W_{1-0.9}C$	C90W1	SK5	—
T10	$W_{1-1.0}C$	C100W1	SK3	1880
T10A	$W_{1-1.0}C$	C100W1	SK4	—
T12	$W_{1-1.2}C$	C115W2	SK2	1885
T12A	$W_{1-1.2}C$	C110W1	SK2	—
合金工具钢				
9CrWMn	O1	90CrSi5	SKS3	2092
W3CrV	F3	142WV13	SKS11	—
V	$W_{2.1-1.0}C-V$	100V1	SKS43	—
8V	$W_{2-0.9}C-V$	—	SKS44	2900
Cr12		X210Cr12	SKD1	—
Cr12W	D6	X210CrW12	SKD2	2312
3W4Cr2V	—	X30WCrV53	SKD4	—
Cr12MoV	D3	X165CrMoV12	SKD11	2310
高速工具钢				
W9Cr4V2	T7	ABC Ⅱ	SKH6	—
W18Cr4V	T1	S18-0-1	SKH1	2750
W6Cr4Mo5V2	M2	S6-5-2	SKH9	2722
耐热钢				
Cr23Ni13	309	X15CrNiSi2012	SUH309	—
Cr25Ni2O2	310	X15CrNiSi2520	SUH310	2361
Cr15Ni36W3Ti	330	X12NiCSi3616	SUH330	—
Cr25	446	X3Cr28	SUH446	232
球墨铸铁				
QT40-10		GGG-40	FCD40	
QT45-5	60/40/8	GGG-40.3	FCD45	
QT50-1.5	65/45/12	GGG-50	FCD50	
QT60-2	80/55/06	GGG-60	FCD60	
	100/70/03	GGGG-70	FCD70	

续附表 2

中国 GB	美国 AISI	德国 DIN	日本 JIS	瑞典 SIS
不锈钢				
Cr13A1	405	X6CrA113	SUS405	—
Cr17	430	X8CrA17	SUS430	—
1Cr13	410	X10Cr13	SUS410	2320
2Cr13	420	X20Cr13	SUS420J1	2302
Cr17Ni2	431	X22CrNi17	SUS431	2302
7CrMo	440A	X40CrMo15	SUS440A	2321
9Cr17MoVCo	440B	X90CrMoVCo17	SUS440B	—
11Cr17	440C	X110CrMo15	SUS440C	—
Cr18Mn8Ni5	202		SUS202	—
Cr17Ni7	301	X12CrNi177	SUS301	2330
1Cr18Ni9	302	X12CrNi18	SUS302	2331
1Cr8Ni9MoZr	303	X12CrNiS188	SUS303	2346
0Cr18Ni9	304	X5CrNi189	SUS304	2333
1Cr18Ni11	305	X5CrNiS1812	SUS305	—
1Cr18Ni11Nb	347	X10CrNiNb189	SUS347	2338
0Cr17Ni11Mo2	316	X5CrNiMo1810	SUS316	2343
Cr19Ni13Mo4	317	X5CrNiMo1713	SUS317	—
Cr17Ni12Mo3Ni6	318	X10CrNiMoN61812	SUS318	2345
1Cr18Ni9Ti	321	X10CrNiT189	SUS321	2337
灰铸铁				
HT10 – 26	20	GG – 10	FC10	
HT15 – 33	25	GG – 15	FC15	
HT20 – 40	30	GG – 20	FC20	
HT25 – 47	35	GG – 25	FC25	
HT30 – 54	40	GG – 30	FC30	
HT35 – 61	50	GG – 35	FC35	

附表 3 硬度对照表

洛氏硬度 HR				布氏硬度 HB	维氏硬度 HV	肖氏硬度 HS
A (60kg)	B (100kg)	C (150kg)	D (100kg)			
93.5					1850	

续附表 3

洛氏硬度 HR				布氏硬度 HB	维氏硬度 HV	肖氏硬度 HS
A (60kg)	B (100kg)	C (150kg)	D (100kg)			
93		82			1800	
92.5		80.5			1750	
92.3		79.8			1700	
92		—			1660	
91.7		79.2			1650	
91.5		78.4			1600	
90.9		77.7			1550	
90.5		77			1500	
90.1		76.2			1450	
89.9		75.4		895	1400	
89.3		74.6		898	1350	
88.9		73.8		857	1300	
88.5		73		817	1250	
88.1		72.2	82	782	1200	107
87.6		71.3			1150	100
87		70.4	80	744	1100	
86.4		69.4			1050	
85.7		68.2			1000	
85		66.6	78	713	950	96
84		64.6	76	683	900	92
82.8		63	74	652	850	88
82		61	72	627	803	85
81		59	71	600	746	81
80		57	69	578	694	78
79		55	68	555	649	75
78		53	67	532	606	72
77		52	65	512	587	70
76		50	64	495	551	68
76		49	63	477	534	66
75		47	62	460	502	64

续附表3

洛氏硬度 HR				布氏硬度 HB	维氏硬度 HV	肖氏硬度 HS
A (60kg)	B (100kg)	C (150kg)	D (100kg)			
74		46	61	444	474	61
73		45	60	430	460	59
73		44	59	418	435	57
72		42	58	402	423	55
71		40	57	387	401	53
71		39	56	375	390	52
70		38	55	364	380	50
69		36	54	315	361	49
69		35	53	340	344	47
68		34	52	332	335	46
68		32	52	321	320	45
67		31	51	311	312	44
67		30	50	302	305	42
66		29	49	293	291	41
66		28	49	286	285	40
65		27	48	277	278	39
65		25	47	269	272	38
64		24	46	262	261	37
64		23	45	255	255	36
63		21	45	248	250	36
63	100	20	44	241	240	35
62	99	19	43	235	235	34
62	98	18	42	228	226	33
61	97	17	41	223	221	33
61	96	16	40	217	217	32
60	95	15	39	212	213	31
60	94	13	38	207	209	30
59	93	12	37	202	201	30
58	92	11	36	196	197	29
58	91	10	35	192	190	29

续附表 3

洛氏硬度 HR				布氏硬度 HB	维氏硬度 HV	肖氏硬度 HS
A (60kg)	B (100kg)	C (150kg)	D (100kg)			
57	91	9	34	187	186	28
56	89	8	34	183	183	28
56	88	7	33	179	177	27
55	87	5	32	174	174	27
55	86	4		170	171	26
54	85	3		166	165	26
53	84	1		163	162	25
53	83			159	159	25
52	82			156	154	24
52	81			153	152	24
51	80			149	149	23
50	78			146	147	23
50	76			143	144	22
	76			140		
	75			137		
	74			134		
	72			131		
	71			128		
	69			126		
	69			124		
	67			121		
	66			118		
	65			116		
	64			114		
	62			112		
	61			109		
	59			107		
	58			105		
	57			103		
	56			101		

续附表 3

洛氏硬度 HR				布氏硬度 HB	维氏硬度 HV	肖氏硬度 HS
A (60kg)	B (100kg)	C (150kg)	D (100kg)			
	54			99		
	53			97		
	52			96		
	51			95		
	50			93		
	49			92		
	48			90		
	47			88		
	46			87		
	45			86		
	44			85		
	43			83		

中英文词汇对照表

α - 氧化铝　α - alumina
阿基米德法　Archimedes method
半精加工　semi - finishing
本构方程　constitutive equation
边界磨损　boundary wear
变形系数　deformation coefficient
表面力载荷矢量　surface force load vector
表面裂纹　surface cracks
表面抛光　surface finishing
泊松比　Poisson ratio
不均匀性　heterogeneity
部分的　partial
部分稳定氧化锆　partially stabilized zirconia (PSZ)
材料变量　material variables
材料流动　material flow
材料模型　material model
材料性能　material properties
残余应变　residual strain
残余应力　residual stresses
掺钇氧化锆　yttria - doped zirconia
超精密切削　ultra - precision cutting
成形载荷　forming load
穿晶断裂　transgranular fracture
粗加工　rough machining
粗晶粒　coarse - grained
粗晶氧化铝　coarse - grained alumina
淬火钢　hardened steel
淬火工艺　quenching process
单边切口梁方法　single edge - notched beam geometry (SENB)
单晶　single crystals
单元形函数　unit shape function
单元应变矩阵　unit strain matrix
弹坑痕迹　crater marks
刀具　cutting tools
刀具耐用度　tool life
刀具前角　cutting tool rake angle
刀具寿命　cutting tool life
刀具形状　cutting tool shape
等静压　isostatic pressing
等温线　isotherm
等效塑性应变　equivalent plastic strain
第二相　secondary phase
短屑　short crumbs
断裂　fracture
断裂表面　fracture surface
断裂点压力　break - point pressure
断裂功　fracture work, work of fracture
断裂扩展　fracture propagation
断裂能　fracture energy
断裂强度　fracture strength
断裂韧性　fracture toughness
断裂阻力　fracture resistance
断屑　chip breaking
煅烧　calcination
煅烧温度　calcination temperature
对流　convection
多晶材料　polycrystalline materials
多晶结构　polycrystalline structure
二维直角正交切削　two - dimensional rectangular orthogonal cutting
二元相图　binary phase diagrams
范围　ranges
仿真切削　simulation of cutting
分离准则　rule of separation
分散混合　dispersive mixing
粉末冶金工艺　powder metallurgical process

粉体表征 powder characterization
粉体性质 powder properties
粉体制备 powder preparation
辐射 radiation
复合材料 composites
复合陶瓷 composite ceramics
改善 improved
干粉压制 dry powder pressing
格瑞菲斯公式 Griffith equation
格瑞菲斯裂纹扩展参数 Griffith crack propagation parameter
各向异性 anisotropic, anisotropy
各向异性热膨胀 thermal expansion anisotropy
工程应用 engineering applications
工件材料 workpiece material
工艺方法 processing methods
工艺控制 process control
共沉淀 coprecipitation
共价键 covalent bonding
固溶体 solid solutions
过大的 exaggerated
合金工具钢 alloy tool steel
滑移变形 slip deformation
滑移线 slip line
化学成分 chemical compositions
回火工艺 tempering process
机械强度 mechanical strength
积屑瘤 devolop tumor
挤压 extrusion
剪切滑移 shear slip
剪切角 shearing angle
接触模型 contact model
结晶化 crystallization
结晶相 crystalline phases
界面 interfaces
金刚石 diamonds
金属切削原理 metal cutting principle
进给量 feed
晶界 grain boundaries
晶界层 grain boundary layer
晶粒尺寸 grain size
晶粒尺寸控制 grain size control
晶粒粗化 grain coarsening
晶粒生长 grain growth
晶粒脱落 grain shed
晶粒形貌 grain morphology
晶体点阵（晶格） crystal lattice
晶体结构 crystal structure
晶须 whiskers
精加工 finishing
均一尺寸 uniform size
均匀性 homogeneous
抗热应力损伤 thermal stress damage resistance
抗热震性 thermal shock resistance
抗弯强度 bend strength
颗粒表征 particles characterization
颗粒尺寸 particle size
颗粒尺寸分布 particle size distribution
颗粒相互作用 particle interactions
控制方程 governing equation
块体密度 bulk density
块体性能 bulk properties
扩散磨损 diffusion wear
扩散系数 diffusion coefficient
拉格朗日方法 Lagrange method
离子键 ionic bond
理论密度 density theoritical
力学性能 mechanical properties
立方晶体 cubic crystals
粒子生长 paricle growth
裂缝（缺陷）尺寸 flaw size
裂纹 cracks
裂纹钉扎 crack pinning
裂纹尖端 crack tip
裂纹扩散 crack propagation
裂纹扩展 crack propagation

裂纹扩展增韧　crack propagation enhancement
裂纹桥接（联）　crack bridging
裂纹形成　crack formation
临界失效应力　ultimate failure stress
流程图　flow charts
马氏体相变技术　martensitic transformation techniques
马氏体相变增韧　martensitic transformation toughening
玛瑙，球磨　agate, ball milling
密度　density
密度测定　density determination
模具充填　mold filling
模具应力　mold stress
模压　moldings
摩擦　friction
摩擦模型　friction model
摩擦系数　friction coefficient
磨料　abrasives
磨料磨损　abrasive wear
纳米复合材料　nanocomposites
纳米复合陶瓷　nanocomposite ceramics
耐磨性　wear resistance
欧拉应力张量　Euler stress tensor
耦合分析　coupling analysis
抛光　finishing
抛光法　finishing methods
膨胀系数　expansion coefficient
膨胀系统　dislatant system
疲劳寿命　fatigue life
破裂准则　failure critetion
起始裂纹　crack initiation
气孔　pores
气孔减小　pore reduction
气孔率　porosity
气孔消除　pores elimination
气泡　air bubbles
强度　strength
桥接（联）效应　bridging effects
切削变形　cutting deformation
切削参数　cutting parameters
切削刀具材料　cutting tool materials
切削力　cutting force
切削深度　cutting depth
切削速度　cutting speed
切削效率　cutting efficiency
切削性能　cutting performance
切屑变形　chip deformation
切屑几何形状　chip geometry
切屑流动　chip flow
切屑流线　chip flow
氢氧化物沉淀　hydroxide precipitation
球磨　ball milling
球状颗粒　spherical particles
缺陷　defects
缺陷形成　defect formation
热处理模拟　simulation of heat treatment
热传导　heat conduction
热传导系数　heat transfer coefficient
热导率　thermal conductivity
热腐蚀　thermal etching
热扩散率　thermal diffusity
热力耦合　thermal – mechanical coupling
热流密度　heat flow density
热膨胀　thermal expansion
热容量　specific heat capacity
热应力　thermal stress
热胀系数　heat coefficient
热震行为　thermal shock behavior
韧性破裂　ductile fracture
三维切削过程　three – dimensional cutting process
扫描电子显微技术　scanning electron microscopy（SEM）
烧结　sintering
烧结时间　sintering time

烧结体显微结构 fired microstructures
烧结行为 sintering behavior
烧结致密化 sintering densification
渗碳工艺 carburizing process
生坯结构 green structures
生坯密度 green density
生坯压实体 green compact
失效 failure
湿法工艺 wet processing
瞬态 transient feeding
瞬态模拟 transient simulation
四方相多晶氧化锆 tetragonal zirconia polycrystals (TZP)
四方相氧化锆 tetragonal zirconia
塑形流动 plastic flow
碳化物 carbide
陶瓷 ceramics
陶瓷刀具 ceramic cutting tools
陶瓷基复合材料 ceramic matrix composites
陶瓷纳米复合材料 ceramic nanocomposites
体积分数 volume fraction
体积力载荷矢量 body force load vector
添加剂 additives
透射电子显微技术 transmission electron microscopy (TEM)
团聚体 agglomerates
团聚状态 agglomeration state
退火工艺 annealing process
弯曲强度 flexural strength
弯曲强度测定 bend strength measurements
弯曲试样 bend specimens
网格单元 grid cell
网格畸变 grid distortion
微粒增强体 particulate reinforcement
微裂纹 microcracking
微裂纹 microcracks
微裂纹增韧 microcrack toughening
韦伯尔模数 Weibull modulus
韦伯尔分布 Weibull distribution
韦伯尔图 Weibull plot
维氏压痕缺陷 Vickers indentation flaws
维氏硬度 Vickers hardness
未造粒粉体 ungranulated powders
位错密度 dislocation density
温度 temperature
温度场 temperature field
温度分布 temperature distribution
温度区域 temperature region
温度梯度 temperature gradient
稳定氧化锆 stabilized zirconia
稳态模拟 steady state simulation
稳态切削模型 steady state cutting model
无压烧结 pressureless sintering
物理性质 physical property
X 射线衍射 X – ray diffraction (XRD)
先进陶瓷 advanced ceramics
先驱体 precursors
纤维流向 fiber flow
显微结构 microstructure
相变 phase transformation
相变增韧 phase transformation toughening
相变增韧陶瓷 transformation toughened ceramics
相对滑移 relative slippage
相对密度 relative density
相图 phase diagrams
协同作用 synergy
性能 properties
压痕裂纹 indentation cracks
压力模型 pressure model
沿晶断裂 intergranular fracture
研磨 grinding
研磨时间 milling time
杨氏模量 Young's modulus
氧化锆 zirconia
氧化锆陶瓷 zirconia ceramics

氧化锆增韧 zirconia - toughened
氧化锆增韧氧化铝 zirconia toughened alumina
氧化铝 alumina
氧化铝 aluminum oxide
氧化铝 - 氧化锆复合材料 alumina - zirconia composites
氧化铝 - 氧化锆陶瓷 alumina - zirconia ceramics
氧化铝粉团聚 alumina powder agglomeration
氧化铝基陶瓷 alumina - based ceramics
氧化铝基体 alumina matrix
氧化铝陶瓷 alumina ceramics
氧化磨损 oxidative wear
氧化物基陶瓷 oxide - based ceramics
氧化钇添加剂 yttria additives
氧化钇稳定氧化锆 yttria - stabilized zirconia
氧化钇稳定氧化锆粉体 yttria - stabilized zirconia powder
一元线性回归 single linearity regression
异常 abnormal
异常晶粒长大 abnormal grain growth
应力场 stress field
应力集中 stress concentration
应力强度因子 stress intensity factors
应力梯度 stress gradient
应力诱导微裂纹 stress - induced microcracking
应力诱导相变 stress - induced transformations
应力诱导相变增韧 stress - induced transformation toughening
应用 applications
硬度 hardness
硬质点 hard spots
硬质合金 carbide
有限元仿真方法 finite element simulation method
有限元网格 finite element mesh
有效的过程控制 active process control
造粒的 granulated
造粒粉体 granulated powders
增韧 toughening
增韧过程 toughening processes
增韧机理 toughening mechanisms
粘合剂烧除 binder burn - out
粘接层 adhesive layer
粘结磨损 adhesion wear
真空炉烧结 vacuum furnaces, sintering
真空烧结 vacuum sintering
正火工艺 normalizing process
正交切削模型 orthogonal cutting model
制造 manufacturing
致密化 densification
致密化机理 densification mechanisms
组成控制 composition control

索 引

参考文献

[1] 钟金豹，黄传真，于金伟，等．纳米复相陶瓷刀具材料的研究现状［J］．现代制造技术与装备，2006，173（4）：17－21.

[2] 苗赫濯．新型陶瓷刀具的发展与应用［J］．中国有色金属学报，2004，14（5）：237－241.

[3] 丁燕鸿，杨扬．SiC 晶须/颗粒增韧金属陶瓷切削刀具的研究［J］．株洲工学院学报，2006，20（4）：60－62.

[4] 周彬．氧化铝陶瓷刀具的发展和应用［J］．机械管理开发，2004，78（3）：37－40.

[5] 董良金，邬凤英，等．Sialon 复相陶瓷的研究［J］．机械工程材料，1996，20（3）：31.

[6] 王宏志，高濂，等．氧化铝基复相陶瓷显微结构的研究［J］．硅酸盐学报，1999，27（1）：1－7.

[7] 井新利，周根树．有机改性陶瓷研究新进展［J］．硅酸盐学报，1998，26（4）：26.

[8] Hara A，Yazu S. Sintered cutting tool and manufacturing process［P］，Jpn. Patent Appl.，1979，No. 21633.

[9] 张玉军，等．FeAl/Al_2O_3 陶瓷基复合材料一种新型的刀具材料［J］．机械工程材料，2000，24（2）：30－31.

[10] 叶毅，叶伟昌．陶瓷刀具概述［J］．产品与技术，2003（3）：63－65.

[11] 石增敏，郑勇，刘文俊，等．Ti（CN）基金属陶瓷刀具的切削性能［J］．中国有色金属学报，2006，16（5）：805－809.

[12] Birkholz M，et al. Nancomposite layers of ceramic oxides and metals prepared by reactive gas－flow sputtering［J］. Surface and Coatings Technology，2004，179：279－285.

[13] Fox－Rabinovich G S，et al. Nano－crystalline filtered are deposited（FAD）TiAlN PVD coatings for high－speed machining applications［J］. Surface and Coatings Technology，2004，177－178：800－811.

[14] 赵宏，金宗哲．颗粒增强复合陶瓷残余应力和增韧机制分析［J］．硅酸盐学报，1996，24（5）：491－495.

[15] 阚艳梅，靳喜海．复相陶瓷的内在增韧机制及其影响因素［J］．陶瓷学报，1998，19（4）：38－43.

[16] Yasuliro Goto，et al. Mechanical properties of unidirectionally oriented SiCw whisker－reinforced Si_3N_4 fabricated by extrusion and hot－pressing［J］. J. Am. Ceram. Soc.，1993，76（6）：1420－1424.

[17] 葛启录，高增森，等．热压 Al_2O_3－ZrO_2（6mol% Y_2O_3）陶瓷复合材料的组织性能研究［J］．硅酸盐学报，1995（2）：8－12.

[18] 葛启录，郑镇珠，等．热压 Al_2O_3－ZrO_2 陶瓷中的异常晶粒长大［J］．硅酸盐学报，1993（4）：15－19.

[19] Lange F F，Margaret M Hirlinger. Hindrance of grain growth in Al_2O_3 by ZrO_2 Inclusions［J］. J. Am. Ceramic. Soc.，1984，67（3）：64－68.

[20] 马伟民，闻雷，管仁国，等．Al_2O_3/ZrO_2 复合材料的可靠性、磨损性能及失效形态［J］．中国有色金属学报，2007，17（2）：270－276.

[21] 郭景坤．中国结构套磁研究的进展及其应用前景［J］．硅酸盐学报，1995（4）：18－23.

[22] 周玉，雷延权．陶瓷材料学［M］．哈尔滨：哈尔滨工业大学出版社，1995.

[23] Huang Chuangzhen，Ai Xing. Development of advanced composite ceramic tool material［J］. Material Research Bulletin，1996，31（8）：951－956.

[24] 王零森．二氧化锆（一）［J］．陶瓷工程，1997，31（1）：40.

[25] 牟军，郦剑，郭绍义，等．氧化锆增韧陶磁的相变及相变增韧［J］．材料科学与工程，1994，12（3）：48－53.

[26] 杨正方，徐海洋，谈家琪，等．莫来石基陶瓷复合材料的力学性能［J］．硅酸盐学报，1990，5（4）：340－345.

[27] 徐利华，丁子上，黄勇．先进复相陶磁的研究现状和展望（Ⅱ）－高组元陶瓷复合材料的研究进展［J］．硅酸盐通报，1996（6）：42－46.

[28] 苗赫濯．新型陶瓷材料要为机械制造业做点什么［R］．中国（青岛）材料科技周，2004：141－148.

[29] 尹衍升，李嘉．氧化锆陶瓷及其复合材料［M］．北京：化学工业出版社，2004：1－5.

[30] Smith D K，Wnewkirk H. The crystal structure of baddeleyite（monoclinic ZrO_2）and its relation to the polymorphism of ZrO_2［J］. Acta Crystal，1965，18：983－991.

[31] Teufer G. The crystal structure of Tetragonal ZrO_2［J］. Acta Crystal，1962，15：1187－1190.

[32] Murray P，Allision E B. A study of the monoclinic－tetragonal phase transformation in zirconia［J］. Trans. Br. Ceram. Soc.，1954，53：335－361.

[33] Smith D K，Cline C F. Verification of existence of cubic zirconia at high temperature［J］. J. Am. Ceram. Soc.，1962，45（5）：249－250.

[34] Mccullough J. D，Trueblood K N. The crystal structure of baddeleyite（monoclinic ZrO_2）［J］. Acta Crystallogr.，1959，12：507－511.

[35] Kisi E H，Howard C J. "Crystal structures of zirconia phase and their interrelation" in Zirconia Engineering Ceramics［M］. edited by Eric Kisi，Switzerland，Germany，UK，USA：Transtech Publitions Ltd.，1998：1－36.

[36] Wolton G M. Diffusionless phase transformations in zirconia and hafnia［J］. J. Am. Ceram. Soc.，1963，46（9）：418－422.

[37] Ruff O，Ebert F，Stephen E. Contributions to the ceramics of highly refractory materials：Ⅱ. system zirconia－lime［J］. Z. anorg. Allg. Chem.，1929，180（1）：215－240.

[38] Baher H. Alloy phase diagram［A］. ASM International，OH，USA，1992.

[39] Kountourous P，Petzow G. Defect chemistry phase stability and properties of zirconia polycrystals. In：Science and Technology of zirconia［M］. USA：Technomic Publishing，1993：30－48.

[40] Claussen N. Microstructure design of zirconia – toughened ceramics. In: Science and Technology of Zirconia Advances in Ceramics [M]. Ohio: Columbus, 1984, 12: 325 – 351.

[41] Garvie R C. The occurrence of metastable tetragonal zirconia as a crystallite size effect [J]. J. Phys. Chem., 1965, 69: 1238 – 1243.

[42] Garvie R C. Stability of the tetragonal structure in zirconia microcrystals [J]. J. Phys. Chem., 1978, 82 (2): 218 – 224.

[43] Baily J. E, Bills P M, Lewis D. Phase stability in hafnium oxide powders [J]. Trans. J. Br. Ceram., 1975, 74 (7): 247 – 252.

[44] Curtis C E. Development of zirconia resistant to thermal shock [J]. J. Am. Ceram. Soc., 1947, 30 (6): 180 – 196.

[45] Whitemore O J, Marshall D W. Fused stabilized zirconia and refractories [J]. J. Am. Ceram. Soc., 1952, 35 (4): 85 – 89.

[46] Weber C B, Garrett H J, Mauer F A. Observation on the stabilization of zirconia [J]. J. Am. Ceram. Soc., 1956, 39 (6): 197 – 207.

[47] Duwea P, Odell F, Brown F H. Stabilization of zirconia with calcia and magnia [J]. J. Am. Ceram. Soc., 1952, 35 (5): 107 – 113.

[48] 斯温 M V. 陶瓷的结构与性能 [M]. 郭景坤，等译. 北京：科学出版社，1998: 94 – 99.

[49] Scott H G. Phase relationship in zirconia – yttria systems [J]. J. Mater. Sci., 1975, 10: 1527 – 1537.

[50] Ruh R. In properties of metal – moaifid and nonstoichometric ZrO_2 science and technology of zirconia Ⅱ [M]. edited by Claussen N, Heauer A H. Ohio: Columbus, 1984: 544 – 550.

[51] 赵世柯，黄校先，施鹰，郭景坤. 改善氧化锆陶瓷材料抗热震性的探讨 [J]. 陶瓷学报，2000，21 (1): 41 – 45.

[52] Wolten G M. Diffusionless phase transformation in zircnia and hafnia [J]. J. Am. Ceram. Soc., 1963, 46: 418 – 422.

[53] Claussen N. Microstructure design of zirconia – toughened ceramic. In: Science and technology of Zirconia, Advances in ceramics [A]. edited by Claussen N, Ruhle M, Heuer A H, Ohio: Columbus, 1984, 12: 325 – 351.

[54] Rieth P H, Reed J. S, Naumann A W. Fabrication and flexural strength of ultrafine – grained yttria – stabilized zirconia [J]. Am. Ceram. Soc. Bull., 1976, 55 (8): 717 – 721.

[55] Kgupta T. Sintering of tetragonal zirconia and its characteristics [J]. Sci. Sintering, 1978, 10: 205 – 207.

[56] Kgupta T, Bechthold J. H, Ckuzhcki R. Stabilization of tetragonal phase polycrystalline zirconia [J]. J. Mater. Sci., 1977, 12: 2412 – 2426.

[57] Lange F F. Transformation toughening part3: experimental observation in the ZrO_2 – Y_2O_3 system [J]. J. Mater. Sci., 1982, 17: 240 – 246.

[58] Tsukuma K, Ueda K, Matsushite K. High temperature strength and fracture toughness of Y_2O_3

partially stabilized ZrO_2/Al_2O_3 composites [J]. J. Am. Ceram. Soc., 1985, 689 (60): C56 - C57.

[59] Gaivie R C, Hannink R H, Pasoce R T. Ceramics steel [J]. Nature, 1975, 258: 703 - 704.

[60] Lange F F. Transformation toughening pars1: size effects associated with the thermodynamics of constrained transformation [J]. J. Mater. Sci., 1982, 17: 225 - 234.

[61] Marshall D B. Strength characteristics of transformation - toughened zirconia [J]. J. Am. Ceram. Soc., 1986, 69 (3): 173 - 180.

[62] MaMeeking M, Evans A G. Mechanism of transformation toughening in brittle materials [J]. J. Am. Ceram. Soc., 1982, 65 (5): 242 - 246.

[63] Yang H, Ling G, Yuan Runzhang. Effect of residual stress on the bending strength of ground Al_2O_3/TiCN ceramics [J]. Mater. Phs., 2003, 22: 203 - 204.

[64] Claussen N. Advances in Ceramics [M]. Edited by Heuer A H, Hobbs L W. The Am. Ceram. Soc., Ohio: Columbus, 1981, Vol 3: 1378.

[65] Becher P F. Microstructural design of toughened ceramics [J]. J. Am. Ceram. Soc., 1991, 74 (2): 255 - 269.

[66] Gong J H, Zhe Z, Yang Y. Statistical varability in the indentation toughness of TiCN particle reinforced Al_2O_3 composite [J]. Mater. Lett, 2001, 49: 357 - 360.

[67] Evans A G, Cannon R M. Toughning of brittle solids by martensitic transformation [J]. Acta Metall., 1986, 65 (5): 242 - 246.

[68] Glass S J, Green D J. Surface modification of ceramics by particle infiltration [J]. Adv. Ceram. Mater., 1987, 2: 129 - 131.

[69] Lange F F. A technique for introducing surface compression into zirconia ceramics [J]. J. Am. Ceram. Soc., 1983, 66 (10): 178 - 179.

[70] Heussner K H, Claussen N. Strenthening of ceria - doped tetragonal zirconia polycrystals by reduction - induced phase transformation [J]. J. Am. Ceram. Soc., 1987, 72 (6): 1044 - 1046.

[71] 徐祖耀. 马氏体相变与马氏体 [M]. 北京：科学出版社，1999，379 - 382.

[72] Lee W E, Rainforth W M. Ceramics microstructures [M]. Chapman & Hall, 1994: 339.

[73] 周玉. 陶瓷材料学 [M]. 哈尔滨：哈尔滨工业大学出版社，1995，264 - 268.

[74] Wang J, Steven R. Zirconia - tougghened alumina (ZTA) ceramics [J]. J. Mater. Sci., 1989, 24 (10): 3421 - 3428.

[75] Sato T, Shimada M. Transformation of yttria - doped tetragonal - ZrO_2 polycrystals by annealing in water [J]. J. Am. Ceram. Soc., 1985, 68 (6): 356 - 359.

[76] Lange F F, Dunlop G L, Davis B L. Degradation during aging of transformation - toughened $ZrO_2-Y_2O_3$ materials at 250℃ [J]. J. Am. Ceram. Soc., 1986, 69 (3): 237 - 243.

[77] Kobayashi K, Kuwajima H, Masski T. Phase change and mechanical properties of $ZrO_2-Y_2O_3$ solid electrolyte after aging [J]. Solid State Ionics, 1981, 3 (4): 489 - 495.

[78] Lu H Y, Chen S Y. Low temperature aging of t - ZrO_2 polycerystals with 3mol% Y_2O_3 [J]. J. Am. Ceram. Soc., 1986, 70 (8): 537 - 541.

[79] Chevalier J, Cales B, Drouyn J. M. Low - temperature aging of Y - TZP ceramics [J]. J. Am. Ceram. Soc., 1999, 82 (8): 2150 - 2204.

[80] Ohhmichi N, Kamioka K, Ueda K. Phase transformation of zirconia ceramics by annealing in hot water [J]. J. Jpn. Ceram. Soc., 1999, 107 (2): 128 - 133.

[81] Tsukuma K. Mechanical properties and thermal stability of CeO_2 containing tetragonal Zirconia polycrystals [J]. Am. Ceram. Soc. Bull., 1986, 65 (10): 1386 - 1389.

[82] Schmauden S, Schubert H. Significance of internal stresses for the marternsitic transformationin yttria - stablilized tetragonal zirconia polycystals during degradation [J]. J. Am. Ceram. Soc., 1986, 69 (7): 534 - 540.

[83] Zhu W Z, Zhang X B. Aging behavior of tetragonal zirconia polycrstal (TZP) ceramics in the temperature range of 200℃ to 350℃ in air [J]. Scripta Materialia, 1999, 40 (11): 1229 - 1233.

[84] Westwood A R C, Winzer S R. Advancing materials research [M]. edited by Saras P A P, Langford H D. D. C. Washington: National Academy Press, 1988, 225 - 242.

[85] 斯温 M V. 陶瓷的结构与性能 [M]. 郭景坤，等译. 北京：科学出版社，1998: 90 - 101.

[86] 邱碧秀. 电子陶瓷材料 [M]. 台湾：徐氏基金会，1997: 302 - 305.

[87] Wang J, Steven R. Zirconia - toughened alumina (TZA) ceramics [J]. J. Mater. Sci., 1989, 24 (10): 3421 - 3440.

[88] Claussen N. Fracture toughenss of Al_2O_3 with an unstabilized ZrO_2 dispersed phase [J]. J. Am. Ceram. Soc., 1976, 59 (1): 49 - 51.

[89] Lange F F. Transformation toughening part 2: contribution to fracture toughness [J]. J. Mater. Sci., 1982, 17: 235 - 239.

[90] Lange F F. Transformation toughening part 5: effect of temperature and alloy on fracture toughness [J]. J. Mater. Sci., 1982, 17: 255 - 262.

[91] Becher P F. Transient thermal stress Behavior in ZrO_2 - toughened Al_2O_3 [J]. J. Am. Ceram. Soc., 1981, 64: 37 - 39.

[92] Porter D L, Heuer A H. Transformation toughening in partially stabilized zirconia (PSZ) [J]. Acta Metall., 1979, 27: 1649 - 1654.

[93] Grain C F. Phase relation in the ZrO_2 - MgOsystem [J]. J. Am. Ceram. Soc., 1967, 50: 288 - 290.

[94] Hellman J P, Stubican V S. Stable and metastable phase relations in the system ZrO_2 - CaO [J]. J. Am. Ceram. Soc., 1983a, 66: 260 - 264.

[95] Tani E, Yoshimura M, Somiya S. Revised phase diagram. of the system ZrO_2 - CeO_2 below 1400℃ [J]. J. Am. Ceram. Soc., 1983, 66: 506 - 510.

[96] Kosmac T, Wallace J S, Claussen N. Influence of MgO additions on the microstructure view-

point and mechanical properties of Al_2O_3 - ZrO_2 composites [J]. J. Am. Ceram. Soc., 1982, 65: C66 - C67.

[97] Claussen N, Jahn J. Transformation of ZrO_2 particles in aceramic matrix [J]. Ber Dtsch Keram. Ges, 1978, 55: 487 - 491.

[98] Lange F F. Transformation toughening part 4: fabrication, fracture toughness and strength of Al_2O_3 - ZrO_2 composites [J]. J. Mater. Sci., 1982, 17: 247 - 254.

[99] Rühle M, Evans A G, McMeeking R M. Microcrack toughening in alumina - zirconia [J]. Acta Metall., 1987, 35: 2701 - 2710.

[100] Becher P F. Toughening behavior in ceramics associated with the transformation of tetragonal ZrO_2 [J]. Acta Metall., 1987, 34: 1885 - 1891.

[101] Becher P F. Slow crack growth behavior in transformation - toughened Al_2O_3/ZrO_2 (Y_2O_3) ceramics [J]. J. Amer Ceram. Soc., 1983, 66: 485 - 488.

[102] Wang J, Steven R. Zirconia - toughened Alumina (ZTA) ceramics [J]. J. Mater. Sci., 1988, 24 (10): 3421 - 3440.

[103] Echigoya J, Takabayashi, Suto H. Structure and crystallography of directionally solidified Al_2O_3 - ZrO_2 - Y_2O_3 eutectics [J]. J. Mater. Sci. Lett., 1986, 5: 150 - 152.

[104] Echigoya J, Takabayashi, Suto H. Hardness and fracture toughness of directionally solidified Al_2O_3 - ZrO_2 (Y_2O_3) eutectics [J]. J. Mater. Sci. Lett., 1986, 5: 153 - 154.

[105] Echigoya J, Suto H. Microstrure of ZrO_2 - 2.5mol% Y_2O_3 - 8.5mol% Al_2O_3 in directionally solidified Al_2O_3 - ZrO_2 (Y_2O_3) eutectics [J]. J. Mater. Sci. Lett., 1986, 5: 949 - 950.

[106] Nagashima M, Maki K, Hayakaw M. Fabrication of Al_2O_3/ZrO_2 micro/nano composite prepared by high energy ball milling [J]. Material Transaction, 2001, 21: 1311 - 1313.

[107] Bamba N, Choa Y H, Sekino T, Niihara K. Mechanical properties and microstructure for 3 mol% yttria zircnia/silicon carbide nanocomposites [J]. J. Eur. Ceram. Soc., 2003, 23: 773 - 780.

[108] Green D J, Hannink R H J, Swain M V. Transformation Toughening of Ceramics [M]. Boca, Ration, Florida: CRC Press Inc., 1989.

[109] Tuan W H, Chen R Z, Wang T C. Mechnical properties Al_2O_3/ZrO_2 composites [J]. J. Eur. Ceram. Sci., 2002, 22: 2827 - 2833.

[110] Rao P G, Iwasa M, Tanaka T, et. al. Preparation and mechanical properties of Al_2O_3 - 15wt. % ZrO_2 composites [J]. Scripta Materialia, 2003, 48: 437 - 441.

[111] Wang X L, Ernandez - Baca J A F, Hubbard C R, et. al. Transformation behavior in Al_2O_3 - ZrO_2 ceramic composites [J]. Physica B., 1995, 213&214: 824 - 826.

[112] 特伦特 E M, 著. 金属切削 [M]. 仇启源, 徐弘山, 译. 北京: 机械工业出版社, 1980: 165 - 170.

[113] 肖诗钢. 刀具材料及其合理选择 [M]. 北京: 机械工业出版社, 1990.

[114] 仇启源. 新型陶瓷刀具 [M]. 北京: 国防工业出版社, 1987: 36 - 48.

[115] 尹洁华. 从第16届日本东京国际机床展览会看当代刀具技术的发展 [J]. 工具技术,

1993, 22 (11): 467 –472.

[116] 菲尔德M. 金属切削及可加工性评价 [R]. 徐祖德, 等译. 成都: 成都工具研究所, 1980.

[117] 邓建新, 艾兴. Al_2O_3/TiB 陶瓷刀具的研制及其耐磨性能研究 [J]. 现代技术陶瓷, 1994, 15 (2): 8 – 13.

[118] Smith K H. The application of whisker reinforced and phase transformation toughened materials in machining of hardened steels and Nickel – based alloys. in: High Speed Machining Solutions for Productivity, Proceedings of the Society of Carbide and Tool Engineers [A]. edited by Schneider G Jr, 1989: 81 – 88.

[119] Gane N. The wear and fracture resistance of ceramic cutting tools [J]. Wear, 1983, 88: 1213 – 1215.

[120] Dow W E. Ceramic cutting tools (materials, development and performance) [M]. Park Ridge, New Jersey, USA: Noyes Publications, 1994: 1 – 84.

[121] 郭景坤. 关于先进结构陶瓷的研究 [J]. 无机材料学报, 1999, 14 (2): 193 – 200.

[122] 方文淋, 左洪波, 吕利泰. Al_2O_3 陶瓷刀具材料的研究和发展 [J]. 机械工程材料, 1995, 19 (2): 1 – 4.

[123] Jack D H. Ceramic tool materials [R], Sandvik Hard Materials Limited. 1989, 9.

[124] Sun P. Optimization of cutting tool properties through the development of alumina cermet [J]. Wear, 1980, 62: 823 – 828.

[125] 黄政仁. SiC 晶须增强陶瓷基复合材料的研究 [J]. 硅酸盐学报, 1992, 20 (5): 424 – 429.

[126] 萧红, 艾兴. SiC 晶须增韧 Al_2O_3 陶瓷刀具材料的增韧特性及其对刀具破损的影响 [J]. 硅酸盐学报, 1992, 20 (1): 1 – 4.

[127] 邓建新, 李兆前, 艾兴. 晶须的取向对 Al_2O_3/SiCw 陶瓷刀具材料的力学和切削性能的影响 [J]. 硅酸盐学报, 1995, 23 (2): 141 – 146.

[128] Abdullah D, Muammer N. Finite element analysis of bending occurring while cutting with high speed steel lathe cutting tools [J]. Materials & Design, 2005, 26: 549 – 553.

[129] 韩荣第. Al_2O_3/TiC/Si_3N_4 陶瓷刀具材料的切削性能试验 [J]. 工具技术, 1993, 27 (7): 235 – 238.

[130] Campbell G H. Whisker toughening – a comparison between aluminum oxide and silicon nitride toughened with silicon carbide whisker [J]. J. Am. Ceram. Soc., 1990, 73 (3): 521 – 527.

[131] Arunachalam L M. A study of transformation toughened zirrconia and Its application as a cutting tool [D]. University of Cincinnati, USA, 1990.

[132] Annamalai V E. Transformation behavior and cutting tool application of ceria tetragonal zirconia polycrystals [D]. USA: University of Tulsa, 1992.

[133] 李学芳. 国外刀具材料的发展近况 [J]. 工具技术, 1999, 33 (3): 3 – 7.

[134] 张孟杰, 范润华. 新型氧化铝陶瓷基复合材料的制备和应用 [J]. 化工新型材料,

2002, 30 (8): 27 - 29.

[135] 凯恩 G E. 切削刀具及其新的发展方向 [M]. 赵广兴, 等译. 北京: 机械工业出版社, 1987, 10 - 18.

[136] 孙庆平, 黄克智, 余寿文. 结构陶瓷增韧研究述评 [J]. 力学进展, 1990, 20 (3): 289 - 303.

[137] 王永国, 艾兴, 李兆前, 邓建新. 新型陶瓷刀具的热应力分析 [J]. 无机材料学报, 2001, 16 (5): 999 - 1003.

[138] 松原秀彰. 硬质・超硬质材料にぉける先端材料の应用 [J]. 日本金属学会会报, 1990, 29 (12): 1008 - 1018.

[139] 许育东, 刘宁, 李振红, 等. 金属陶瓷刀具切削难加工材料时的磨损性能研究 [J]. 工具技术, 2002, 36 (10): 8 - 10.

[140] 于启勋, 杨广勇. 金属材料的切削加工性和刀具材料的切屑性能 [J]. 北京工业学院学报, 1983, 5: 23 - 27.

[141] 施剑林. 氧化锆粉体制备与性质 [D]. 上海: 中国科学院上海硅酸盐研究所, 1989.

[142] 徐跃萍. 陶瓷超细粉末的制备, 烧结动力学及显微结构的研究 [D]. 上海: 中国科学院上海硅酸盐研究所, 1991.

[143] 祝桂洪. 陶瓷工艺实验 [M]. 北京: 中国建筑科学出版社, 1987, 112 - 115.

[144] [日] 素木洋一, 刘达权, 陈世兴. 硅酸盐手册 [M]. 北京: 轻工业出版社, 1988, 487 - 489.

[145] Ingel P R, Lewis D. Lattice parameters and density for Y_2O_3 - stabilized ZrO_2 [J]. J. Am. CeramSoc., 1986, 69 (1): 325 - 332.

[146] Tsuda K, Aikegaya E, Isobe K. Development of functionally graded sintered hard materials [J]. Metallurgy, 1996, 39 (4): 300 - 304.

[147] 周玉, 雷廷权. 陶瓷材料学 [M]. 哈尔滨: 哈尔滨工业大学出版社, 1995: 358.

[148] Pastor H. Titanium - carbonnitrid - based hard alloys for cutting tools [J]. Mater. Sci. Eng., 1988, A105/106: 401 - 409.

[149] Zhang S Y. Tianium carbonitride - base cermets: processes and properties [J]. Mate Sci. Eng., 1993, A163: 141 - 148.

[150] Evans A G. Fracture machanics determinations. In: Fracture Mechanics of Ceramics 1 [C]. edited by Bradt R C, Hasselman D P H, Lange F F. New York: Plenum, 1973: 17.

[151] Freiman S W. A critical evaluation of fracture mechanics techniques for brittle materials. In: Fracture Mechanics of Ceramics 6 [C], edited by Bradt R C, Hasselman D P H, Lange F F. New York: Plenum, 1983: 27.

[152] Sakai M, Bradt R C. Fracture toughness testing of brittle materials [C], Mater. Rev., 1993, 38 - 53.

[153] 龚江宏. 陶瓷材料断裂力学 [M]. 北京: 清华大学出版社, 2001, 55 - 79.

[154] 西田俊彦, 安田荼一. セヲシツウスの力学的特性评价 [M]. 东京: 日刊工业新闻社, 昭和61年, 63 - 92.

[155] Lin J D. The use of X - ray line profile analysis in the tetragonal to monoclinic phase transformation of ball milled, as - sintered and thermally aged zirconi powders [J] . J. Mater. Sci. , 1997, 32: 4901 - 4908.

[156] Becher P F. Effect of thermal stress behavior on ZrO_2 - toughened Al_2O_3 [J] . J. Am. Ceram. Soc. , 1981, 64 (1): 37 - 42.

[157] 伍洪标. 无机非金属材料试验 [M] . 北京: 化学工业出版社, 2002, 267 - 290.

[158] Garvie R C, Hannink R H J, Pascoe R T. Creamics steel [J] . J. Nature, 1975, 25 (8): 703 - 706.

[159] 徐祖耀. 马氏体相变与马氏体 [M] . 北京: 科学出版社, 1999: 377.

[160] Kreher W, Pompe W. Increased fracture toughness of ceramics by energy - dissipative mechanisms [J] . J. Mater. Sci. , 1981, 16: 694 - 700.

[161] Desmaison - Brut M, Montitintin G. Influence of processing conditions on the microstructure and mechanical properties of sintered yttrium oxides [J] . J. Am. Ceram. Soc. , 1995, 78 (3): 716 - 722.

[162] Cannon R M, Coble R L. Deformation of ceramic materials [M] . Bradt R C, Tressler R E. New York: Plenum, 61 - 100.

[163] Kingery W D, Bowen H K, Uhlmann D R. Introduction to ceramics, 2nd ed. [M] . New York: John Wiley & Sons Inc. , 1976: 476.

[164] Hannink R H J, Swain M V. Metastability of the martensitic transformation in a 12 mol% Ceria - Zirconia alloy: 1, deformation and fracture observations [J] . J. Am. Ceram. Soc. , 1989, 72 (1): 90 - 98.

[165] Claussen N. Fracture toughness of Al_2O_3 with an Unstabilized ZrO_2 Dispersed phase [J] . J. Am. Ceram. Soc. , 1976, 59 (1 - 2): 49 - 51.

[166] Rice R W. Fracture mechanics of ceramics [M] . vol. 1, New York: Plenum, 1974: 323; Ceramic Microstructure [M] . New York: John Wiley and Sons, 1976.

[167] Firestone R F, Heuer A H. Yield point of sapphire [J] . J. Am. Ceram. Soc. , 1973: 136 - 139.

[168] 李世普. 特种陶瓷工艺学 [M] . 武汉: 武汉工业大学出版社, 1997: 100 - 101.

[169] 马伟民, 修稚萌, 闻雷, 孙旭东. PSZ (3Y) 含量对 Al_2O_3 陶瓷力学性能的影响 [J] . 金属学报, 2003, 39 (9): 999 - 1003.

[170] Evans A G, Faber K T. Crack - growth resistance of microcracking brittle materials [J] . J. Am. Ceram. Soc. , 1984, 67 (4): 255 - 260.

[171] Becher P F. Microstructural design of toughened ceramics [J] . J. Am. Ceram. Soc. , 1991, 74 (2): 256 - 269.

[172] Evans A G. Perspective on the development of high - toughness ceramics [J] . J. Am. Ceram. Soc. , 1990, 73 (2): 187 - 206.

[173] Cahoon H P, Cristensen C L. Sintering and grain growth of alpha - alumina [J] . J. Am. Ceram. Soc. , 1976; 59: 49 - 51.

[174] 高瑞平，李晓光，施剑林. 先进陶瓷物理与化学原理及技术 [M]. 北京：科学出版社，2001，78 - 79.
[175] Johnson D L. Fundamentals of the sintering of ceramics. in Processing of Crystalline Ceramics [M]. edited by Palmour H, Dais R F, Hare T M. New York: Plenum, 1978, 137 - 149.
[176] Slamovith E B, Lange F F. Densification behaviour of single - crystalline spherical particles of zirconia [J]. J. Am. Ceram. Soc., 1990, 73 (5): 3368 - 3375.
[177] Boutz M, Winnubst A J, Burggraaf A J A. Yttria - ceria stabilized tetragonal zirconia polycrystals: sintering, grain growth and grain boundary segregation [J]. J. Eur. Ceram. Soc., 1994, 13 (2): 89 - 95.
[178] Teunissen G S A M, Winubst A J A. Sintering kinetics and microstructure development of nanoseale Y - TZP ceramics [J]. J. Eur. Ceram. Soc., 1993, 11 (3): 315 - 324.
[179] French J D. Coarsening - resistant dual - phase iterpentrating microsturctures [J]. J. Am. Ceram. Soc., 1990, 73 (8): 2508 - 2510.
[180] Bernard H R. CEA - R - 5090, Commissariat A I 'Energie Atomigue [M]. France: CEN - Saclay, 1998: 117.
[181] Sumita S. Influence of oxide additives, firing temperature, and dispersing media on sintered Al_2O_3 [J]. J. Jpn. Ceram. Soc., 1991, 99 (7): 538 - 543.
[182] 张清纯. 陶瓷材料的力学性能 [M]. 北京：科学出版社，1987，97 - 103.
[183] 施剑林，李包顺，陆正兰，等. 3Y - TZP 多晶材料密度、断裂相变与力学性能的相互关系 [J]. 材料研究学报，1996，10 (1)：51 - 56.
[184] Green D J, Hannink R H, Swain M V. Transformation toughening of ceramics [M]. New York: CRC Press, 1989.
[185] 高勇，陈森凤. 晶须、片晶、颗粒增韧陶瓷技术 [J]. 材料导报，1998，12 (3)：70 - 73.
[186] 郝春成，崔作林，尹衍升，龚红宇. 颗粒增韧陶瓷的研究进展 [J]. 材料导报，2002，16 (2)：28 - 30.
[187] Green D J，著. 陶瓷材料力学性能导论 [M]. 龚江宏，译. 北京：清华大学出版社，2003：264.
[188] 张清纯，俞向东. Al - Y - TZP 陶瓷的抗热震性行为与相变的关系 [J]. 无机材料学报，1991，6：177.
[189] Becher P F. Transient thermal stress behavior in ZrO_2 - toughened Al_2O_3 [J]. J. Am. Ceram. Soc., 1981, 64 (1): 37 - 43.
[190] Evans A G. Perspective on the development of high - toughness ceramics [J]. J. Am. Ceram. Soc., 1990, 73 (2): 187 - 206.
[191] 周玉，雷廷权. 陶瓷材料学 [M]. 哈尔滨：哈尔滨工业大学出版社，1995：263.
[192] 张清纯. 陶瓷材料的力学性能 [M]. 北京：科学出版社，1987：279 - 286.
[193] 陈华辉，邓海金，李明. 现代复合材料 [M]. 北京：中国物资出版社，1998：78.
[194] 张芳. α - Al_2O_3 超微粉及 Al_2O_3/Ni 复合材料的制备与性能研究 [D]. 沈阳：东北大

学, 2001.

[195] 戴维·里彻辛，著．现代陶瓷工程［M］．徐秀芳，宪文，译．北京：中国建筑出版社，1992：89.

[196] 胜村祐次，高桥俊行．切削高硬度钢的 Al_2O_3/TiC 陶瓷刀具［J］．工具技术，1999，33（2）：7－10.

[197] 王西彬，赵伯彦．陶瓷刀具干切削淬硬钢的研究［J］．工具技术，1998，32，（2）：11－14.

[198] 清华紫光方大公司．高技术陶瓷使用手册［M］．北京：清华大学出版社，2002：11－13.

[199] 高等学校毕业设计（论文）指导手册［M］．北京：高等教育出版社，1998：295－296.

[200] 葛启录，郑镇珠，周玉，雷廷权．热压 $Al_2O_3-ZrO_2$ 陶瓷中的异常晶粒长大［J］．硅酸盐学报，1994，4：15－18.

[201] Dow W E. Ceramic cutting tools (material, development and performance) [M]. New Jersey, USA: Park ridge, 1994: 183－239.

[202] Sukyoung K. Flank wear studies on alumina tools in steel cutting [D]. USA: The University of Vermont and State Agricultural College, 1990.

[203] 陈日曜．金属切削原理［M］．北京：机械工业出版社，1992：106－107.

[204] 国外先进制造技术发展战略［R］．北京：先进柔性集成制造技术咨询中心，1998.

[205] Klamecki B E. Incipient chip formation in metal cutting－a three dimension finite analysis [D]. Urbana: University of Illinois at Urbana－Chanpaign, 1973: 1－10.

[206] Lajczok M R. A study of some aspects of metal cutting by the finite element method [D]. NC State University, 1980: 1－20.

[207] Usui E, Shirakshi T. Mechanics of machining－form descriptive to predictive theory on the art of cutting metals－75 years later [J]. ASME PED, 1982, 7: 13－35.

[208] Iwata K, Osakada K, Terasaka T. Process modeling of orthogonal cutting by the rigid－plastic finite element method [J]. Trans. ASME J. Eng. Mater. Technol., 1984, 106: 132－138.

[209] Strenkowski H S, Carroll J T A finite element model of orthogonal metal cutting [J]. ASME Journal of Engineering for Industry, 1985, 107: 349－354.

[210] Strenkowski J S, Moon K J. Finite element prediction of chip geometry and tool/workpiece temperature distributions in orthogonal metal cutting [J]. Journal of engineering for industry, 1990, 127: 313－318.

[211] Usui E, Maekawa K, Shirakashi T. Simulation analysis of built－up edge formation in machining of low carbon steel [J]. Bull. Japan Soc. Precision Eng. 1981, 15 (4): 237－242.

[212] Hasshemi J, Chou P C, Tseng A A. Thermomechaniecal behavior of adiabatic shear band in high speed forming and machining. In: XXll ICHMT International Symposium on Manufacturing and Material Processing [C], Dubrovnik, Yugoslavi, 27 August 1990: 10－14.

[213] Komvopoulos F K, Erpenbeck S A. Finite element modeling of orthogonal metal cutting [J].

Trans. ASME J. Eng. Ind., 1991, 115: 253 – 267.

[214] Furukawa Y, Moronuki N. Effect of material properties on ultra – precise cutting process [J]. Annals of the CIRP, 1988: 113 – 120.

[215] Ikawa N, Shimada S, ed. Chip morphology and minimum thickness of cutting micromachining [J]. Annals of the CIRP, 1993, 59 (4): 673 – 679.

[216] Moriwaki T, Sugimura N, Luan S. Combined stress, material flow and heat analysis of orthogonal micromachining of copper [J]. Annals of the CIRP, 1993, 42 (1): 75 – 84.

[217] Sasahara H, Obikawa T, Shirakashi T. FEM analysis of cutting sequence effect on mechanical characteristics in machined layer [J]. Journal of Materials Processing Technology, 1996, 62 (4): 448 – 453.

[218] Ceretti E, Fallbohmer P, Wu W T, Altan T. Applications of 2D FEM to chip formation in orthogonal cutting [J]. Journal of Materials Processing Technology, 1996, 59 (1 – 2): 169 – 180.

[219] Ceretti E, Lucchi M, Altan T. FEM simulation of orthogonal cutting: serrated chip formation [J]. Journal of Materials Processing Technology, 1999, 95 (1 – 3): 17 – 26.

[220] Ceretti E, Lazzaroni C, Menegardo L, Altan T. Turning simulation using a three – dimension FEM code [J]. Journal of Materials Processing Technology, 2000, 98 (1): 99 – 103.

[221] Xie L J, Schmidta J, Schmidta C. 2D FEM estimate of tool wear in turning operation [J]. Wear. 2005, 358 (10): 1479 – 1490.